ニュートン

科《か》学《がく》の学校《がっこう》シリーズ

細《さい》胞《ぼう》の学《がっ》校《こう》

まえがき

はじめまして。
ぼくの名前《なまえ》は「ぶートン」です。
科学《かがく》のおもしろさを、わかりやすく伝《つた》える
「科学《かがく》の学校《がっこう》シリーズ」の今回《こんかい》のテーマは
「細胞《さいぼう》」です。

すべての生《い》き物《もの》の体《からだ》は「細胞《さいぼう》」でできています。
みなさんの体《からだ》も、たくさんの「細胞《さいぼう》」のかたまりです。
「細胞《さいぼう》」は、体《からだ》をつくる材料《ざいりょう》やエネルギーをつくったり、

ぶートン

生命活動《せいめいかつどう》に必要《ひつよう》なさまざまな仕事《しごと》をしたりしています。
みなさんが元気《げんき》にすごせるのは、
「細胞《さいぼう》」がしっかりはたらいているおかげなのです。

そんな「細胞《さいぼう》」について、ぼくと友達《ともだち》の「ウーさん」が、
やさしく楽《たの》しく紹介《しょうかい》していきます。

この本《ほん》を読《よ》めば、体《からだ》をつくり、体《からだ》の中《なか》ではたらく
「細胞《さいぼう》」たちのようすがよくわかるようになります。
小《ちい》さな小《ちい》さな「細胞《さいぼう》」たちの世界《せかい》を、
ぼくやウーさんと一緒《いっしょ》にのぞいてみませんか？

ウーさん

2024年《ねん》11月《がつ》

ぶートン

もくじ

2じかんめ 細胞がふえるしくみ

体をつくる細胞 3じかんめ

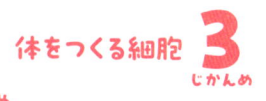

4じかんめ 体を守る細胞

5じかんめ 「何にでもなれる細胞」で病気を治す

この本《ほん》の特徴《とくちょう》

ひとつのテーマを、2ページで紹介《しょうかい》します。メインのお話《はなし》（説明《せつめい》）だけでなく、関連《かんれん》する情報《じょうほう》を教《おし》えてくれる「メモ」や、テーマに関係《かんけい》のある豆《まめ》知識《ちしき》を得《え》られる「もっと知《し》りたい」もあります。

また、ちょっと面白《おもしろ》い話題《わだい》を集《あつ》めた「やすみじかん」のページも、本《ほん》の中《なか》にたまに登場《とうじょう》するので、探《さが》してみてくださいね。

きれいなイラストがいっぱい！
ブートンやウーさんと一緒《いっしょ》に読《よ》もう！
もっと知《し》りたい　テーマに関《かん》する豆知識《まめちしき》
メモ　説明《せつめい》の補足《ほそく》や関連情報《かんれんじょうほう》など
わかりやすくまとめられた説明《せつめい》
このページのテーマ
07
空に天井なんてないのに なぜ、空は青いの？
メモ
32

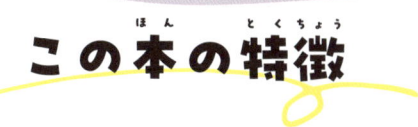

キャラクター紹介《しょうかい》

ぶートン

科学雑誌《かがくざっし》『Newton《ニュートン》』から誕生《たんじょう》したキャラクター。まぁるい鼻《はな》がチャームポイント。

ウーさん

ぶートンの友達《ともだち》。うさぎのような長《なが》い耳《みみ》がじまん。いつもにくまれ口《ぐち》をたたいているけど、にくめないヤツ。

ぶートンは変身《へんしん》もできるよ！

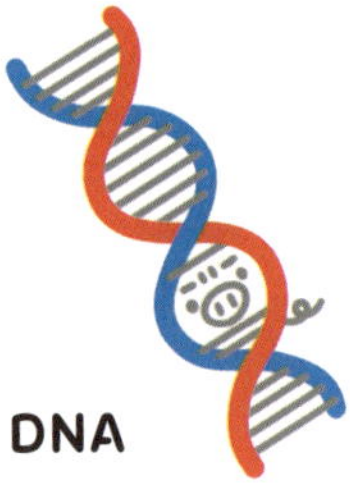

DNA

赤血球《せっけっきゅう》

白血球《はっけっきゅう》

人《じん》体《たい》細《さい》胞《ぼう》マップ

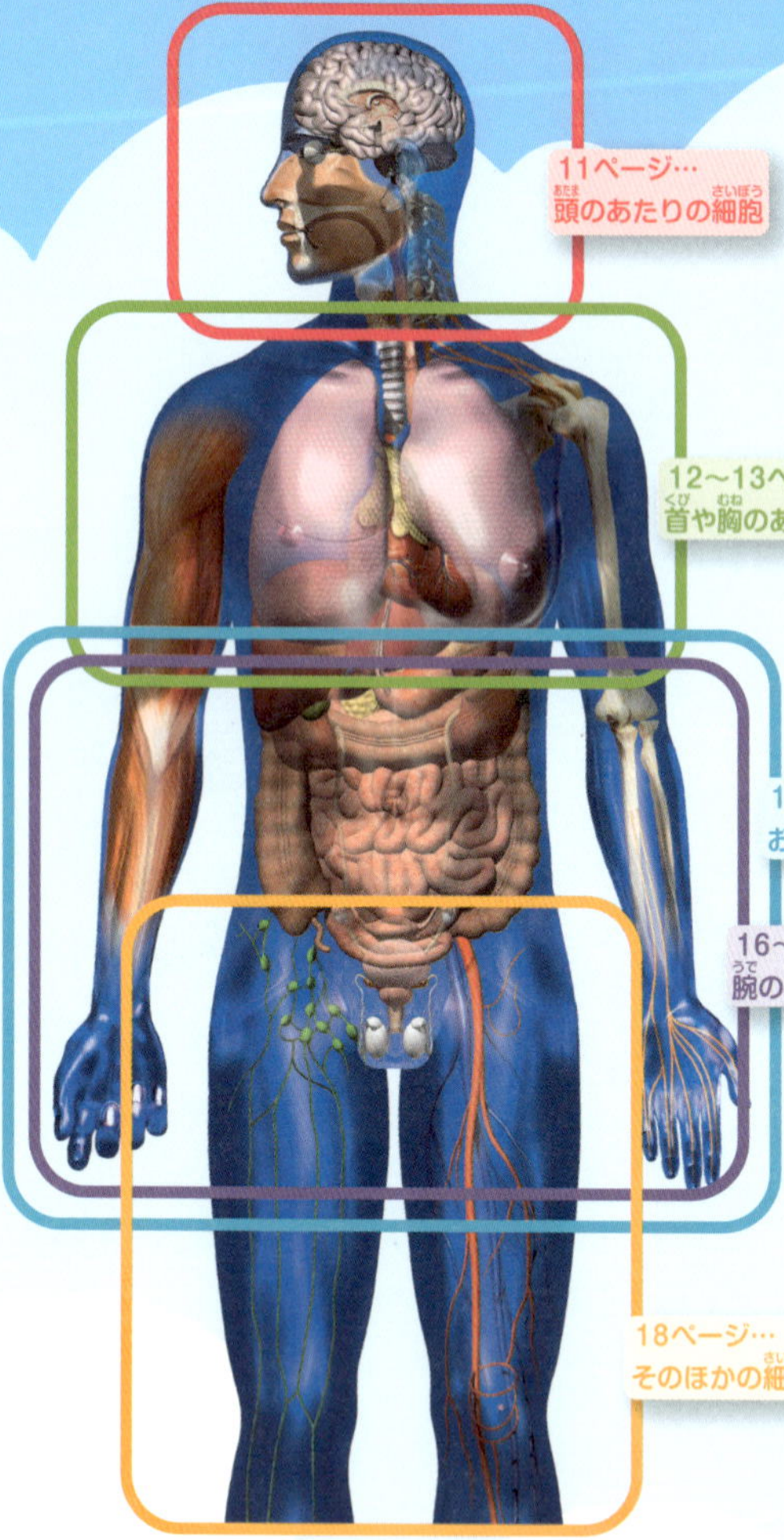
11ページ…
頭《あたま》のあたりの細胞《さいぼう》
12～13ページ…
首《くび》や胸《むね》のあたりの細胞《さいぼう》
14～15ページ…
おなかのあたりの細胞《さいぼう》
16～17ページ…
腕《うで》のあたりの細胞《さいぼう》
18ページ…
そのほかの細胞《さいぼう》

こんなに
たくさん
あるんだ！

ヒトの体《からだ》には、全部《ぜんぶ》で200種類以上《しゅるいいじょう》の細胞《さいぼう》があります。ここでは、特徴《とくちょう》のある一部《いちぶ》の細《さい》胞《ぼう》を紹介《しょうかい》しています。体《からだ》のどこに、どんな細《さい》胞《ぼう》があるかみてみましょう。

頭《あたま》のあたりの細胞《さいぼう》

①目《め》…まぶたには涙《なみだ》をつくる涙腺細胞《るいせんさいぼう》がある。網膜《もうまく》には光《ひかり》を感《かん》じ取《と》る桿体細胞《かんたいさいぼう》・錐体細胞《すいたいさいぼう》（→120ページ）などがある。

②鼻《はな》…においを感《かん》じるための嗅細胞《きゅうさいぼう》などがある。

③口《くち》…つばを分泌《ぶんぴつ》する唾液腺《だえきせん》の粘液細胞《ねんえきさいぼう》・漿液細胞《しょうえきさいぼう》や、歯《は》をつくるエナメル芽細胞《がさいぼう》などがある。

④中枢神経《ちゅうすうしんけい》（脳《のう》、脊髄《せきずい》）…
神経細胞《しんけいさいぼう》（→86ページ）や、神経細胞《しんけいさいぼう》を助《たす》ける各種《かくしゅ》のグリア細胞《さいぼう》などがある。

⑤耳《みみ》…音《おと》を聴《き》いたり、平衡感覚《へいこうかんかく》などを感《かん》じたりする有毛細胞《ゆうもうさいぼう》（→122ページ）などがある。

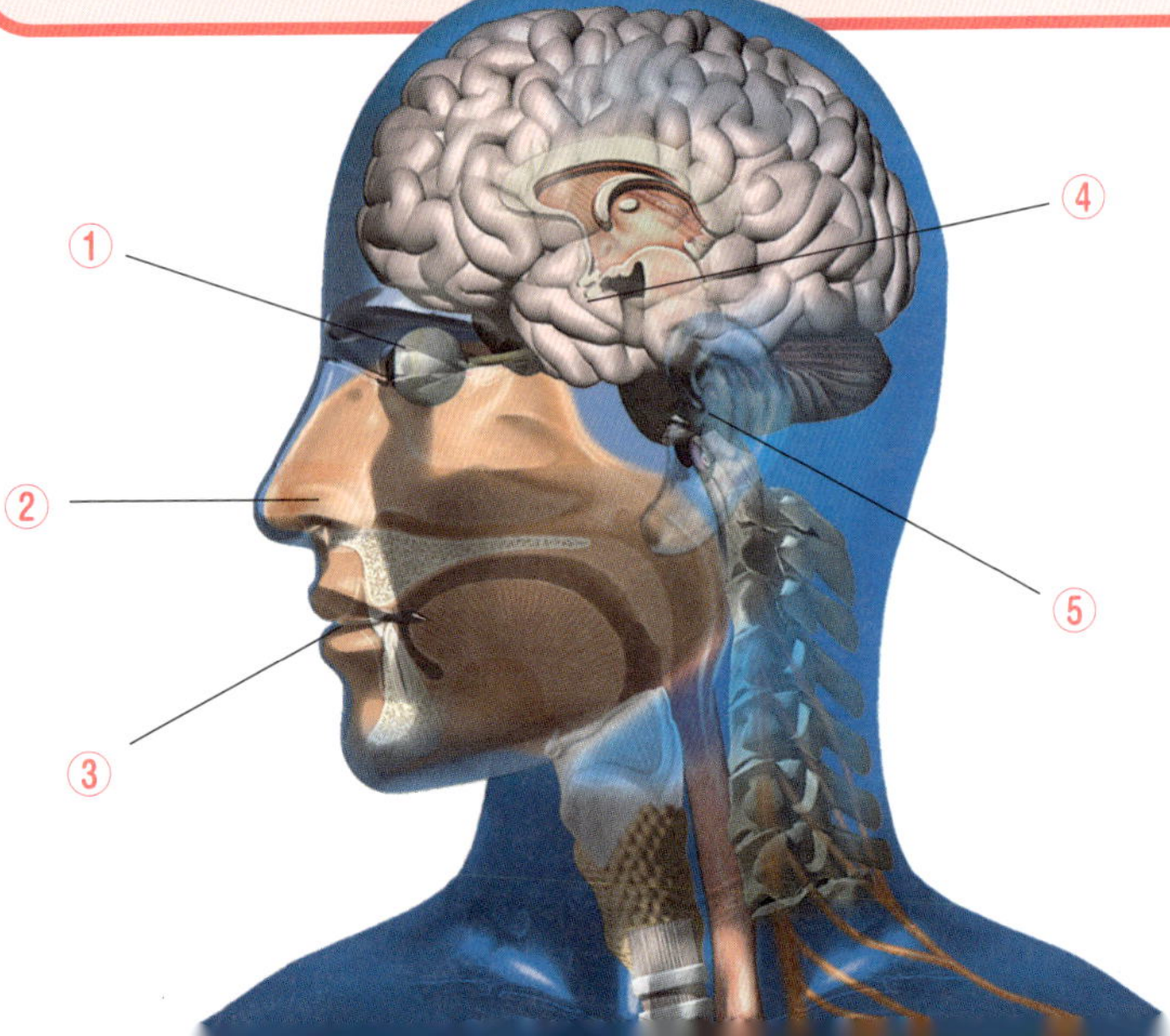

人体細胞《じんたいさいぼう》マップ

ホルモンっていうのは体中《からだじゅう》のあちこちでつくられている化学物質《かがくぶっしつ》だよ
多《おお》すぎても少《すく》なすぎてもダメだぜ
細胞《さいぼう》のなかにはホルモンを分泌《ぶんぴつ》しているものもあるんだ

③ 気道《きどう》…気管《きかん》に入《はい》ったゴミを外《そと》に出《だ》す線毛細胞《せんもうさいぼう》(→98ページ)や、粘膜《ねんまく》を分泌《ぶんぴつ》する杯細胞《はいさいぼう》などがある。

④ 肺《はい》　…肺胞《はいほう》(→98ページ)をつくる2種類《しゅるい》の肺胞細胞《はいほうさいぼう》がある。Ⅱ型肺胞細胞《がたはいほうさいぼう》は、洗剤《せんざい》に似《に》た表面活性《ひょうめんかっせい》物質《ぶっしつ》という成分《せいぶん》を分泌《ぶんぴつ》して、泡《あわ》のように肺胞《はいほう》をふくらませている。

⑤ 胸腺《きょうせん》…T細胞《さいぼう》(→134ページ)の完成《かんせい》にかかわる。成熟《せいじゅく》中《ちゅう》のT細胞《さいぼう》や、胸腺上《きょうせんじょう》皮《ひ》細胞《さいぼう》がある。

⑥ 心筋《しんきん》…心臓《しんぞう》を規則《きそく》正《ただ》しく拍動《はくどう》させる役割《やくわり》がある心筋細《しんきんさい》胞《ぼう》がある。

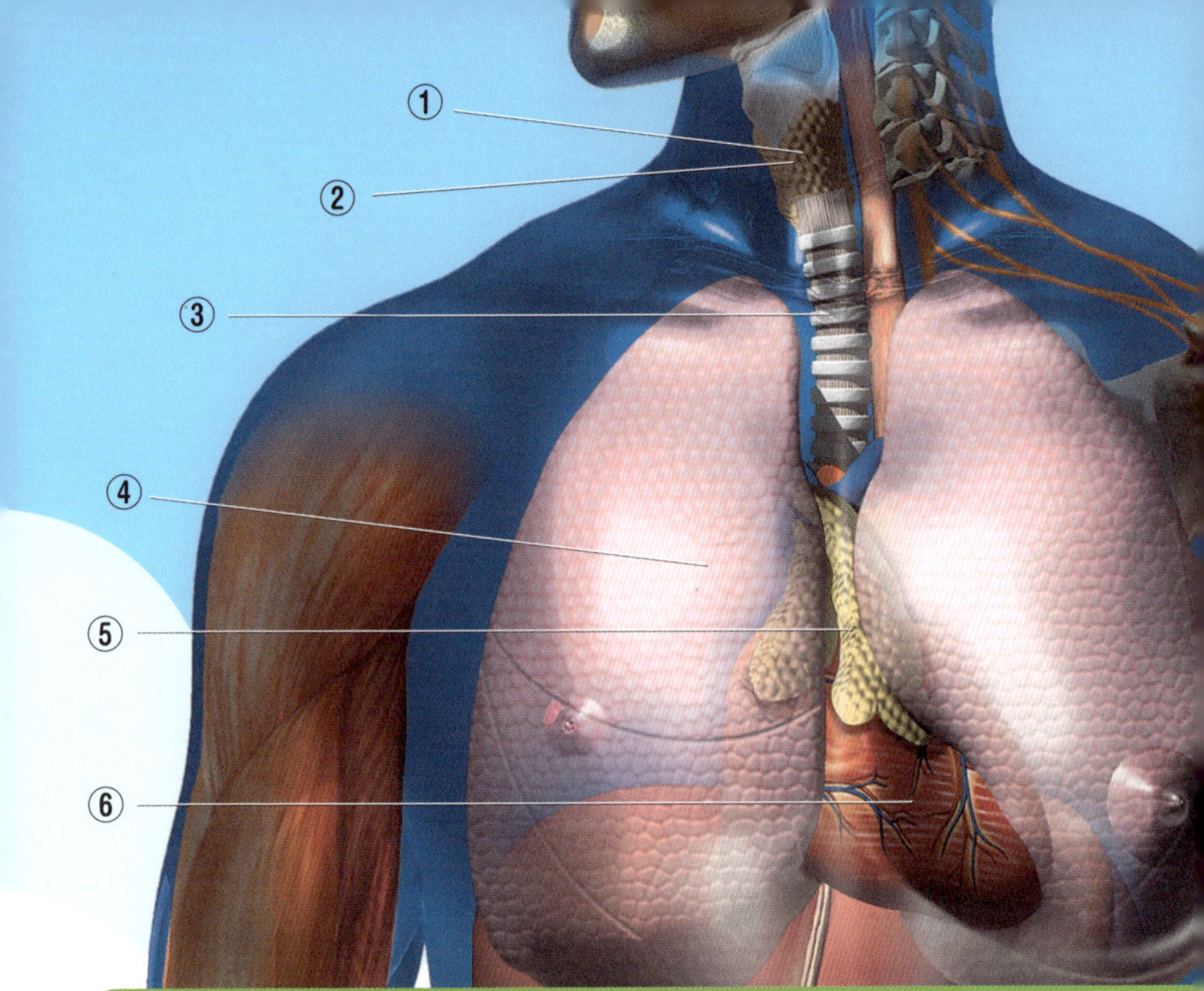

首《くび》や胸《むね》のあたりの細胞《さいぼう》

① 甲状腺《こうじょうせん》…下垂体《かすいたい》から分泌《ぶんぴつ》されたホルモンに刺激《しげき》されて甲状腺《こうじょうせん》ホルモンを分泌《ぶんぴつ》する細胞《さいぼう》などがある。甲状腺《こうじょうせん》ホルモンは、新陳代謝《しんちんたいしゃ》を促《うなが》したり、自律神経《じりつしんけい》を整《ととの》えたりするはたらきがある。

② 上皮小体《じょうひしょうたい》…血液中《けつえきちゅう》のカルシウム濃度《のうど》に関《かか》わる副甲状腺《ふくこうじょうせん》ホルモンを分泌《ぶんぴつ》する細胞《さいぼう》がある。

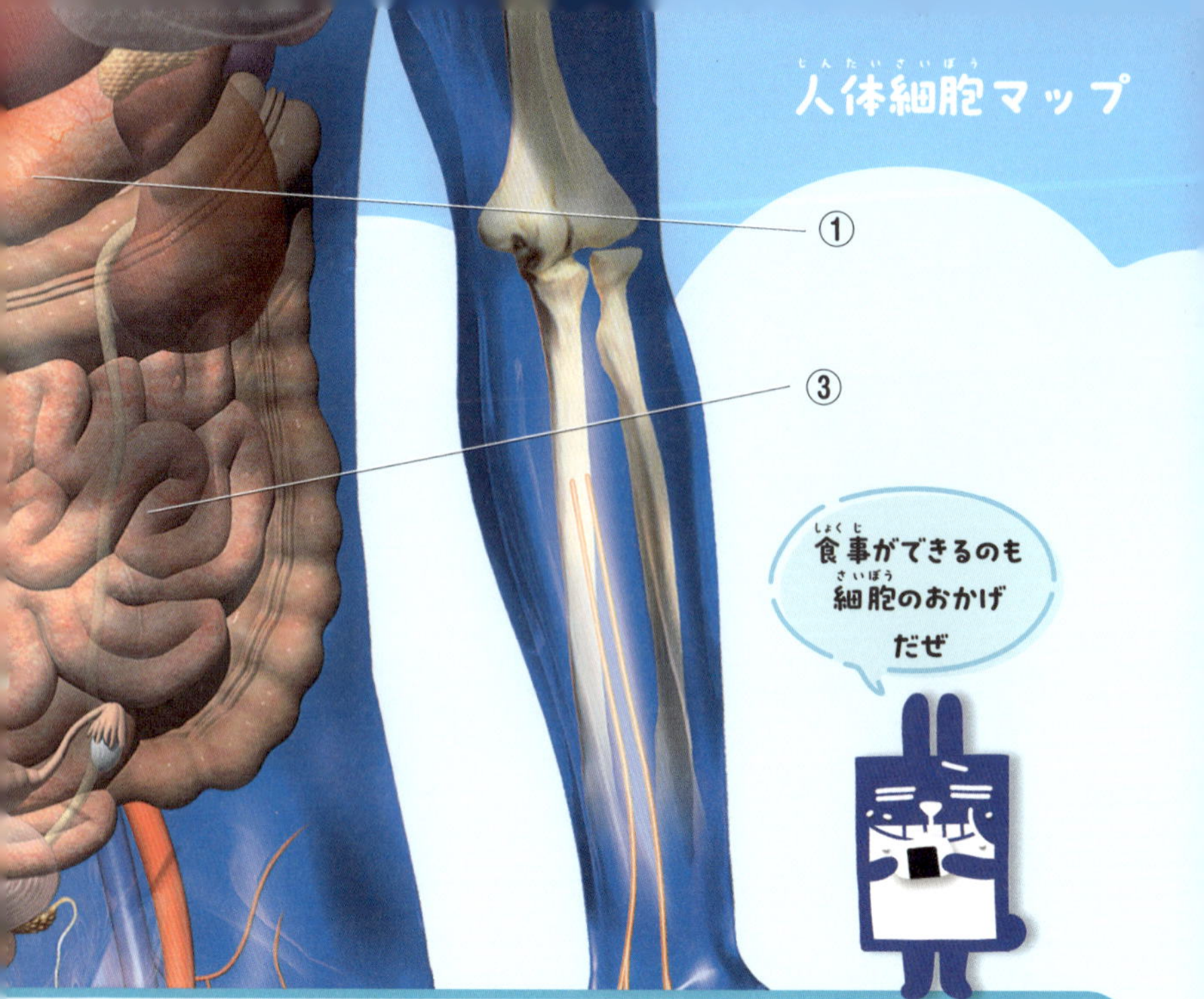
①
③
食事《しょくじ》ができるのも
細胞《さいぼう》のおかげ
だぜ

③ 小腸《しょうちょう》…小腸《しょうちょう》の内側《うちがわ》の壁《かべ》には絨毯《じゅうたん》の毛《け》のように細《こま》かい「絨毛《じゅうもう》」(→110ページ)がびっしり生《は》えている。絨毛《じゅうもう》をつくる吸収上皮細胞《きゅうしゅうじょうひさいぼう》には、さらに細《こま》かい「微絨毛《びじゅうもう》」という突起《とっき》がある。

④ 膵臓《すいぞう》…膵液《すいえき》を分泌《ぶんぴつ》する細胞《さいぼう》や、インスリン(→114ページ)というホルモンを分泌《ぶんぴつ》する細胞《さいぼう》がある。

⑤ 皮膚《ひふ》の下《した》や腹腔内《ふくくうない》など…

皮下脂肪《ひかしぼう》や内臓脂肪《ないぞうしぼう》をつくる白色脂肪細胞《はくしょくしぼうさいぼう》(→92ページ)は、余《あま》ったエネルギーを脂肪滴《しぼうてき》(油《ゆ》滴《てき》)としてため込《こ》む。

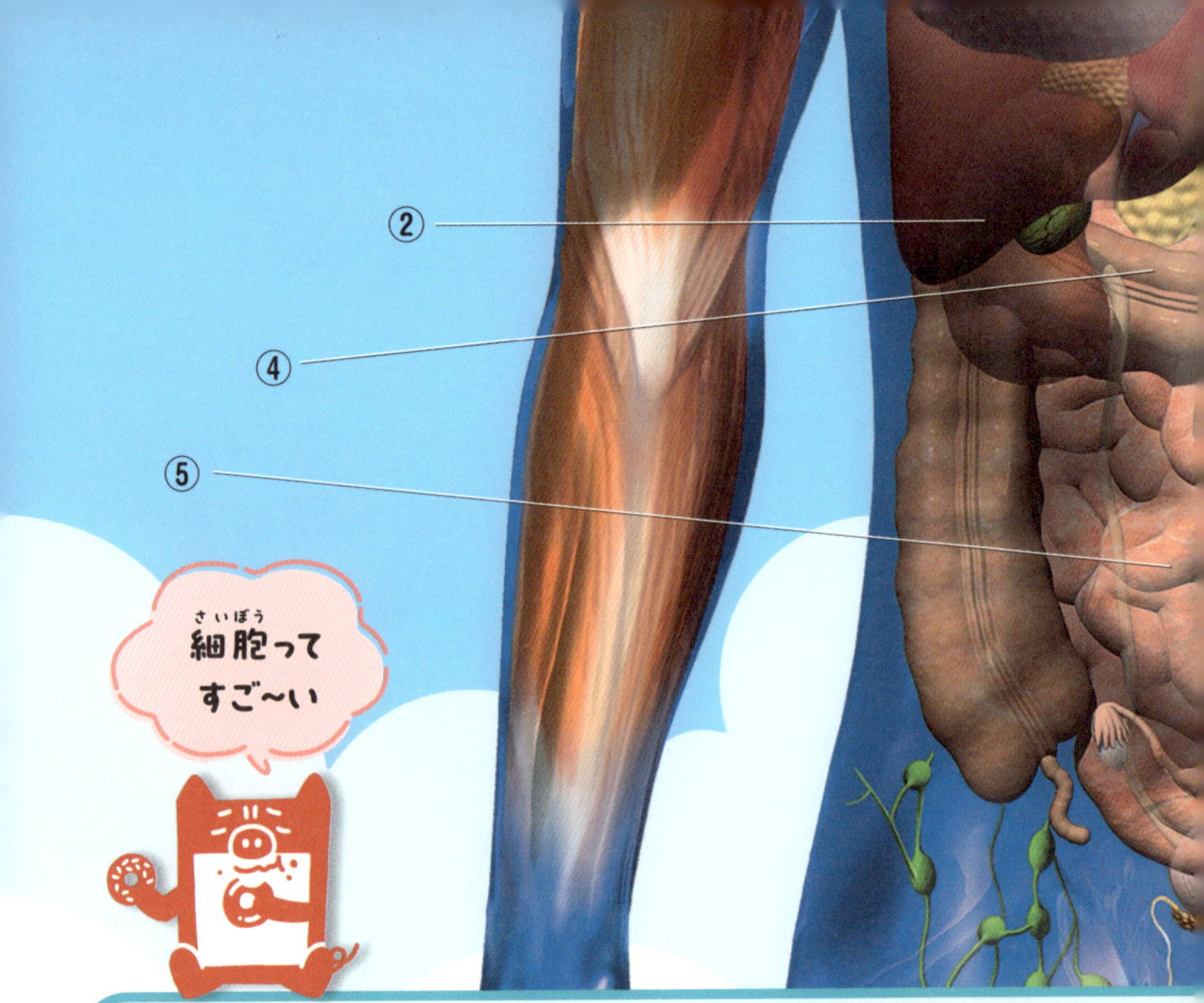

おなかのあたりの細胞《さいぼう》

① 胃《い》　…「胃腺《いせん》」という部分《ぶぶん》にある壁細胞《へきさいぼう》(→108ページ)は塩酸《えんさん》をつくる。そのため、胃腺《いせん》から分泌《ぶんぴつ》される胃液《いえき》は強《つよ》い酸性《さんせい》の液体《えきたい》となる。

② 肝臓《かんぞう》…肝細胞《かんさいぼう》(→116ページ)が肝臓《かんぞう》の約《やく》6割《わり》を占《し》めている。肝細胞《かんさいぼう》は、アルコールなどの毒物《どくぶつ》を解毒《げどく》したり、エネルギーをたくわえたりなど、さまざまな役割《やくわり》をもつ。

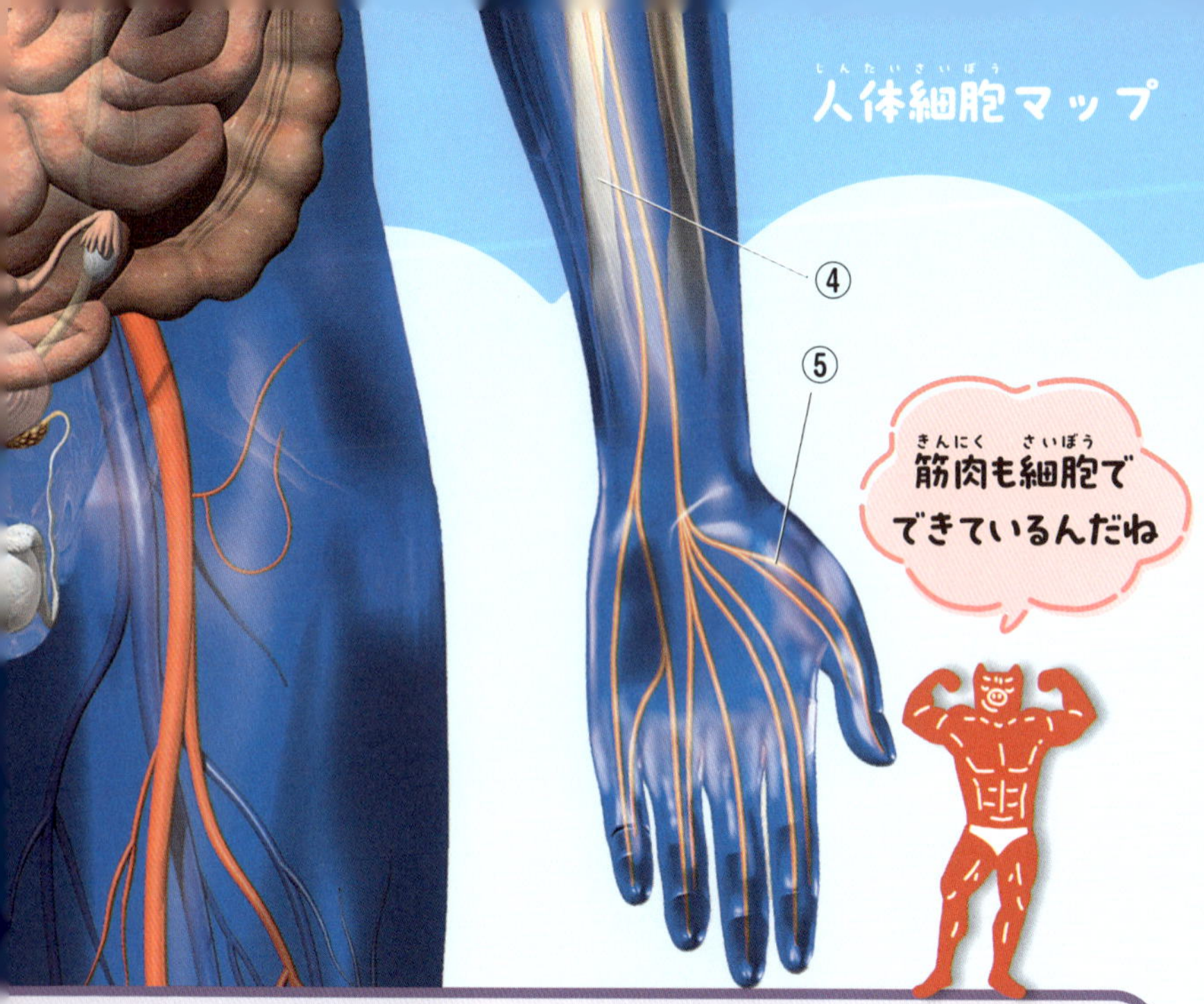

ジ)から新《あたら》しい細胞《さいぼう》がどんどん生《う》まれ、分化《ぶんか》しながら表面《ひょうめん》におしあげられ、やがて垢《あか》となってはがれ落《お》ちる。

④ 骨《ほね》 …カルシウムでできた骨《ほね》(骨基質《こつきしつ》)の中《なか》に、いくつもの骨細胞《こつさいぼう》(→84ページ)が埋《う》まっている。

⑤ 末梢神経《まっしょうしんけい》…
脳《のう》と脊髄《せきずい》(中枢神経《ちゅうすうしんけい》)以外《いがい》の神経《しんけい》を末梢神経《まっしょうしんけい》といい、神経細胞《しんけいさいぼう》(→86ページ)がつながってできている。末梢神経《まっしょうしんけい》の中《なか》でも、「髄鞘《ずいしょう》」という“鞘《さや》”をもつ「有髄神経線維《ゆうずいしんけいせんい》」は、情報伝達《じょうほうでんたつ》のスピードが速《はや》い。

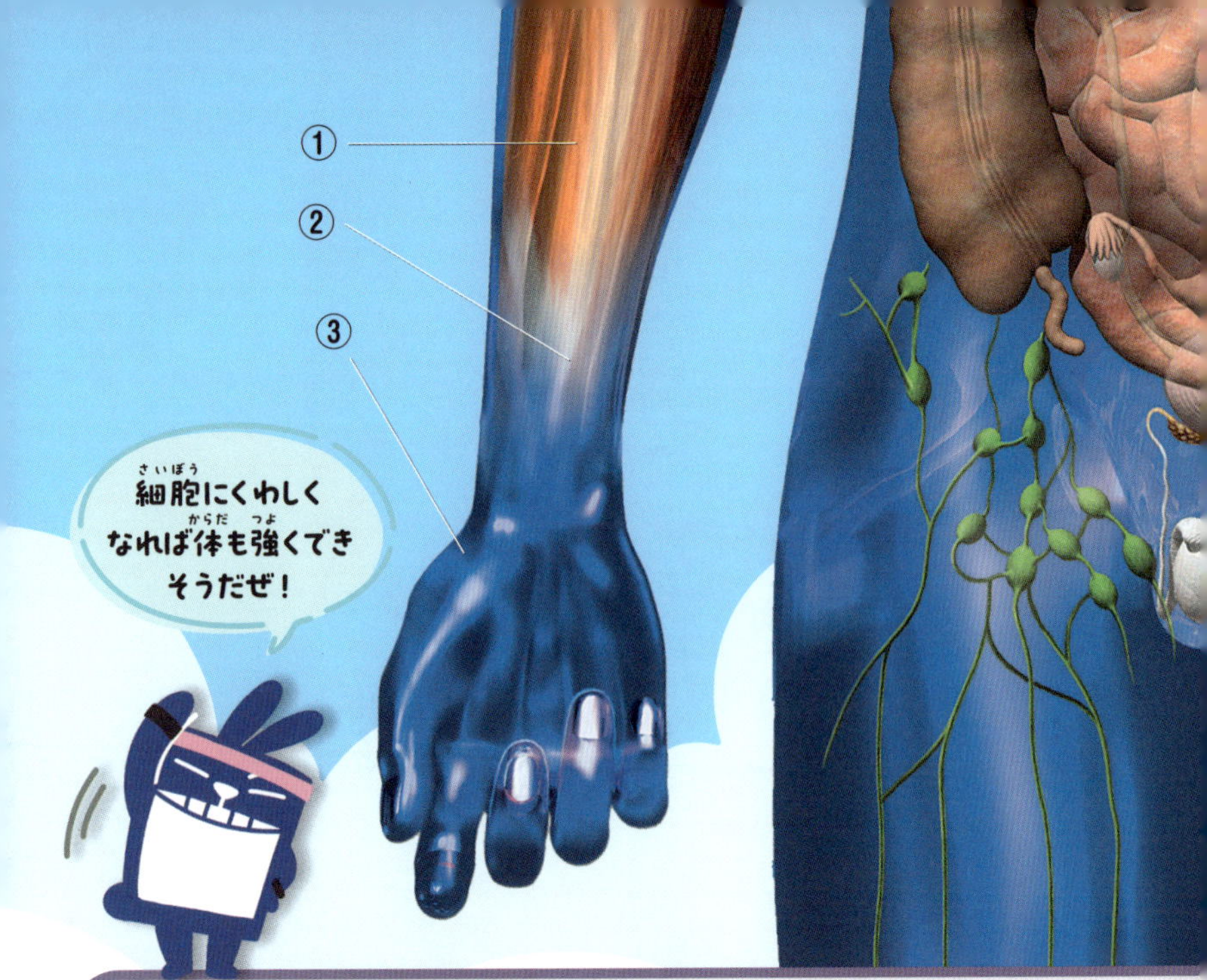
①
②
③
細胞《さいぼう》にくわしく
なれば体《からだ》も強《つよ》くでき
そうだぜ！

腕《うで》のあたりの細胞《さいぼう》

① 筋肉《きんにく》（骨格筋《こっかくきん》）…
筋線維《きんせんい》（→84ページ）という細長《ほそなが》い細胞《さいぼう》が集《あつ》まってできている。筋線維《きんせんい》は、さらに筋原線維《きんげんせんい》という細《ほそ》い糸《いと》のような組織《そしき》でできている。

② 腱《けん》　…骨《ほね》と筋肉《きんにく》をつなぐ腱《けん》は、腱細胞《けんさいぼう》がつくったコラーゲン線維《せんい》（→88ページ）により、じょうぶになっている。

③ 皮膚《ひふ》…皮膚《ひふ》は表皮《ひょうひ》、真皮《しんぴ》、皮下組織《ひかそしき》の３層構造《そうこうぞう》になっている。表皮《ひょうひ》の最深部《さいしんぶ》の基底細胞《きていさいぼう》（→158ペー

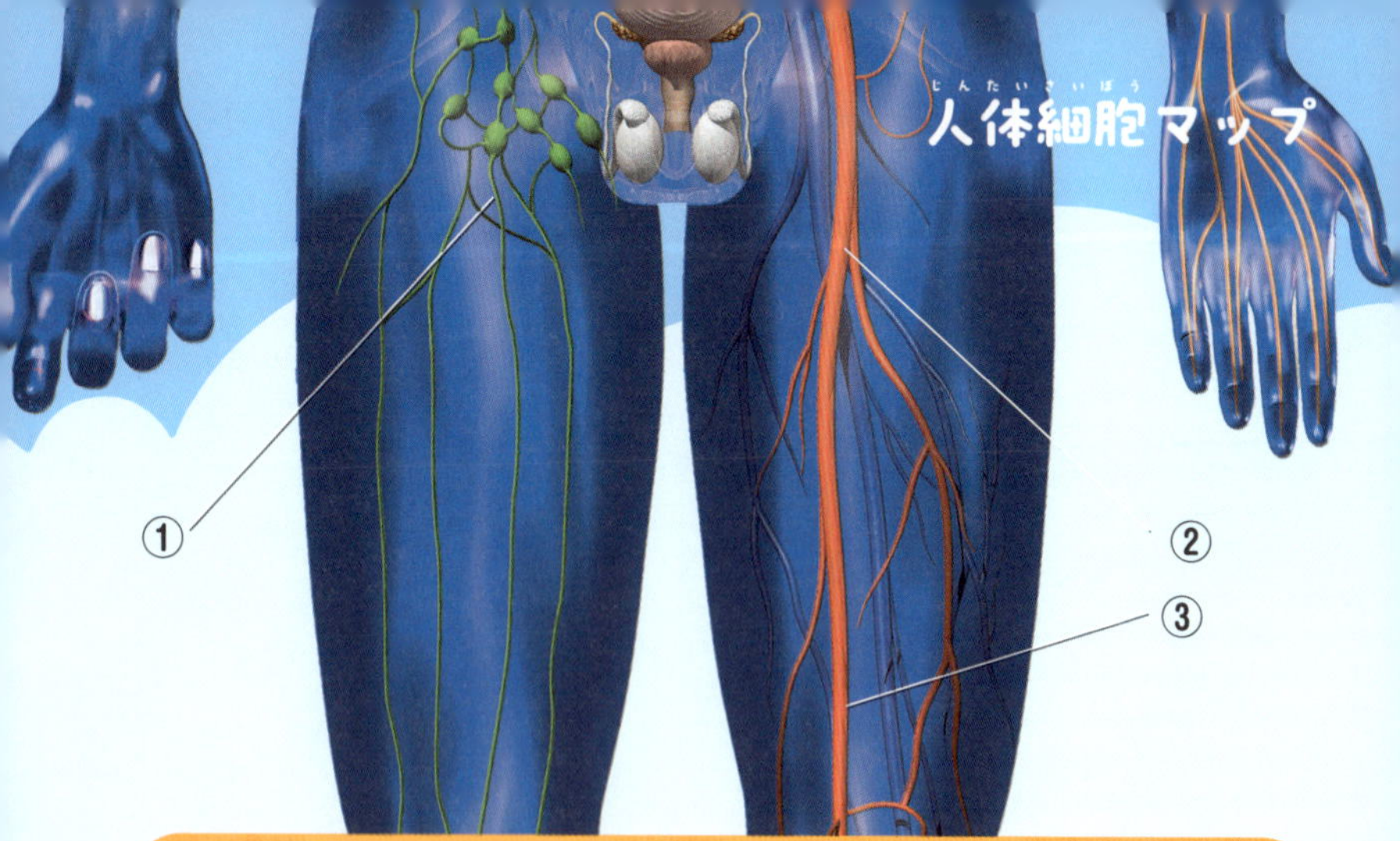
①
②
③

そのほかの細胞《さいぼう》

① リンパ節《せつ》…

T細胞《さいぼう》やB細胞《さいぼう》などのリンパ球《きゅう》(→134ページ)が集《あつ》まっている。

② 血液《けつえき》…酸素《さんそ》を運《はこ》ぶ赤血球《せっけっきゅう》(→100ページ)や白血球《はっけっきゅう》(→134ページ)などの細胞《さいぼう》がふくまれている。

③ 血管《けっかん》など…

血管《けっかん》や内臓《ないぞう》の壁《かべ》にある平滑筋細胞《へいかつきんさいぼう》(→102ページ)には、血管《けっかん》や内臓《ないぞう》を収縮《しゅうしゅく》させて血液《けつえき》や食《た》べ物《もの》を送《おく》り出《だ》すはたらきがある。

体中《からだじゅう》でいろいろな
細胞《さいぼう》たちが役割《やくわり》を
はたしているよ

1

じかんめ

細胞《さいぼう》って何《なに》？

地球上《ちきゅうじょう》にすむ、あらゆる生《い》き物《もの》の体《からだ》は「細胞《さいぼう》」で形《かたち》づくられています。細胞《さいぼう》とは、いったいどんな構造《こうぞう》になっていて、中《なか》ではどんなしくみがはたらいているのでしょうか？　ここでは、細胞《さいぼう》についての基本的《きほんてき》な話《はなし》を紹介《しょうかい》しています。

ミクロの世界《せかい》へ
レッツゴー！

01 多《おお》くの生《い》き物《もの》の体《からだ》をつくる細胞《さいぼう》

細胞《さいぼう》とは、生《い》き物《もの》の体《からだ》の基本《きほん》となる構造《こうぞう》で、「細胞膜《さいぼうまく》」に包《つつ》まれた中《なか》に遺伝情報《いでんじょうほう》が入《はい》っています。

細胞《さいぼう》は、大《おお》きく2つの種類《しゅるい》に分《わ》けられます。

1つ目《め》は核《かく》（↓28ページ）をもつ「真核細胞《しんかくさいぼう》」で、真核細胞《しんかくさいぼう》をもつ生《い》き物《もの》を「真核生物《しんかくせいぶつ》」とよびます。私《わたし》たちヒトをふくむ動物《どうぶつ》、植物《しょくぶつ》、菌類《きんるい》、原生生物《げんせいせいぶつ》がこれにあたります。

さまざまな細胞《さいぼう》

細胞《さいぼう》はさまざまな姿《すがた》をしている。ヒトのように多数《たすう》の細胞《さいぼう》が集《あつ》まって1つの個体《こたい》をつくっているものを「多細胞生物《たさいぼうせいぶつ》」、細菌《さいきん》のように1つの細胞《さいぼう》が1つの個体《こたい》として生《い》きているものを「単細胞生物《たんさいぼうせいぶつ》」とよぶ。

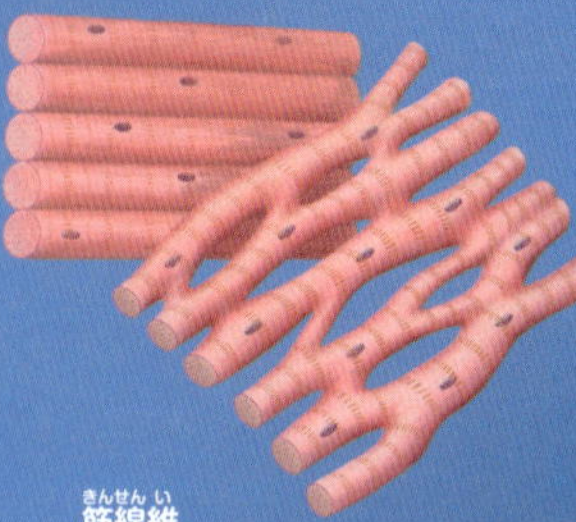

筋線維《きんせんい》
多細胞生物《たさいぼうせいぶつ》の筋肉《きんにく》を構成《こうせい》する細胞《さいぼう》。1つの細胞《さいぼう》に複数《ふくすう》の核《かく》がある。

アメーバ
細胞《さいぼう》を変形《へんけい》させて移動《いどう》する単細胞生物《たんさいぼうせいぶつ》。大《おお》きさは0.01～0.1ミリメートル。

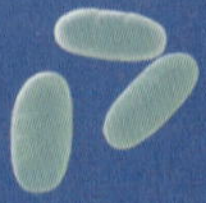

大腸菌《だいちょうきん》
哺乳類《ほにゅうるい》や鳥類《ちょうるい》の大腸《だいちょう》に多《おお》くいる単細胞生物《たんさいぼうせいぶつ》(原核生物《げんかくせいぶつ》)。大《おお》きさは約《やく》0.001ミリメートル。

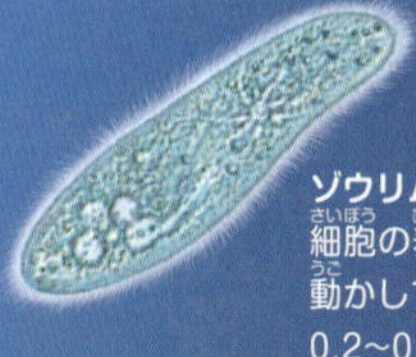

ゾウリムシ
細胞《さいぼう》の表面《ひょうめん》にある約《やく》2万本《まんぼん》の繊毛《せんもう》を動《うご》かして泳《およ》ぐ単細胞生物《たんさいぼうせいぶつ》。大《おお》きさは0.2～0.3ミリメートル。

いろんな形《かたち》の細胞《さいぼう》があるんだね

2つ目《め》は、はっきりとした核《かく》や小器官《しょうきかん》をもたない「原核細胞《げんかくさいぼう》」で、原核細胞《げんかくさいぼう》をもつ生《い》き物《もの》を「原核生物《げんかくせいぶつ》」とよびます。細菌《さいきん》（真正細菌《しんせいさいきん》）や、古細菌《こさいきん》（アーキア）がこれにあたります。

細胞《さいぼう》の大《おお》きさはさまざまです。たとえば、精子《せいし》と出会《であ》っていないダチョウの卵黄《らんおう》は、直径《ちょっけい》10センチメートルくらいの1つの細胞《さいぼう》でできています。一方《いっぽう》で、マイコプラズマという細菌《さいきん》は、直径《ちょっけい》わずか0・00025ミリメートルほどの1個《こ》の細胞《さいぼう》です。

ダチョウの卵《たまご》
精子《せいし》と出会《であ》っていない（受精《じゅせい》していない）段階《だんかい》では、卵黄《らんおう》の部分《ぶぶん》が1つの細胞《さいぼう》。

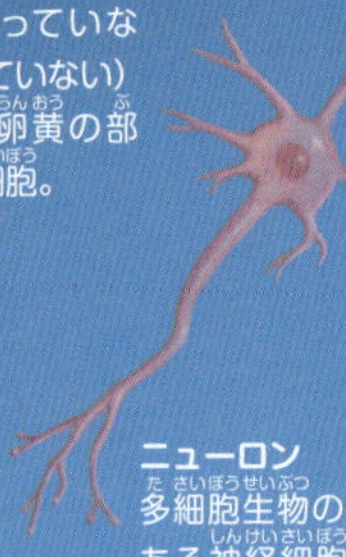

ニューロン
多細胞生物《たさいぼうせいぶつ》の脳《のう》にある神経細胞《しんけいさいぼう》。ほかの神経細胞《しんけいさいぼう》と信号《しんごう》をやり取《と》りする。

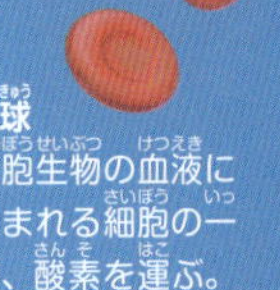

赤血球《せっけっきゅう》
多細胞生物《たさいぼうせいぶつ》の血液《けつえき》にふくまれる細胞《さいぼう》の一種《いっしゅ》で、酸素《さんそ》を運《はこ》ぶ。大《おお》きさは約《やく》0.008ミリメートル。

もっと知《し》りたい
「細胞《さいぼう》」という日本語《にほんご》は、江戸時代《えどじだい》（1835年《ねん》）に蘭学者《らんがくしゃ》の宇田川榕菴《うだがわようあん》がつくった。

02 ヒトの体《からだ》は37兆《ちょう》個《こ》くらいの細胞《さいぼう》でできている

どうして子《こ》どもの体《からだ》は小《ちい》さく、大人《おとな》の体《からだ》は大《おお》きいのでしょうか。これには、細胞《さいぼう》の数《かず》が関係《かんけい》しています。

私《わたし》たちヒトをふくむ哺《ほ》乳類《にゅうるい》の細胞《さいぼう》は、種類《しゅるい》にもよりますが、だいたい0・01ミリメートルくらいです。そして、細胞《さいぼう》が多《おお》ければ多《おお》いほど、体《からだ》が大《おお》きくなります。たとえば、ゾウはネズミよりもたくさん細胞《さいぼう》があるから、体《からだ》が大《おお》きいのです。

ヒトの子《こ》どもと大人《おとな》にも同《おな》じことがいえます。

たとえば、生《う》まれたばかりの赤《あか》ちゃん（体重約《たいじゅうやく》3キログラム）の細胞《さいぼう》の数《かず》は、3兆個《ちょうこ》くらいと考《かんが》えられますが、30～40歳代《さいだい》の男《おとこ》の人《ひと》（体重約《たいじゅうやく》70キログラム）には、だいたい37兆個《ちょうこ》の細胞《さいぼう》があります。子《こ》どもから大人《おとな》へ成長《せいちょう》するにしたがって、細胞《さいぼう》が分裂《ぶんれつ》していき、数《かず》がふえていくのです。

細胞分裂《さいぼうぶんれつ》については2じかんめでくわしく紹介《しょうかい》しています。

分裂《ぶんれつ》する細胞《さいぼう》としない細胞《さいぼう》

赤《あか》ちゃんが大《おお》きくなって大人《おとな》になるまでに、たくさんの細《さい》胞分裂《ぼうぶんれつ》がおこる。大人《おとな》になると、分裂《ぶんれつ》をしつづける細胞《さいぼう》と、分裂《ぶんれつ》しなくなる細胞《さいぼう》がある。

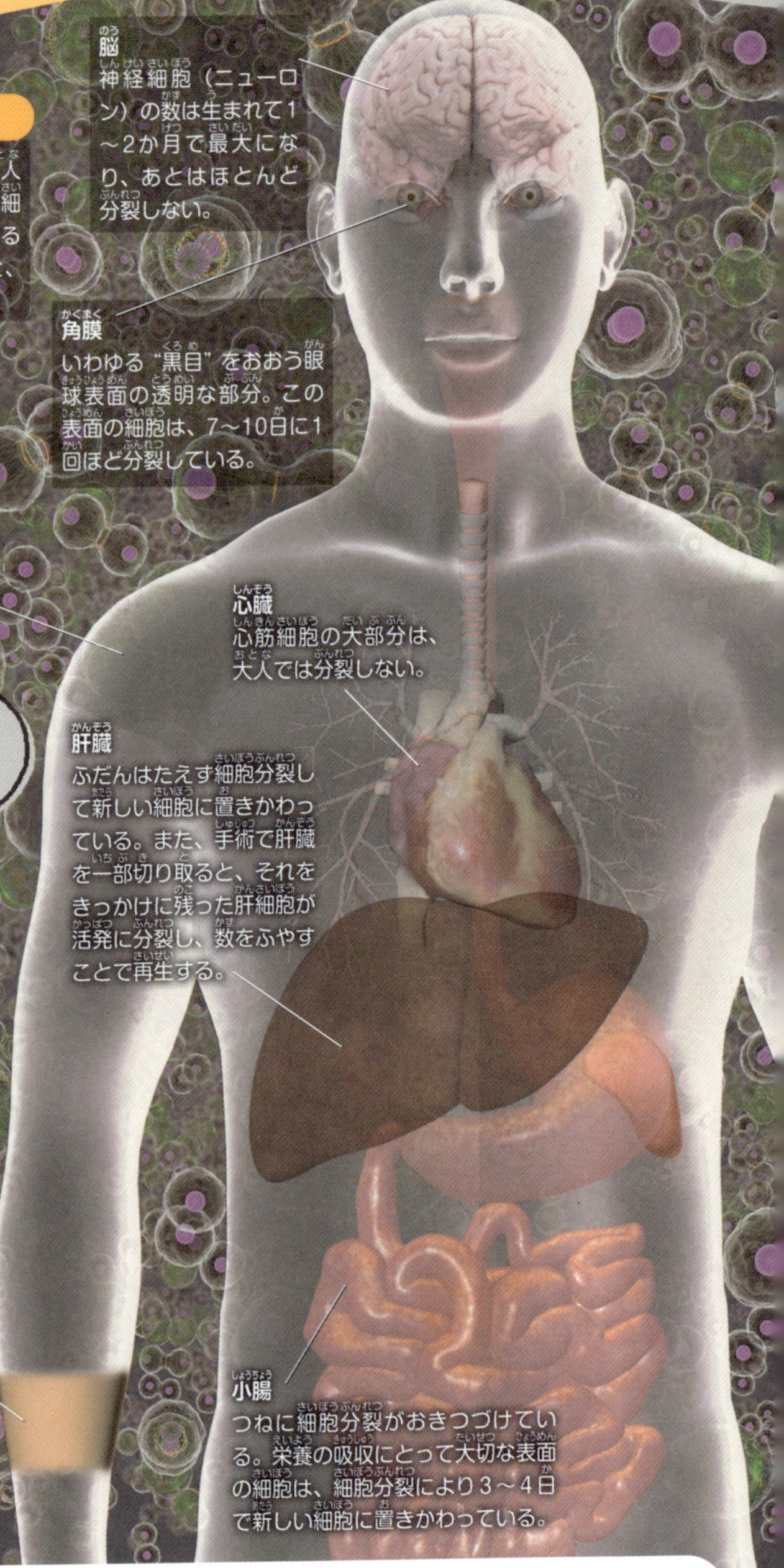

脳《のう》
神経細胞《しんけいさいぼう》（ニューロン）の数《かず》は生《う》まれて1～2か月《げつ》で最大《さいだい》になり、あとはほとんど分裂《ぶんれつ》しない。

角膜《かくまく》
いわゆる“黒目《くろめ》”をおおう眼《がん》球表面《きゅうひょうめん》の透明《とうめい》な部分《ぶぶん》。この表面《ひょうめん》の細胞《さいぼう》は、7～10日《か》に1回《かい》ほど分裂《ぶんれつ》している。

筋肉《きんにく》
成長《せいちょう》した筋肉《きんにく》（骨格筋《こっかくきん》）の細胞《さいぼう》は分裂《ぶんれつ》しないが、傷《きず》ついたときは幹細胞《かんさいぼう》（→158ページ）が修復《しゅうふく》する。

心臓《しんぞう》
心筋細胞《しんきんさいぼう》の大部分《だいぶぶん》は、大人《おとな》では分裂《ぶんれつ》しない。

肝臓《かんぞう》
ふだんはたえず細胞分裂《さいぼうぶんれつ》して新《あたら》しい細胞《さいぼう》に置《お》きかわっている。また、手術《しゅじゅつ》で肝臓《かんぞう》を一部切《いちぶき》り取《と》ると、それをきっかけに残《のこ》った肝細胞《かんさいぼう》が活発《かっぱつ》に分裂《ぶんれつ》し、数《かず》をふやすことで再生《さいせい》する。

皮膚《ひふ》
細胞分裂《さいぼうぶんれつ》が活発《かっぱつ》におき、約《やく》28日《にち》で新《あたら》しい皮膚《ひふ》になる。

小腸《しょうちょう》
つねに細胞分裂《さいぼうぶんれつ》がおきつづけている。栄養《えいよう》の吸収《きゅうしゅう》にとって大切《たいせつ》な表面《ひょうめん》の細胞《さいぼう》は、細胞分裂《さいぼうぶんれつ》により3～4日《か》で新《あたら》しい細胞《さいぼう》に置《お》きかわっている。

もっと知《し》りたい

ヒトの37兆個《ちょうこ》の細胞《さいぼう》を1列《れつ》にならべると、地球《ちきゅう》から月《つき》に届《とど》くくらいの長《なが》さになる。

03

動物《どうぶつ》の細胞《さいぼう》をくわしくみてみよう

ここでは、動物《どうぶつ》（真核生物《しんかくせいぶつ》）の細胞《さいぼう》の構造《こうぞう》を紹介《しょうかい》します。

すべての細胞《さいぼう》は、「細胞膜《さいぼうまく》」によって包《つつ》まれています。その中《なか》にある「核《かく》」には、核膜《かくまく》で包《つつ》まれた中《なか》に遺伝《いでん》情報《じょうほう》であるＤＮＡが収納《しゅうのう》されています。くわしくは28ページで紹介《しょうかい》しています。

そのほかの部分《ぶぶん》は「細胞質《さいぼうしつ》」とよばれ、次《つぎ》のようなさまざまな細胞小器官《さいぼうしょうきかん》が詰《つ》まっています。

核《かく》のまわりを取《と》り巻《ま》くようにおおっている層《そう》のようになった小器官《しょうきかん》は、「小胞体《しょうほうたい》」（↓32ページ）や「ゴルジ体《たい》」（↓34ページ）です。細胞内《さいぼうない》のあちこちにあるカプセルのような形《かたち》をしたのは「ミトコンドリア」（↓36ページ）です。こうした小器官《しょうきかん》が力《ちから》を合《あ》わせ、体《からだ》に必要《ひつよう》なタンパク質《しつ》を合成《ごうせい》したり、エネルギーをつくったりしています。

次《つぎ》のページから、細胞《さいぼう》の各《かく》パーツについてみていきます。

動物細胞《どうぶつさいぼう》の構造《こうぞう》

この絵《え》には
色《いろ》がついているけれど、
本物《ほんもの》の細胞《さいぼう》は半透明《はんとうめい》
だよ

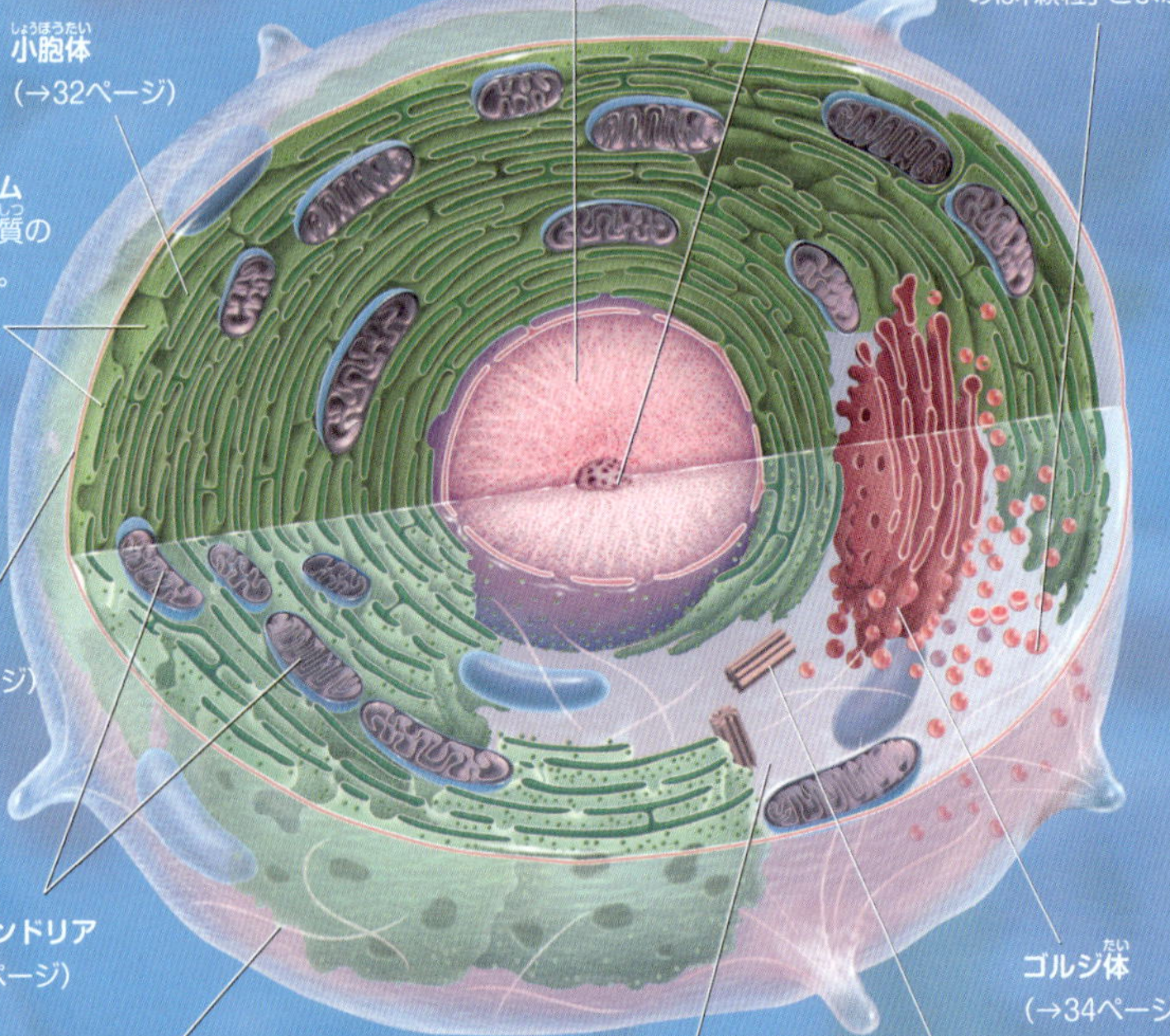
核小体《かくしょうたい》
核《かく》の中《なか》にあり、リボソームの部品《ぶひん》の合成《ごうせい》が行《おこな》われている。
分泌小胞《ぶんぴつしょうほう》・顆粒《かりゅう》
ゴルジ体《たい》から細胞《さいぼう》の外《そと》へ運《はこ》ばれる物《ぶっ》質《しつ》が詰《つ》め込《こ》まれている。小《ちい》さなものは「小胞《しょうほう》」、大《おお》きなものは「顆粒《かりゅう》」とよぶ。
核《かく》
(→28ページ)
小胞体《しょうほうたい》
(→32ページ)
リボソーム
タンパク質《しつ》の合成装置《ごうせいそうち》。
細胞膜《さいぼうまく》
(→38ページ)
ミトコンドリア
(→36ページ)
ゴルジ体《たい》
(→34ページ)
細胞骨格《さいぼうこっかく》
タンパク質《しつ》でできた線維《せんい》。細胞《さいぼう》の形《かたち》を保《たも》ったり、細胞《さいぼう》小器官《しょうきかん》をつなぎとめたり移動《いどう》させたりする。
中心体《ちゅうしんたい》
細胞分裂《さいぼうぶんれつ》に必要《ひつよう》な小器官《しょうきかん》。
細胞質《さいぼうしつ》マトリックス
細胞小器官《さいぼうしょうきかん》以外《いがい》を満《み》たす部分《ぶぶん》。

もっと知《し》りたい

原核生物《げんかくせいぶつ》(→20ページ)は、核膜《かくまく》や細胞小器官《さいぼうしょうきかん》をもたない。

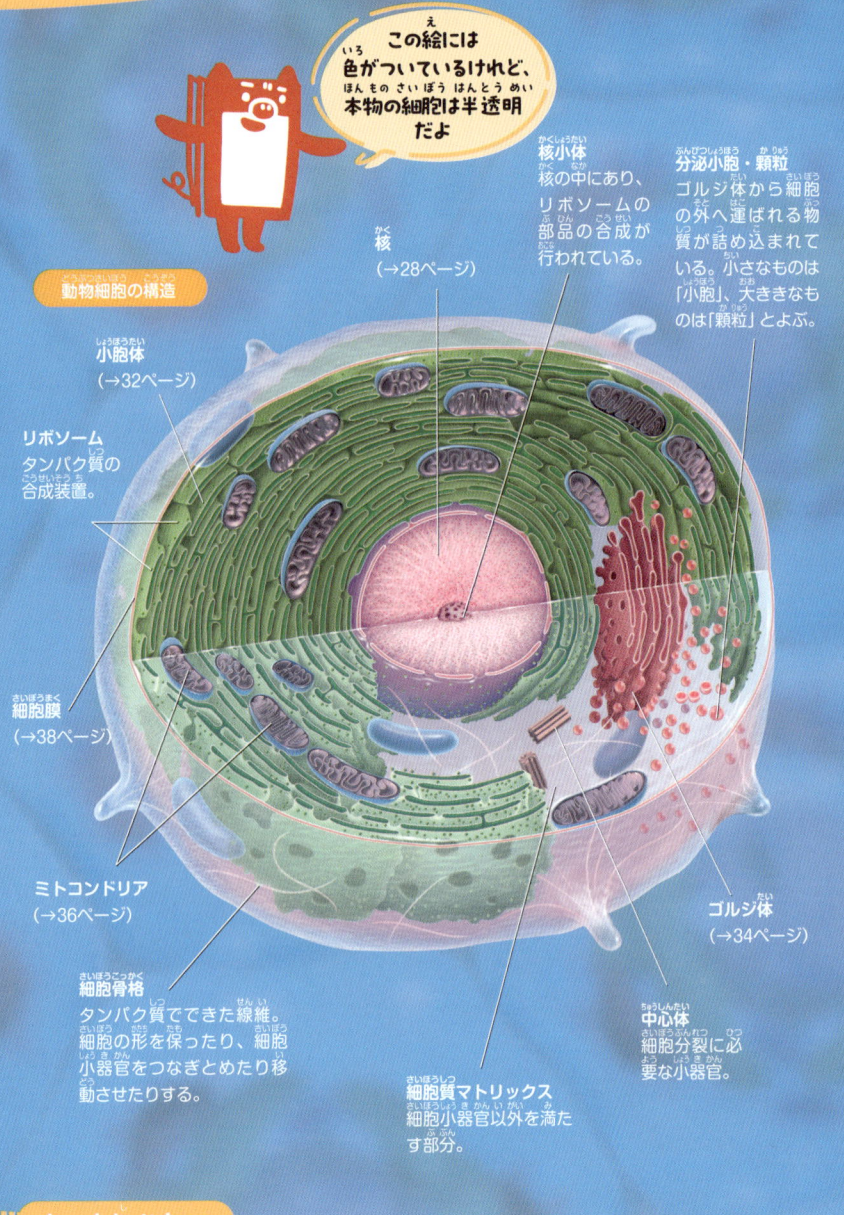

やすみじかん

植物《しょくぶつ》の細胞《さいぼう》

　ここでは、植物《しょくぶつ》の細胞《さいぼう》の構造《こうぞう》を紹介《しょうかい》します。植物細胞《しょくぶつさいぼう》が動物細胞《どうぶつさいぼう》といちばんちがうのは、「葉緑体《ようりょくたい》」がある点《てん》です。葉緑体《ようりょくたい》は、光合成《こうごうせい》が行《おこな》われる細胞小器官《さいぼうしょうきかん》です。光合成《こうごうせい》では、太陽《たいよう》光《こう》のエネルギーを使《つか》って二酸化炭素《にさんかたんそ》と水《みず》から糖《とう》をつくり、酸素《さんそ》を排出《はいしゅつ》します。

　植物細胞《しょくぶつさいぼう》の 細胞膜《さいぼうまく》の外側《そとがわ》には、じょうぶな「細胞壁《さいぼうへき》」があります。植物《しょくぶつ》の茎《くき》や葉《は》がピンとしているのはこのためです。

　また、植物細胞《しょくぶつさいぼう》の大部分《だいぶぶん》を、水《みず》でできた「液胞《えきほう》」が占《し》めている場合《ばあい》もあります。植物《しょくぶつ》は、自分《じぶん》で自由《じゆう》に動《うご》くことができないかわりに、葉《は》や根《ね》などをのばして生《い》き残《のこ》ってきました。早《はや》く体《からだ》を成長《せいちょう》させてのばすには、細胞《さいぼう》1つ1つが大《おお》きいほうが有利《ゆうり》です。主成分《しゅせいぶん》が水《みず》である液胞《えきほう》があることで、植物《しょくぶつ》は大《おお》きな労力《ろうりょく》をかけずに、細胞《さいぼう》を大《おお》きくすることができたのです。

植物細胞《しょくぶつさいぼう》の構造《こうぞう》

細胞壁《さいぼうへき》
糖《とう》が連《つら》なった「セルロース」という物質《ぶっしつ》が主成分《しゅせいぶん》。植物《しょくぶつ》の体《からだ》を支《ささ》える役割《やくわり》を果《は》たす。

液胞《えきほう》
主成分《しゅせいぶん》は水《みず》で、細胞《さいぼう》の体積《たいせき》や表面積《ひょうめんせき》を大《おお》きくすることに役立《やくだ》っている。不要《ふよう》な物質《ぶっしつ》の分解《ぶんかい》なども行《おこな》っている。

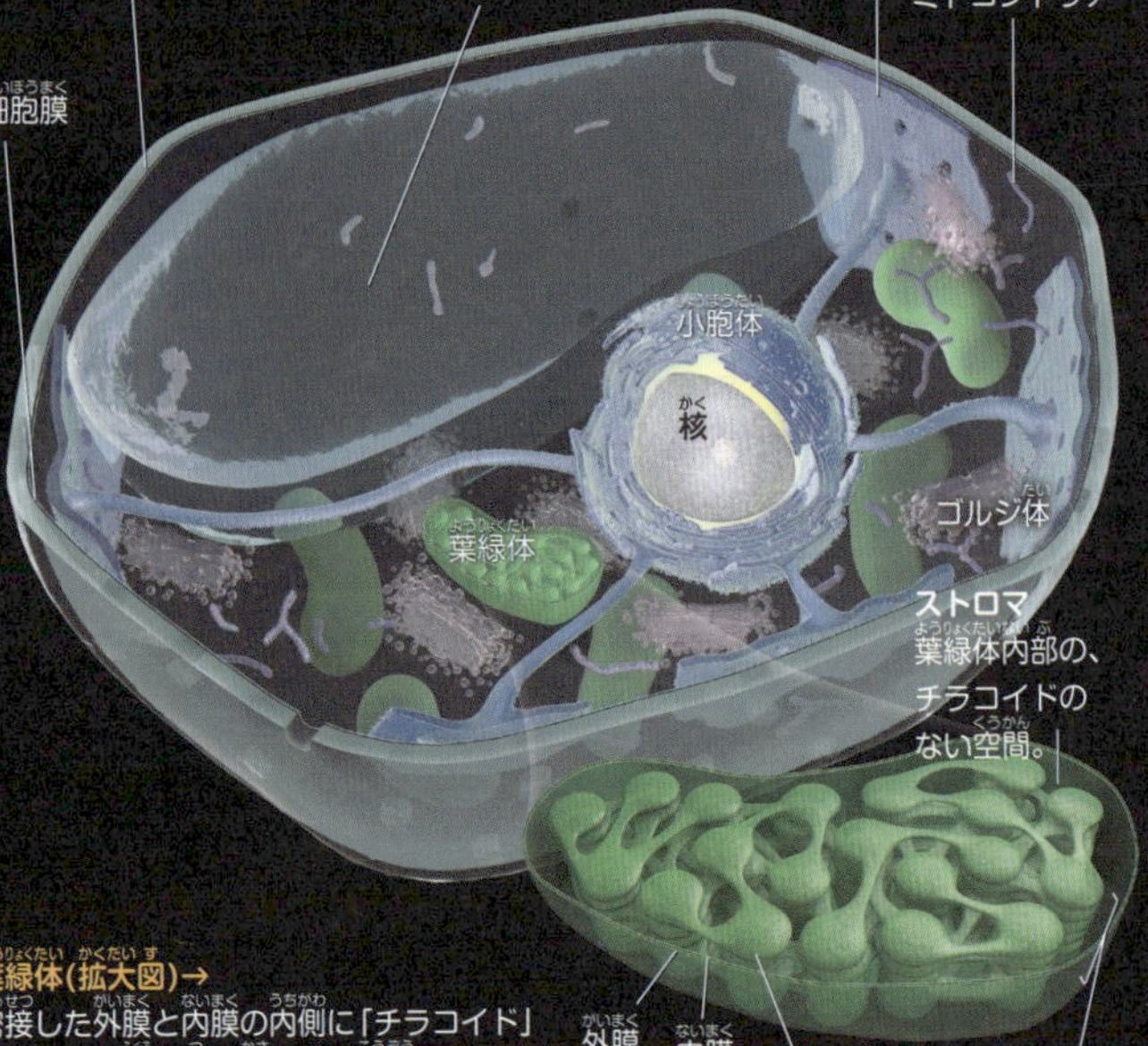
小胞体《しょうほうたい》
ミトコンドリア
細胞膜《さいぼうまく》
小胞体
核《かく》
ゴルジ体《たい》
葉緑体《ようりょくたい》
外膜《がいまく》
内膜《ないまく》
チラコイド

ストロマ
葉緑体《ようりょくたい》内部《ないぶ》の、チラコイドのない空間《くうかん》。

葉緑体《ようりょくたい》(拡大図《かくだいず》)→
密接《みっせつ》した外膜《がいまく》と内膜《ないまく》の内側《うちがわ》に「チラコイド」とよばれる袋《ふくろ》が積《つ》み重《かさ》なった構造《こうぞう》(グラナ)がある。チラコイドは光《ひかり》をエネルギー源《げん》として、二酸化炭素《にさんかたんそ》と水《みず》から糖《とう》と酸素《さんそ》を合成《ごうせい》する。

グラナ
チラコイドが積《つ》み重《かさ》なったもの。

早《はや》く大《おお》きく
なあれ♪

04 核《かく》は遺伝子《いでんし》が入《はい》った細胞《さいぼう》の司令塔《しれいとう》

細胞《さいぼう》にある「核《かく》」の直径《ちょっけい》は、１００分《ぶん》の数《すう》ミリメートルほどで、「核膜《かくまく》」という二重《にじゅう》の膜《まく》でおおわれています。核膜《かくまく》には「核膜孔《かくまくこう》」という穴《あな》があいていて、ここからさまざまな物質《ぶっしつ》が出入《でい》りします。

核《かく》の中《なか》には、遺伝情報《いでんじょうほう》（遺伝子《いでんし》）をもつＤＮＡという長《なが》い鎖状《くさりじょう》の物質《ぶっしつ》が収納《しゅうのう》されています。細胞《さいぼう》では、この遺伝子《いでんし》の情報《じょうほう》をもとにさまざまな種類《しゅるい》のタンパク質《しつ》がつくられます。

タンパク質《しつ》は、筋肉《きんにく》など体《からだ》を構成《こうせい》する部分《ぶぶん》をつくるだけでなく、化学反応《かがくはんのう》を行《おこな》う「酵素《こうそ》」としてはたらいたり、細胞《さいぼう》と細胞《さいぼう》の間《あいだ》で情報《じょうほう》をやり取《と》りする「ホルモン」になったりします。

このように、タンパク質《しつ》をつくりだすことは、生《い》き物《もの》にとってとても重要《じゅうよう》な仕事《しごと》といえます。この仕事《しごと》をつかさどるのがＤＮＡであり、ＤＮＡをおさめているのが核《かく》です。核《かく》は細胞《さいぼう》の司令《しれい》塔《とう》なのです。

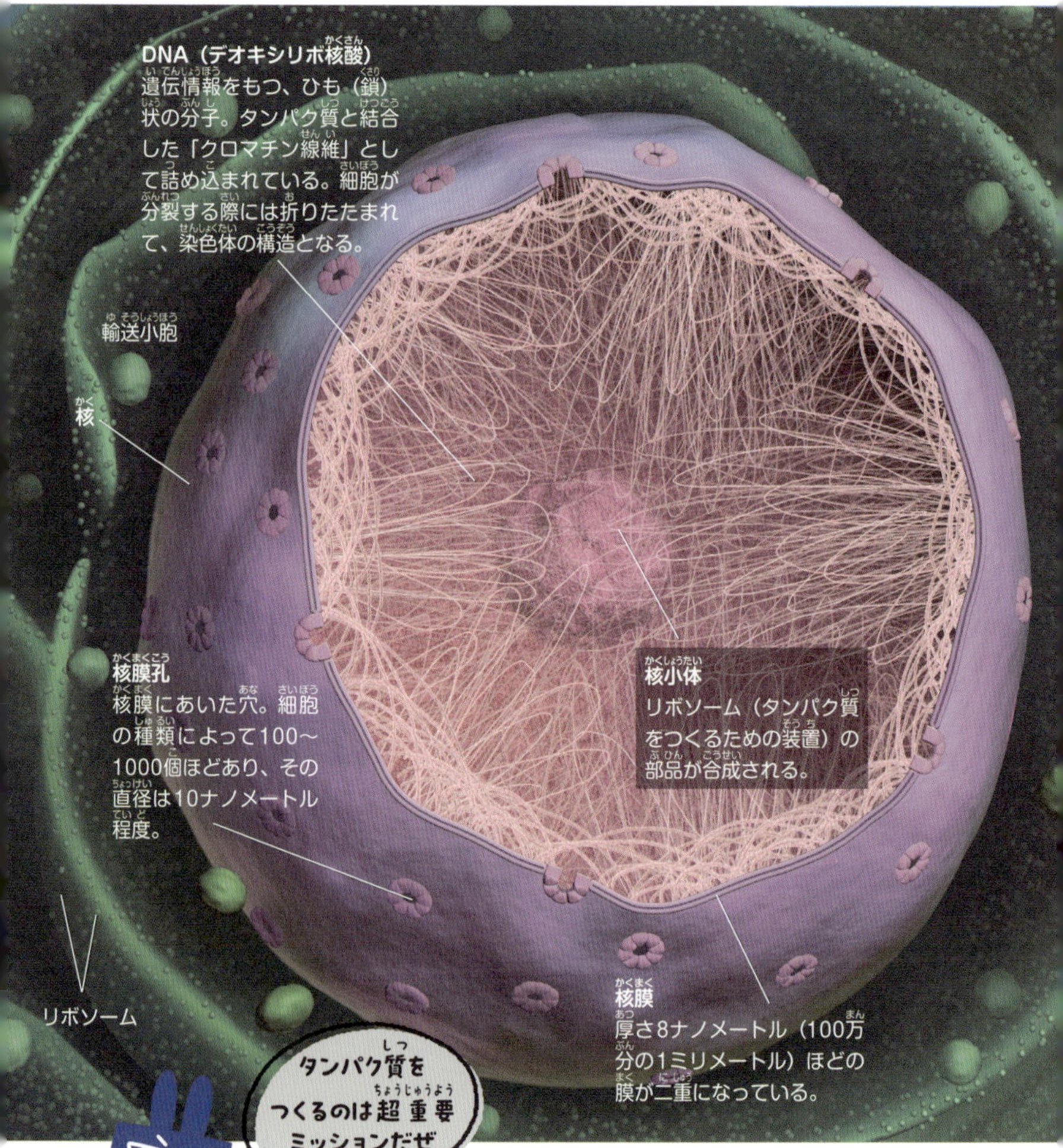

DNA（デオキシリボ核酸《かくさん》）
遺伝情報《いでんじょうほう》をもつ、ひも（鎖《くさり》）状《じょう》の分子《ぶんし》。タンパク質《しつ》と結合《けつごう》した「クロマチン線維《せんい》」として詰《つ》め込《こ》まれている。細胞《さいぼう》が分裂《ぶんれつ》する際《さい》には折《お》りたたまれて、染色体《せんしょくたい》の構造《こうぞう》となる。
輸送小胞《ゆそうしょうほう》
核《かく》
核膜孔《かくまくこう》
核膜《かくまく》にあいた穴《あな》。細胞《さいぼう》の種類《しゅるい》によって100～1000個《こ》ほどあり、その直径《ちょっけい》は10ナノメートル程度《ていど》。
リボソーム
核小体《かくしょうたい》
リボソーム（タンパク質《しつ》をつくるための装置《そうち》）の部品《ぶひん》が合成《ごうせい》される。
核膜《かくまく》
厚《あつ》さ8ナノメートル（100万《まん》分《ぶん》の1ミリメートル）ほどの膜《まく》が二重《にじゅう》になっている。

タンパク質《しつ》をつくるのは超重要《ちょうじゅうよう》ミッションだぜ

核《かく》の構造《こうぞう》とはたらき

核《かく》の基本的《きほんてき》な構造《こうぞう》をえがいた図《ず》。核《かく》に収納《しゅうのう》されたDNAの情報《じょうほう》にもとづいて、細胞《さいぼう》は生命活動《せいめいかつどう》に必要《ひつよう》なさまざまなタンパク質《しつ》をつくる。

もっと知《し》りたい

核《かく》の中《なか》のDNAは、1869年《ねん》にスイスの生理学者《せいりがくしゃ》ミーシャーが膿《うみ》の中《なか》から発見《はっけん》した。

05 さまざまなタンパク質《しつ》をつくる〝設計図《せっけいず》〟のしくみ

核《かく》の中《なか》のDNAには、タンパク質《しつ》をつくるために必要《ひつよう》な情報《じょうほう》が入《はい》っています。この情報《じょうほう》は、まずDNAからRNA（リボ核酸《かくさん》）にコピー（転写《てんしゃ》）されます。情報《じょうほう》がコピーされたRNAはメッセンジャーRNA（mRNA）とよばれ、核《かく》の外《そと》に出《で》ていきます。そこで、タンパク質《しつ》をつくる装置《そうち》「リボソーム」が結《むす》びつきます。

タンパク質《しつ》はアミノ酸《さん》という物質《ぶっしつ》がつながったものです。ヒトの体《からだ》をつくるタンパク質《しつ》は、20種類《しゅるい》のアミノ酸《さん》からなり、どのアミノ酸《さん》をどんな順番《じゅんばん》でつなげるかで、タンパク質《しつ》の種類《しゅるい》がかわります。

リボソームは、メッセンジャーRNAの塩基《えんき》（→54ページ）のならびを3つずつ読《よ》みとっていきます。この3つは、アミノ酸《さん》の種類《しゅるい》をあらわしています。リボソームは、指定《してい》されたアミノ酸《さん》をつないで、タンパク質《しつ》(ペプチド)をつくり出《だ》しています。

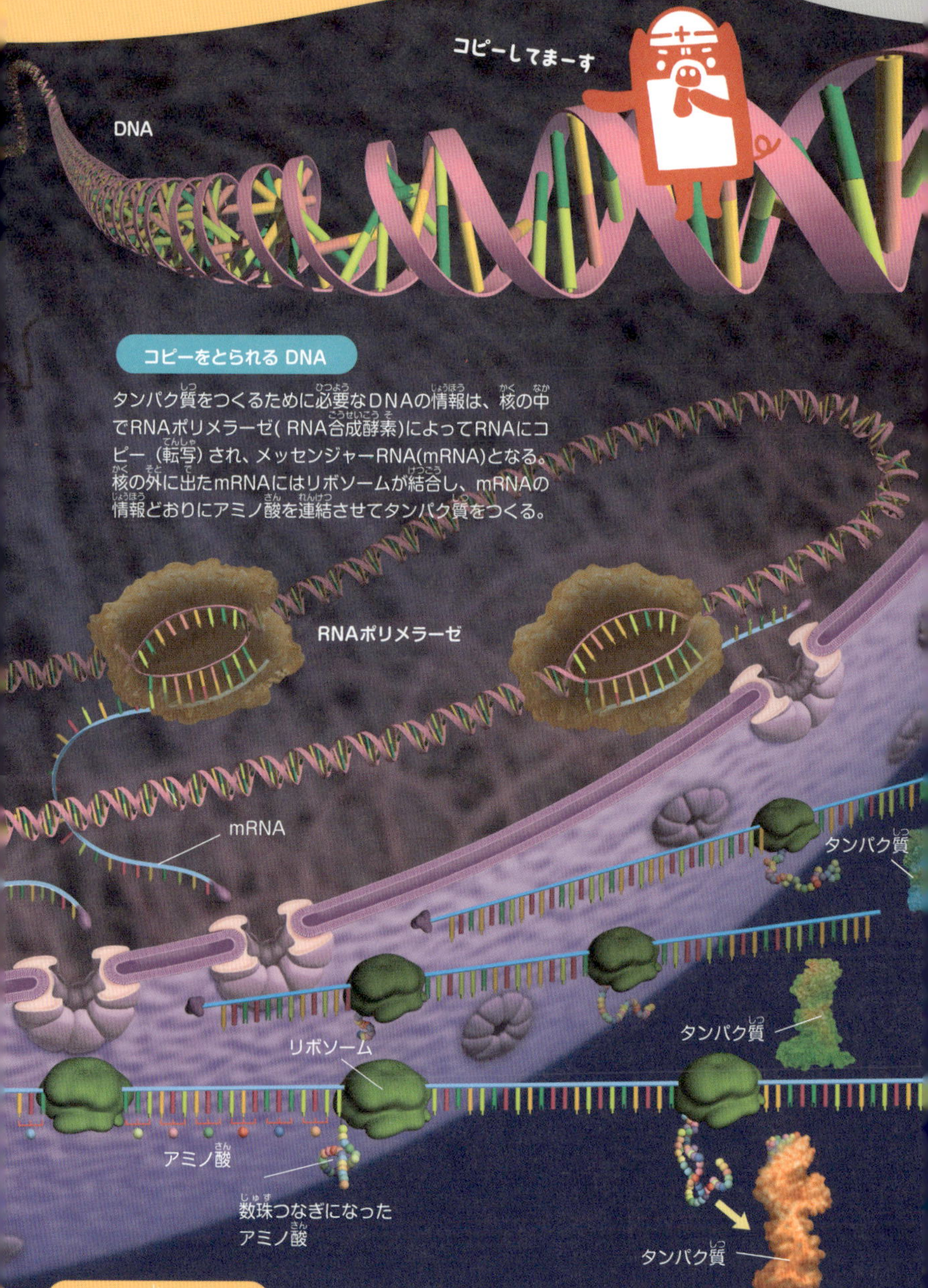
コピーしてまーす
DNA
RNAポリメラーゼ
mRNA
タンパク質《しつ》
タンパク質《しつ》
リボソーム
アミノ酸《さん》
数珠《じゅず》つなぎになった
アミノ酸《さん》
タンパク質《しつ》

コピーをとられる DNA

タンパク質《しつ》をつくるために必要《ひつよう》なDNAの情報《じょうほう》は、核《かく》の中《なか》でRNAポリメラーゼ(RNA合成《こうせい》酵素《こうそ》)によってRNAにコピー（転写《てんしゃ》）され、メッセンジャーRNA(mRNA)となる。核《かく》の外《そと》に出《で》たmRNAにはリボソームが結合《けつごう》し、mRNAの情報《じょうほう》どおりにアミノ酸《さん》を連結《れんけつ》させてタンパク質《しつ》をつくる。

もっと知《し》りたい

リボソームは、雪《ゆき》だるまのような形《かたち》をした２つの要素《ようそ》（ユニット）からなる。

06 細胞内《さいぼうない》でタンパク質《しつ》をつくる装置《そうち》

核《かく》のまわりには、核膜《かくまく》とつながった「小胞体《しょうほうたい》」があります。小胞体《しょうほうたい》は、膜《まく》に包《つつ》まれた袋状《ふくろじょう》の構造《こうぞう》で、たいていは何層《なんそう》も重《かさ》なってできています。

多《おお》くの場合《ばあい》、小胞体《しょうほうたい》の表面《ひょうめん》には、前《まえ》のページで紹介《しょうかい》したタンパク質《しつ》をつくる装置《そうち》「リボソーム」がたくさんくっついています。そうした小胞体《しょうほうたい》のことをとくに「粗面小胞体《そめんしょうほうたい》」とよびます。

核《かく》でつくられた〝設計図《せっけいず》〟をもとに小胞体《しょうほうたい》の表面《ひょうめん》にあるリボソームで合成《ごうせい》されたタンパク質《しつ》は、小胞体《しょうほうたい》の内側《うちがわ》に取《と》り込《こ》まれます。そして、小胞体《しょうほうたい》の一《いち》部《ぶ》がくびれることでつくられる小《ち》さな袋《ふくろ》（輸送小胞《ゆそうしょうほう》）に詰《つ》められ、小胞体《しょうほうたい》からはなれて、次《つぎ》のページで紹介《しょうかい》するゴルジ体《たい》へと運《はこ》ばれていきます。

ここでつくられたタンパク質《しつ》は、細《さい》胞膜《ぼうまく》（↓38ページ）や細胞《さいぼう》の外《そと》ではたらくためのものです。新《あたら》しく生《う》まれたタンパク質《しつ》の〝旅《たび》〟のつづきは、次《つぎ》のページで紹介《しょうかい》しています。

細胞《さいぼう》の外《そと》へ
タンパク質《しつ》が運《はこ》び
出《だ》される第一歩《だいいっぽ》だな
ゴルジ体《たい》へと向《む》かう
輸送小胞《ゆそうしょうほう》
ゴルジ体《たい》
リボソーム
できかけの輸送小胞《ゆそうしょうほう》
輸送小胞《ゆそうしょうほう》
集《あつ》まってきたタンパク質《しつ》
小胞体《しょうほうたい》の内部《ないぶ》

層状《そうじょう》の構造《こうぞう》をもつ小胞体《しょうほうたい》

小胞体《しょうほうたい》は核膜《かくまく》からつながった膜《まく》でできており、膜《まく》の内部《ないぶ》は空洞《くうどう》になっている。小胞体《しょうほうたい》の表面《ひょうめん》には、タンパク質《しつ》の合成装置《ごうせいそうち》であるリボソームがくっついている。タンパク質《しつ》のうち、細胞外《さいぼうがい》や細胞膜《さいぼうまく》ではたらくものはすべて、小胞体表面《しょうほうたいひょうめん》のリボソームでつくられる。

もっと知《し》りたい

細胞内《さいぼうない》ではたらくタンパク質《しつ》は、小胞体《しょうほうたい》にくっつかないリボソームがつくっている。

07 細胞《さいぼう》がつくったタンパク質《しつ》を完成《かんせい》させる

ゴルジ体《たい》は、膜《まく》に囲《かこ》まれた平《ひら》べったい構造《こうぞう》が何重《なんじゅう》にも重《かさ》なってできています。膜《まく》の内側《うちがわ》は空洞《くうどう》になっています。

小胞体《しょうほうたい》から送《おく》られてゴルジ体《たい》に到着《とうちゃく》した輸送小胞《ゆそうしょうほう》は、ゴルジ体《たい》の膜《まく》にくっつきます。これにより、タンパク質《しつ》がゴルジ体《たい》の中《なか》に運《はこ》ばれます。

実《じつ》は、ゴルジ体《たい》に来《き》た時点《じてん》では、タンパク質《しつ》はまだ〝完成《かんせい》〟していません。このタンパク質《しつ》が正常《せいじょう》にはたらくためには、小《ちい》さく切《き》ったり、「糖鎖《とうさ》」とよばれる物質《ぶっしつ》を正《ただ》しい構造《こうぞう》につくりかえるような〝加工《かこう》〟をする必要《ひつよう》があるのです。この仕事《しごと》を、ゴルジ体《たい》の内部《ないぶ》にあるさまざまな種類《しゅるい》の酵素《こうそ》がになっています。

ゴルジ体《たい》の一番外側《いちばんそとがわ》の層《そう》（トランスゴルジネットワーク）では、タンパク質《しつ》の送《おく》り先《さき》ごとに〝仕分《しわ》け〟が行《おこな》われます。行《い》き先《さき》ごとに分別《ぶんべつ》されたタンパク質《しつ》は、トランスゴルジネットワークで小胞《しょうほう》に乗《の》せられ、運《はこ》ばれていきます。

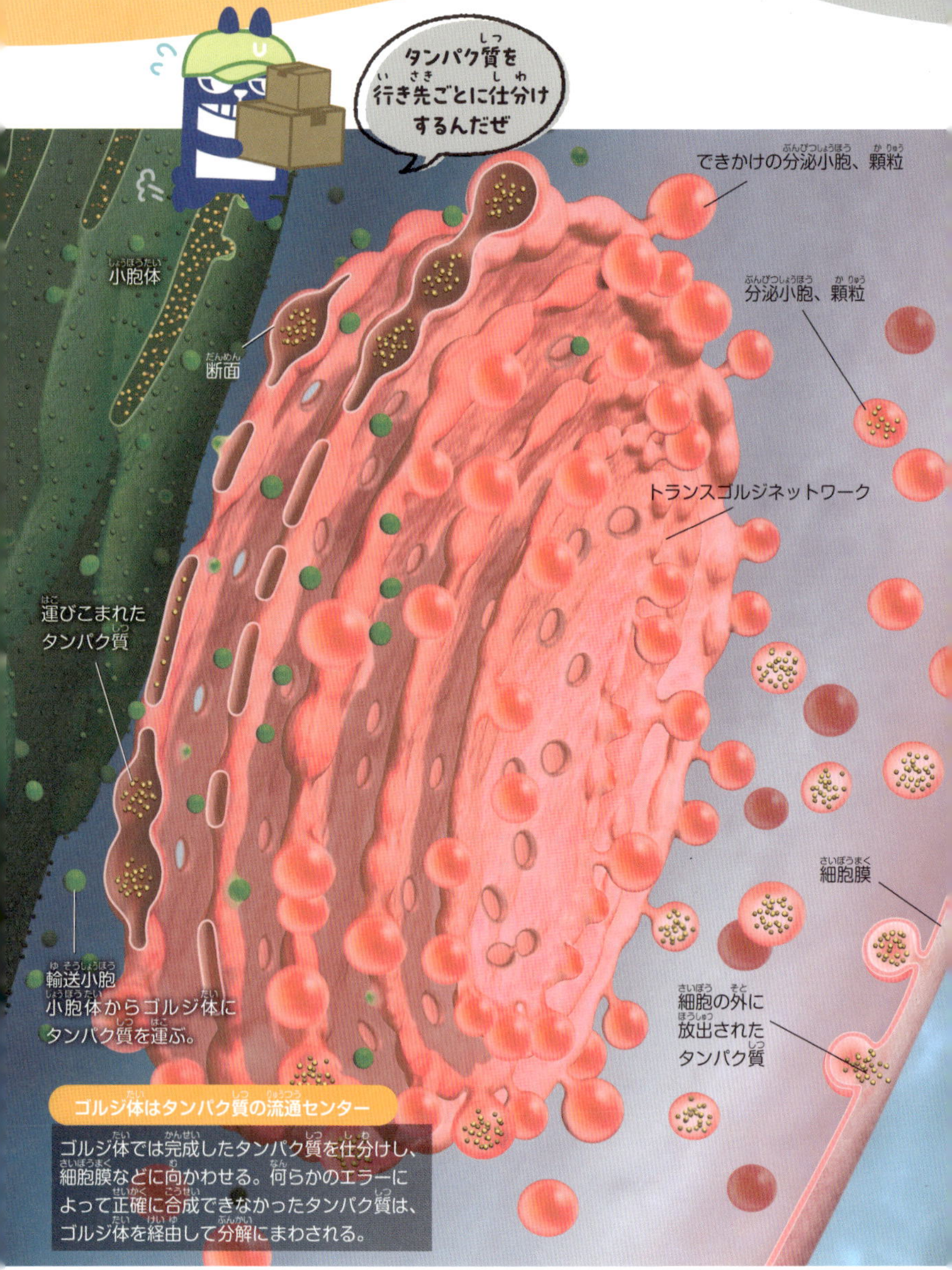
タンパク質《しつ》を
行《い》き先《さき》ごとに仕分《しわ》け
するんだぜ
できかけの分泌小胞《ぶんぴつしょうほう》、顆粒《かりゅう》
小胞体《しょうほうたい》
分泌小胞《ぶんぴつしょうほう》、顆粒《かりゅう》
断面《だんめん》
トランスゴルジネットワーク
運《はこ》びこまれたタンパク質《しつ》
細胞膜《さいぼうまく》
輸送小胞《ゆそうしょうほう》
小胞体《しょうほうたい》からゴルジ体《たい》にタンパク質《しつ》を運《はこ》ぶ。
細胞《さいぼう》の外《そと》に放出《ほうしゅつ》されたタンパク質《しつ》

ゴルジ体《たい》はタンパク質《しつ》の流通《りゅうつう》センター

ゴルジ体《たい》では完成《かんせい》したタンパク質《しつ》を仕分《しわ》けし、細胞膜《さいぼうまく》などに向《む》かわせる。何《なん》らかのエラーによって正確《せいかく》に合成《ごうせい》できなかったタンパク質《しつ》は、ゴルジ体《たい》を経由《けいゆ》して分解《ぶんかい》にまわされる。

もっと知《し》りたい

ゴルジ体《たい》は、1898年《ねん》にイタリアの内科医《ないかい》ゴルジによって発見《はっけん》された。

08 生命活動《せいめいかつどう》に必要《ひつよう》なエネルギーをつくる工場《こうじょう》

ミトコンドリアは、細胞《さいぼう》が活動《かつどう》するためのエネルギーである「ATP（アデノシン三《さん》リン酸《さん》）」をつくっています。

私《わたし》たちは、食《た》べ物《もの》からグルコース（ブドウ糖《とう》）というエネルギー源《げん》を体《からだ》に取《と》り入《い》れています。胃腸《いちょう》から吸収《きゅうしゅう》されたグルコースは各細胞《かくさいぼう》へ送《おく》り届《とど》けられ、細胞内《さいぼうない》でピルビン酸《さん》という成分《せいぶん》に分解《ぶんかい》されます。そして、ミトコンドリアの中《なか》へ送《おく》られます。

ミトコンドリアの内側《うちがわ》では、ピルビン酸《さん》がさらに分解《ぶんかい》されます。そのときに出《で》る水素《すいそ》イオンが、ミトコンドリアの内膜《ないまく》に組《く》み込《こ》まれた「ATP合成酵《ごうせいこう》素《そ》」を通《とお》り抜《ぬ》けます。すると、この酵《こう》素《そ》の一部《いちぶ》がくるくるまわり、その運動《うんどう》エネルギーを使《つか》ってATPがつくられます。

このとき、酸素《さんそ》が使《つか》われ、二酸化炭《にさんかたん》素《そ》が排出《はいしゅつ》されます。私《わたし》たちが呼吸《こきゅう》をしているのは、ミトコンドリアをしっかりはたらかせるためなのです。

ミトコンドリアはエネルギー工場《こうじょう》

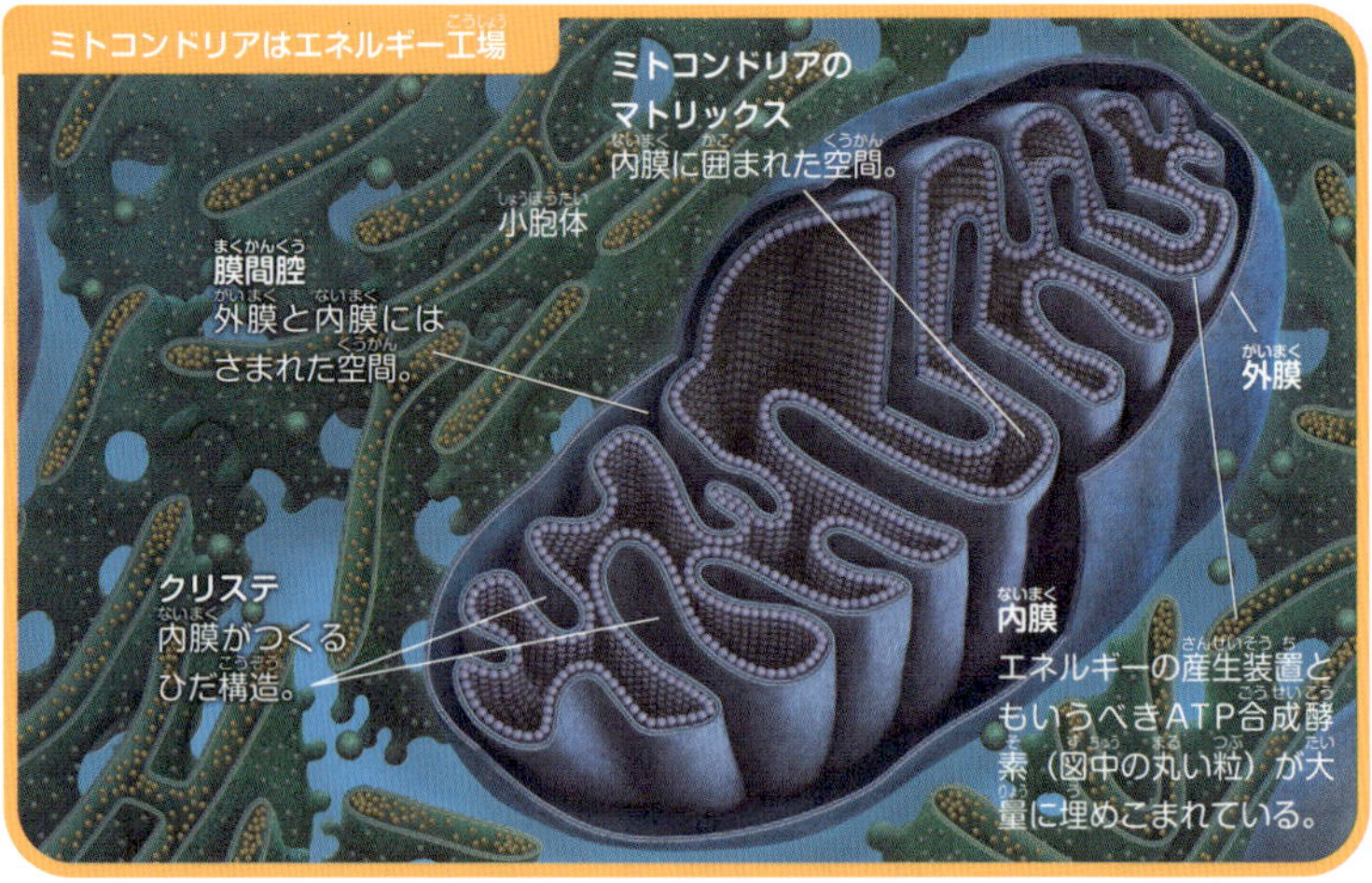

ミトコンドリアの
マトリックス
内膜《ないまく》に囲《かこ》まれた空間《くうかん》。
小胞体《しょうほうたい》
膜間腔《まくかんくう》
外膜《がいまく》と内膜《ないまく》にはさまれた空間《くうかん》。
外膜《がいまく》
クリステ
内膜《ないまく》がつくるひだ構造《こうぞう》。
内膜《ないまく》
エネルギーの産生装置《さんせいそうち》ともいうべきATP合成酵《ごうせいこう》素《そ》（図中《ずちゅう》の丸《まる》い粒《つぶ》）が大《たい》量《りょう》に埋めこまれている。

ミトコンドリアは、ドイツの医師《いし》カール・ベンダが1894年《ねん》に発見《はっけん》した。ミトコンドリアは、私《わたし》たちが食事《しょくじ》で得《え》た栄養素《えいようそ》と呼吸《こきゅう》で得《え》た酸素《さんそ》を使《つか》ってエネルギーを生《う》み出《だ》し、二酸化炭素《にさんかたんそ》を排出《はいしゅつ》している。

ATP 合成《ごうせい》のしくみ

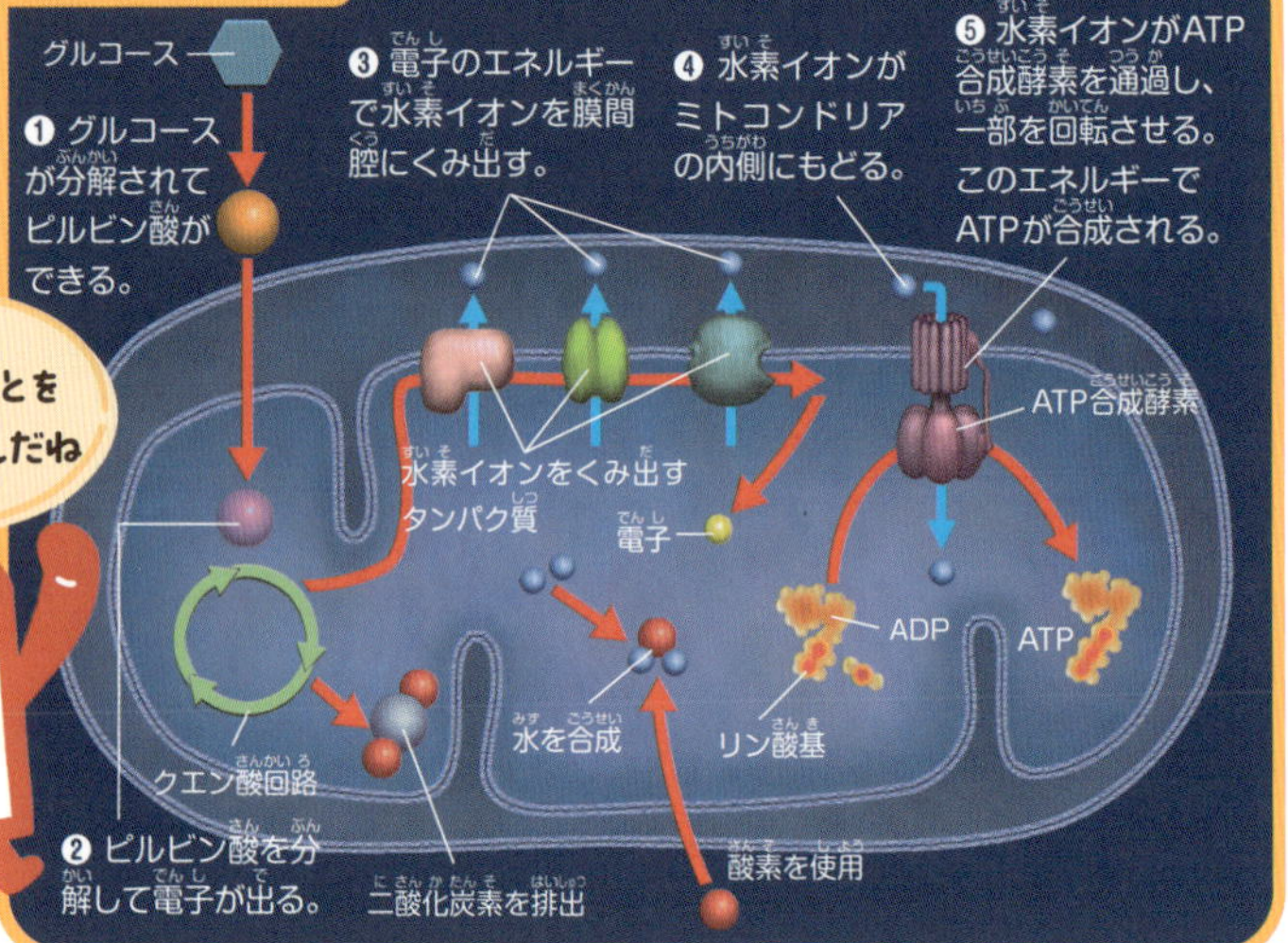

グルコース
❶ グルコースが分解《ぶんかい》されてピルビン酸《さん》ができる。
❷ ピルビン酸《さん》を分《ぶん》解《かい》して電子《でんし》が出《で》る。
クエン酸回路《さんかいろ》
二酸化炭素《にさんかたんそ》を排出《はいしゅつ》
❸ 電子《でんし》のエネルギーで水素《すいそ》イオンを膜間《まくかん》腔《くう》にくみ出《だ》す。
水素《すいそ》イオンをくみ出《だ》すタンパク質《しつ》
電子《でんし》
水《みず》を合成《ごうせい》
酸素《さんそ》を使用《しよう》
❹ 水素《すいそ》イオンがミトコンドリアの内側《うちがわ》にもどる。
❺ 水素《すいそ》イオンがATP合成酵素《ごうせいこうそ》を通過《つうか》し、一部《いちぶ》を回転《かいてん》させる。このエネルギーでATPが合成《ごうせい》される。
ATP合成酵素《ごうせいこうそ》
ADP
ATP
リン酸基《さんき》

元気《げんき》のみなもとをつくる場所《ばしょ》なんだね

もっと知《し》りたい

ミトコンドリアは「ミトス（糸《いと》）」「コンドロス（粒《つぶ》）」というギリシャ語《ご》に由来《ゆらい》。

09 細胞《さいぼう》の内《うち》と外《そと》をへだてる壁《かべ》

動物《どうぶつ》の細胞《さいぼう》をおおう「細胞膜《さいぼうまく》」は、細胞《さいぼう》の内側《うちがわ》にさまざまな物質《ぶっしつ》が出入《でい》りするのを管理《かんり》しています。細胞膜《さいぼうまく》をつくっているのは、リン脂質《ししつ》という物質《ぶっしつ》です。リン脂質《ししつ》は、〝頭《あたま》〟と2本《ほん》の〝足《あし》〟をもったような形《かたち》をしています。

〝頭《あたま》〟の部分《ぶぶん》は水《みず》になじみやすく、〝足《あし》〟は水《みず》に触《ふ》れるのをきらう性質《せいしつ》があります。このため、水《みず》の中《なか》でリン脂質《ししつ》が集《あつ》まると、〝頭《あたま》〟

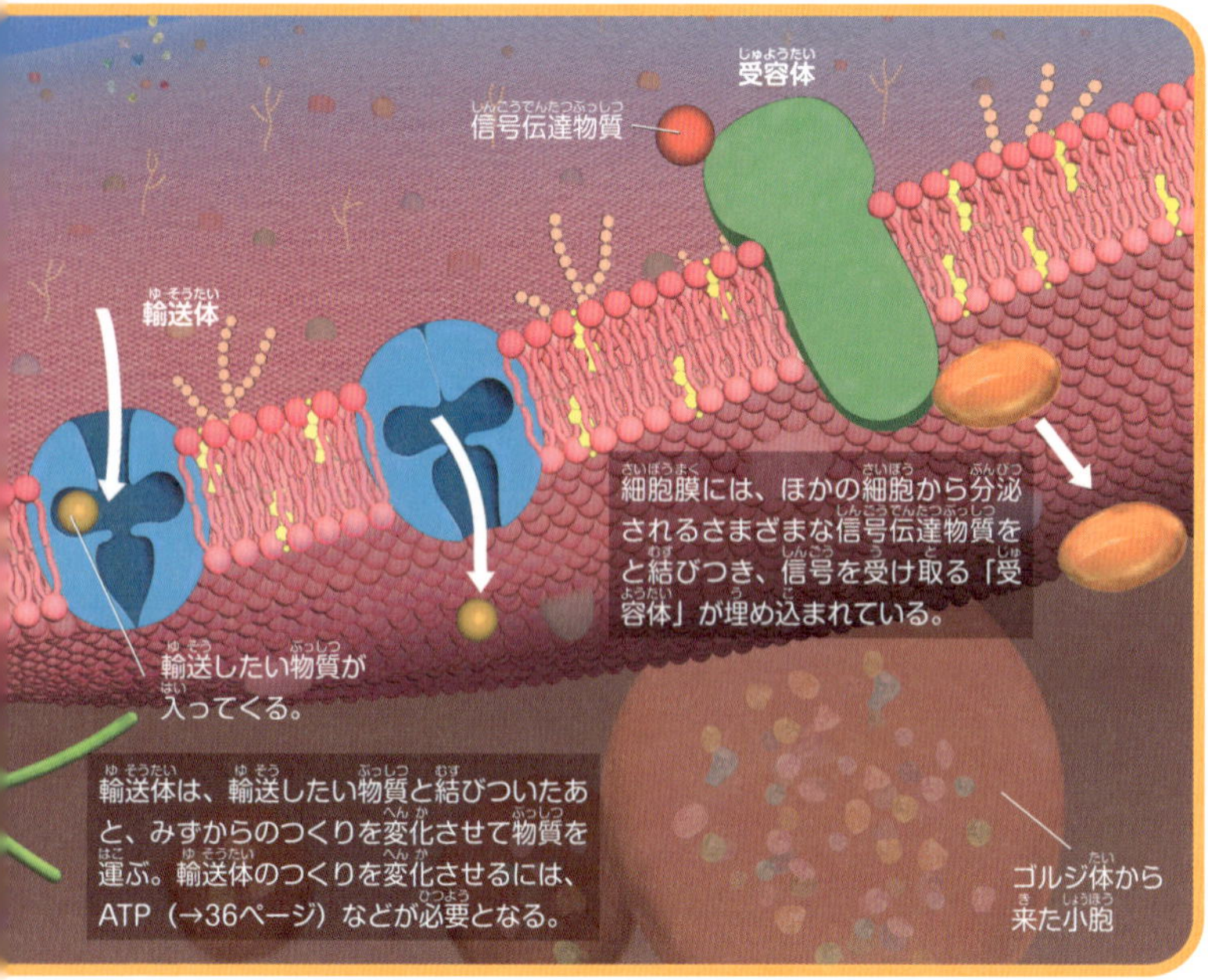
受容体《じゅようたい》
信号伝達物質《しんごうでんたつぶっしつ》
輸送体《ゆそうたい》
細胞膜《さいぼうまく》には、ほかの細胞《さいぼう》から分泌《ぶんぴつ》されるさまざまな信号伝達物質《しんごうでんたつぶっしつ》を結《むす》びつき、信号《しんごう》を受《う》け取《と》る「受容体《じゅようたい》」が埋《う》め込《こ》まれている。
輸送《ゆそう》したい物質《ぶっしつ》が入《はい》ってくる。
輸送体《ゆそうたい》は、輸送《ゆそう》したい物質《ぶっしつ》と結《むす》びついたあと、みずからのつくりを変化《へんか》させて物質《ぶっしつ》を運《はこ》ぶ。輸送体《ゆそうたい》のつくりを変化《へんか》させるには、ATP（→36ページ）などが必要《ひつよう》となる。
ゴルジ体《たい》から来《き》た小胞《しょうほう》

を外側《そとがわ》、〝足《あし》〟を内側《うちがわ》にして2層《そう》にならび、1枚《まい》の膜《まく》になります。

細胞膜《さいぼうまく》には、いろいろな役割《やくわり》をもつタンパク質《しつ》が埋《う》まっています。「イオンチャネル」は、特定《とくてい》の物質《ぶっしつ》だけを通過《つうか》させる装置《そうち》です。

また、「輸送体《ゆそうたい》」は膜《まく》を通過《つうか》させたい物質《ぶっしつ》と結《むす》びつき、みずからのつくりを変化《へんか》させることで物質《ぶっしつ》を通過《つうか》させます。

細胞膜《さいぼうまく》にある「受容体《じゅようたい》」は、信《しん》号伝達物質《ごうでんたつぶっしつ》と結《むす》びつくことで細胞《さいぼう》の外側《そとがわ》から信号《しんごう》を受《う》け取《と》り、内側《うちがわ》に伝《つた》える役割《やくわり》を果《は》たしています。

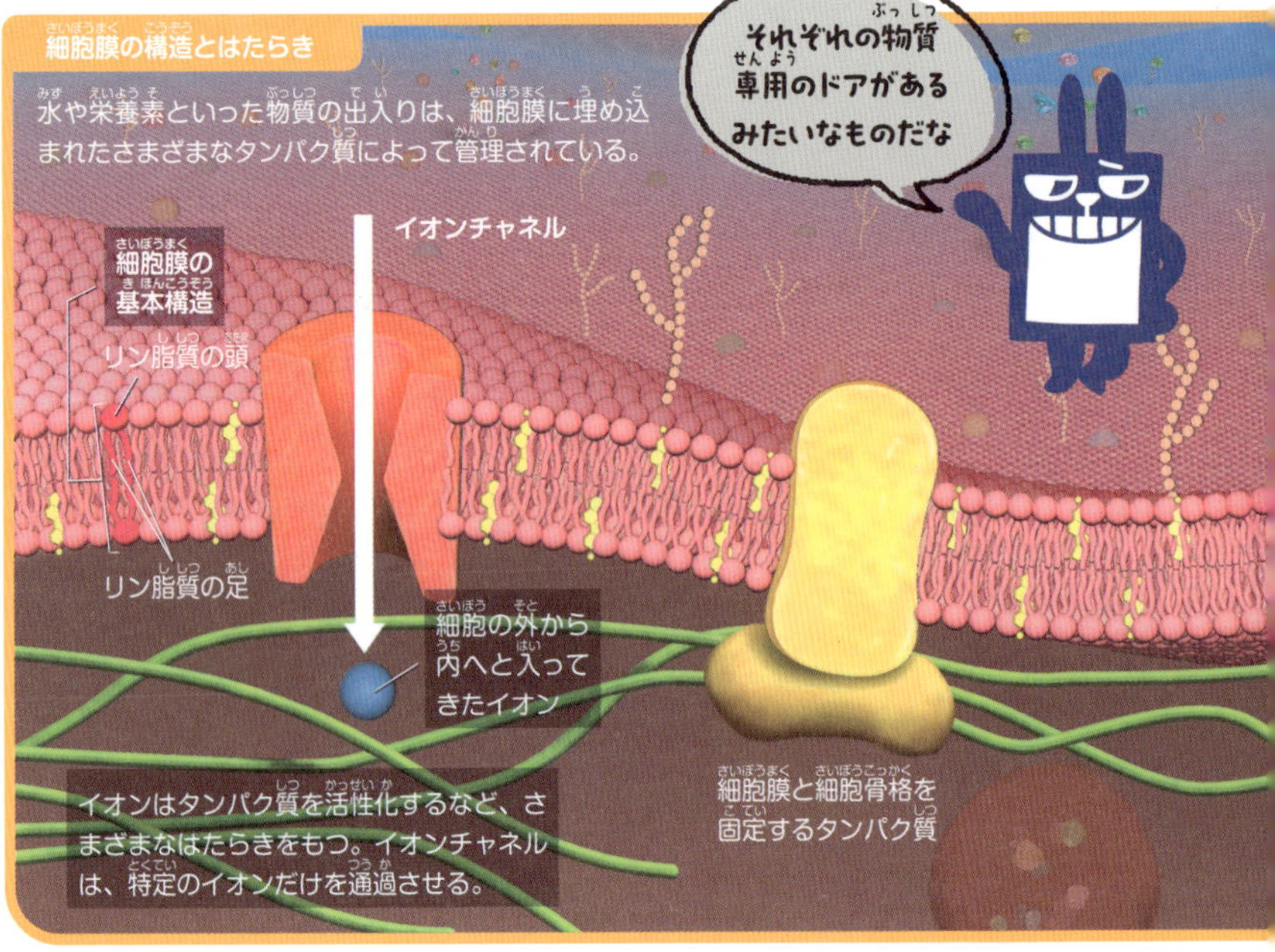

細胞膜《さいぼうまく》の構造《こうぞう》とはたらき
水《みず》や栄養素《えいようそ》といった物質《ぶっしつ》の出入《でい》りは、細胞膜《さいぼうまく》に埋《う》め込《こ》まれたさまざまなタンパク質《しつ》によって管理《かんり》されている。
それぞれの物質《ぶっしつ》専用《せんよう》のドアがあるみたいなものだな
イオンチャネル
細胞膜《さいぼうまく》の基本構造《きほんこうぞう》
リン脂質《ししつ》の頭《あたま》
リン脂質《ししつ》の足《あし》
細胞《さいぼう》の外《そと》から内《うち》へと入《はい》ってきたイオン
イオンはタンパク質《しつ》を活性化《かっせいか》するなど、さまざまなはたらきをもつ。イオンチャネルは、特定《とくてい》のイオンだけを通過《つうか》させる。
細胞膜《さいぼうまく》と細胞骨格《さいぼうこっかく》を固定《こてい》するタンパク質《しつ》

もっと知《し》りたい

細胞膜《さいぼうまく》だけでなく、核《かく》や小胞体《しょうほうたい》、ゴルジ体《たい》などの膜《まく》も同《おな》じような構造《こうぞう》をしている。

やすみじかん

生《い》き物《もの》の体《からだ》にある"小部屋《こべや》"を見《み》つけた人《ひと》

　人類《じんるい》がはじめて「細胞《さいぼう》」と出会《であ》ったのは、17世紀《せいき》のことです。イギリスの科学学会《かがくがっかい》で実《じっ》験装置《けんそうち》を管理《かんり》する職《しょく》についていたロバート・フック（1635～1703）は、倍率《ばいりつ》30倍《ばい》ほどの顕《けん》微鏡《びきょう》をみずから組《く》み立《た》てて、カビやノミといった生物《せいぶつ》や鉱物《こうぶつ》などを観察《かんさつ》しました。なお、

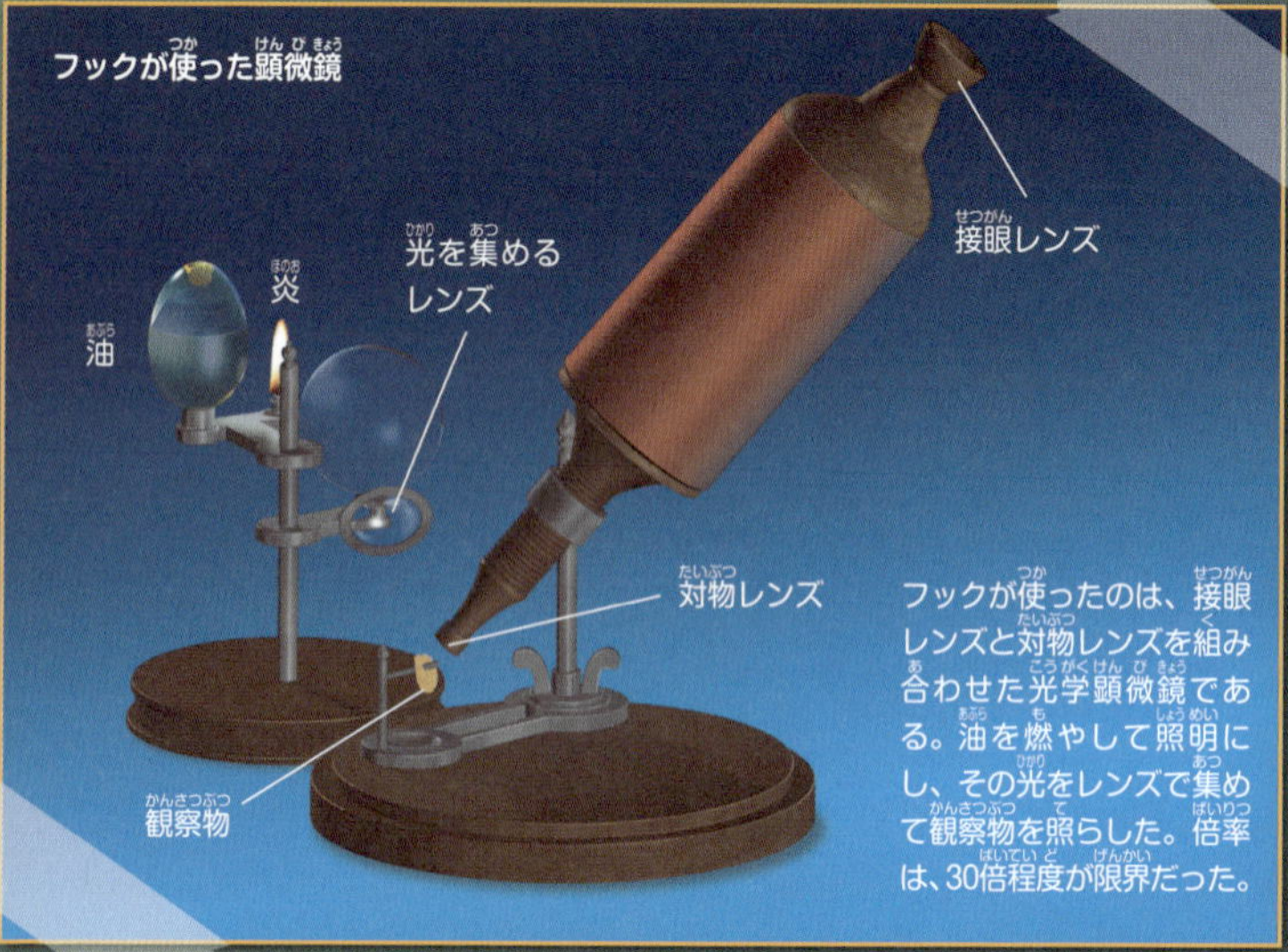

フックが使《つか》った顕微鏡《けんびきょう》

フックが使《つか》ったのは、接眼《せつがん》レンズと対物《たいぶつ》レンズを組《く》み合《あ》わせた光学顕微鏡《こうがくけんびきょう》である。油《あぶら》を燃《も》やして照明《しょうめい》にし、その光《ひかり》をレンズで集《あつ》めて観察物《かんさつぶつ》を照《て》らした。倍率《ばいりつ》は、30倍程度《ばいていど》が限界《げんかい》だった。

当時《とうじ》の技術《ぎじゅつ》では、顕微鏡《けんびきょう》の倍率《ばいりつ》を数十倍《すうじゅうばい》より上《あ》げることはむずかしいことでした。

フックは、自分《じぶん》の観察《かんさつ》したものを1665年《ねん》に『ミクログラフィア』という本《ほん》にまとめて出版《しゅっぱん》しました。この本《ほん》の中《なか》に、コルクという木《き》の樹皮《じゅひ》の断面《だんめん》に無数《むすう》の穴《あな》があいているようすのスケッチが載《の》っています。

フックは、この穴《あな》をラテン語《ご》で「小部屋《こべや》」を意味《いみ》する“cellula”にちなんで「セル(cell)」と名《な》づけました。今日《こんにち》でも、「セル」は英語《えいご》で「細胞《さいぼう》」をあらわす言葉《ことば》です。

体《からだ》にたくさん
小部屋《こべや》があるなんて
おもしろいよな
オレも部屋《へや》でまったりするぜ

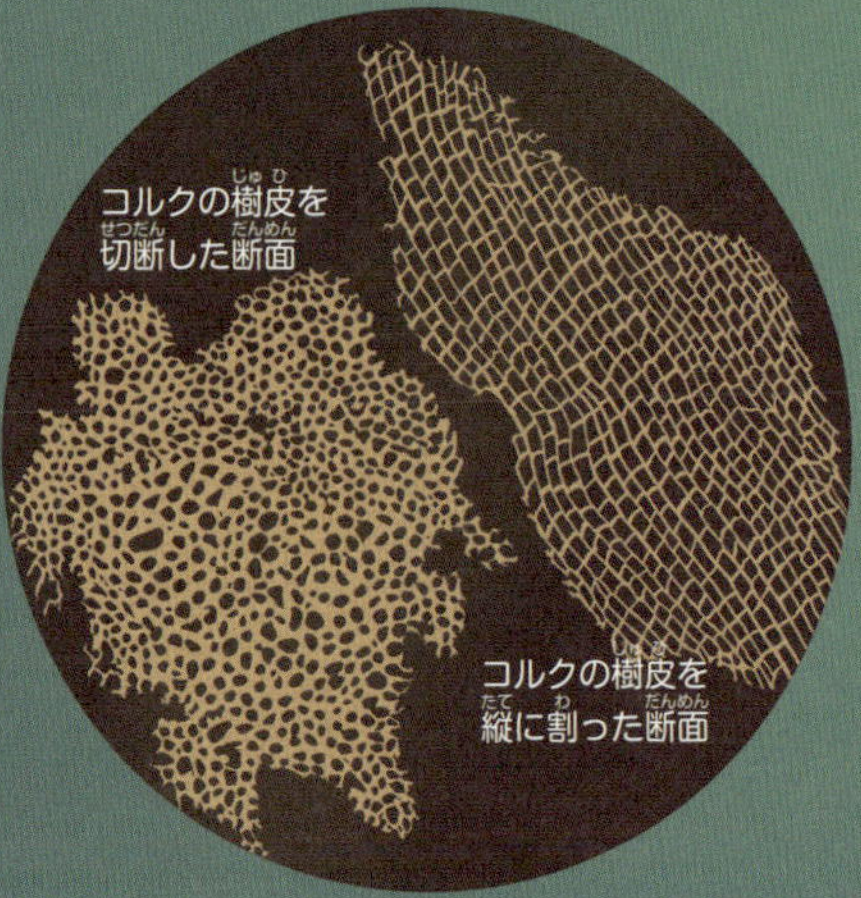
コルクの樹皮《じゅひ》を切断《せつだん》した断面《だんめん》
コルクの樹皮《じゅひ》を縦《たて》に割《わ》った断面《だんめん》

フックのスケッチを再現《さいげん》した図《ず》。フックは無数《むすう》の穴《あな》を観察《かんさつ》し「セル（英語《えいご》で「細胞《さいぼう》」）」と名《な》づけた。ただしこのスケッチは、細胞《さいぼう》の中身《なかみ》がなくなり、細胞壁《さいぼうへき》だけが残《のこ》ったものである。

10 最初《さいしょ》の生命《せいめい》と細胞《さいぼう》はどんな姿《すがた》をしていた？

地球上《ちきゅうじょう》にはじめて生《う》まれた細胞《さいぼう》、つまりはじめて生《う》まれた生命《せいめい》は、どんな姿《すがた》をしていたのでしょうか？

ロシアの生化学者《せいかがくしゃ》アレクサンドル・イワノビッチ・オパーリン（1894〜1980）は、生命《せいめい》が誕生《たんじょう》する前《まえ》に、生命《せいめい》の材料《ざいりょう》である有機化合物《ゆうきかごうぶつ》が存在《そんざい》していたという説《せつ》を最初《さいしょ》にとなえました。有機化合物《ゆうきかごうぶつ》とは、炭素《たんそ》を中心《ちゅうしん》にさまざまな原子《げんし》が結《むす》びついた物質《ぶっしつ》です。

1936年《ねん》、オパーリンは自分《じぶん》の説《せつ》を著書《ちょしょ》『生命《せいめい》の起源《きげん》』にまとめて出版《しゅっぱん》しました。

『生命《せいめい》の起源《きげん》』によると、生命《せいめい》が誕《たん》生《じょう》するときには、まず生命《せいめい》を外界《がいかい》とへだてる「膜《まく》」がつくられたようです。オパーリンは、水《みず》にリン脂質《ししつ》（↓38ページ）やタンパク質《しつ》を混《ま》ぜたものからできる「コアセルベート」とよばれる小《ちい》さな球体《きゅうたい》が、原始《げんし》の生命《せいめい》の形《かたち》、つまり地球《ちきゅう》で最初《さいしょ》に生《う》まれた細胞《さいぼう》であると主張《しゅちょう》したのです。

原始《げんし》の生命《せいめい》

これが地球《ちきゅう》で
はじめて生《う》まれた
生《い》き物《もの》!?
あくまでも説《せつ》の
1つだぜ

細胞膜《さいぼうまく》の中《なか》にさまざまな化合物《かごうぶつ》が閉《と》じこめられ、化学反応《かがくはんのう》をくりかえすことで誕生《たんじょう》したとする最初《さいしょ》の生命《せいめい》の想像図《そうぞうず》。膜《まく》で外界《がいかい》と仕切《しき》られることによりさまざまな物質《ぶっしつ》がおたがいに出《で》会《あ》う確率《かくりつ》が高《たか》くなり、化学反応《かがくはんのう》を活発《かっぱつ》におこすうちに、生命《せいめい》活動《かつどう》をいとなむ原始的《げんしてき》な細胞《さいぼう》が誕生《たんじょう》したと考《かんが》えられている。

化学進化説《かがくしんかせつ》

オパーリンは「まず有機化合物《ゆうきかごうぶつ》が海《うみ》の中《なか》にたまっていき、タンパク質《しつ》をふくむ細胞《さいぼう》の原型《げんけい》(コアセルベート)ができ、これが複雑《ふくざつ》な化学反応《かがくはんのう》をくり返《かえ》して最初《さいしょ》の生命《せいめい》となった」と考《かんが》えました。このオパーリンの考《かんが》えは「化学進化説《かがくしんかせつ》」とよばれています。

もっと知《し》りたい

最初《さいしょ》の生命《せいめい》は、海底《かいてい》にある「熱水噴出孔《ねっすいふんしゅつこう》」で生《う》まれたとする説《せつ》が有力《ゆうりょく》。

11 ヒトも動物《どうぶつ》も1つの共通祖先《きょうつうそせん》から進化《しんか》した

地球上《ちきゅうじょう》の生《い》き物《もの》の進化《しんか》を調《しら》べていくと、1本《ぽん》の樹木《じゅもく》のような形《かたち》をした「分子系統樹《ぶんしけいとうじゅ》」という図《ず》をえがくことができます。この分子系《ぶんしけい》統樹《とうじゅ》の根元《ねもと》は1本《ぽん》です。つまり、現在《げんざい》の地球《ちきゅう》に生《い》きるすべての生命《せいめい》は、たった1つの共通祖先《きょうつうそせん》から進《しん》化《か》したと考《かんが》えられるのです。

共通祖先《きょうつうそせん》について考《かんが》えるうえで、1つ大《おお》きななぞがあります。それは、「最初《さいしょ》の生命《せいめい》は、タンパ

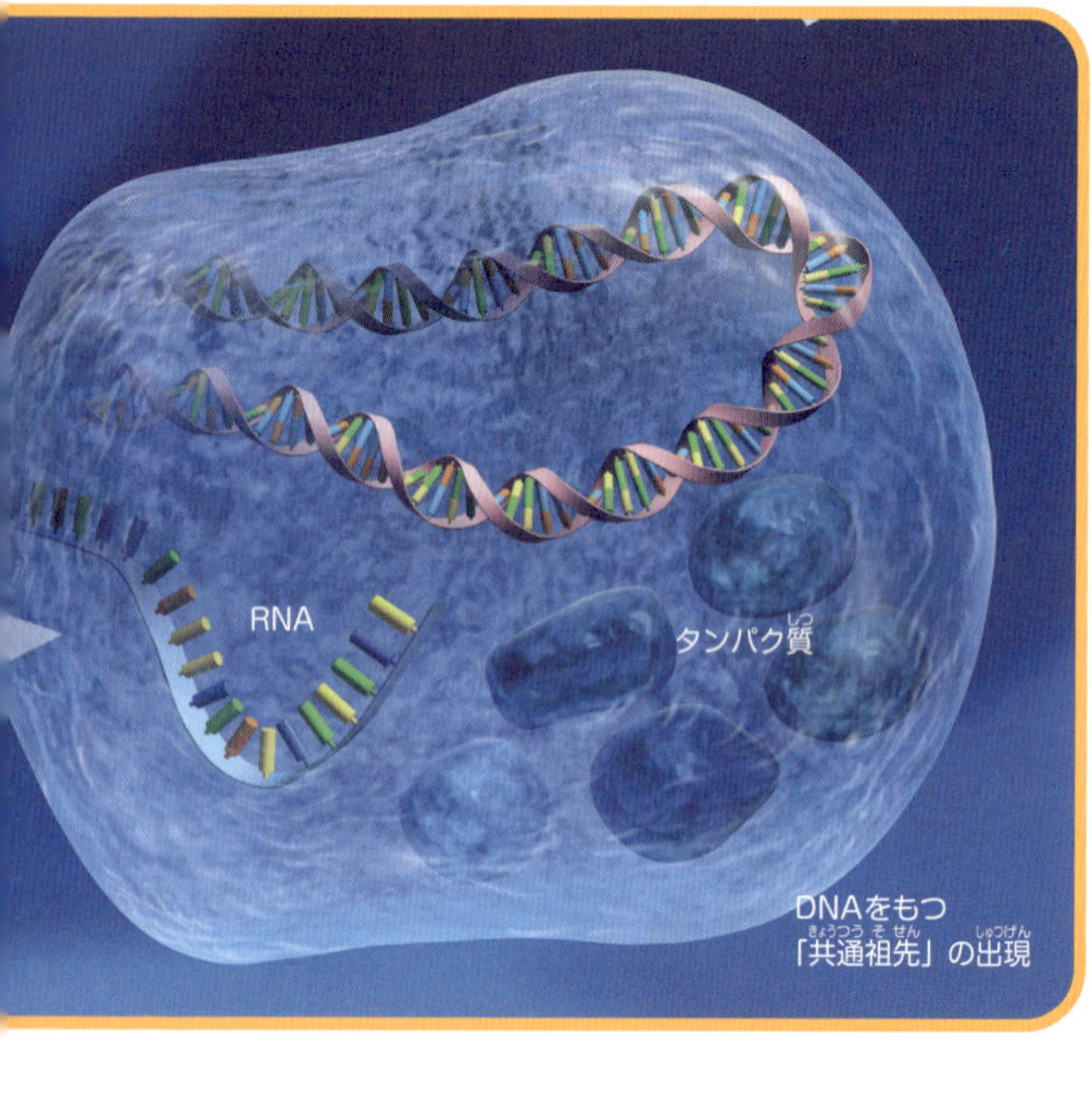

ク質《しつ》とDNAのどちらを先《さき》にもっていたか？」です。タンパク質《しつ》をつくるにはDNAが必要《ひつよう》で、DNAがふえるにはタンパク質《しつ》（酵《こう》素《そ》）が必要《ひつよう》なのです。

その答《こた》えのキーワードがRNA（↓30ページ）です。RNAはDNAに似《に》た物質《ぶっしつ》で、DNAの遺伝《いでん》情報《じょうほう》がRNAにコピーされることで、タンパク質《しつ》がつくられます。生命《せいめい》はRNAをふくむ細胞《さいぼう》としてはじまり、やがてDNAをもつ共《きょう》通祖先《つうそせん》へ進化《しんか》した、とする「RNAワールド仮説《かせつ》」があります。

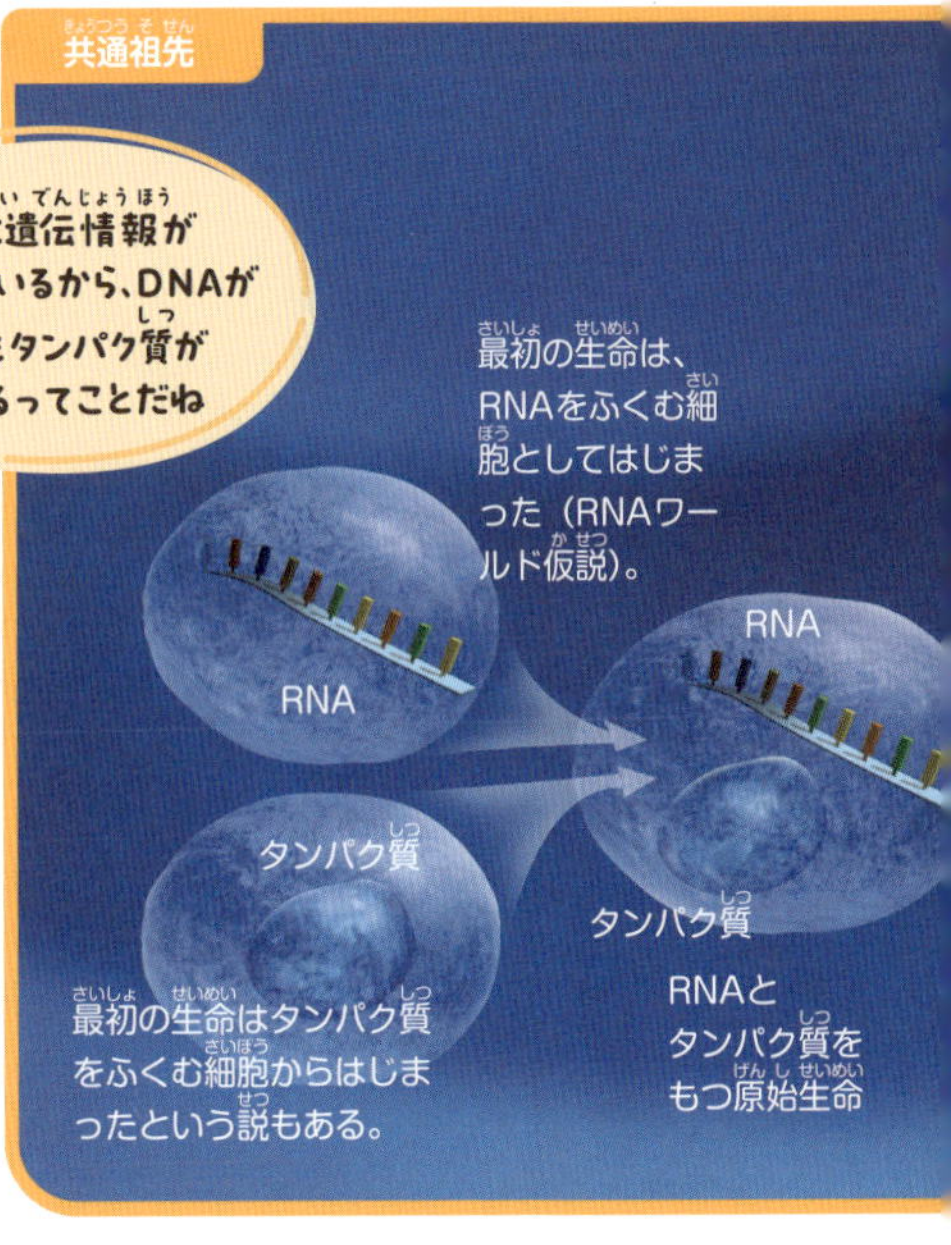

共通祖先《きょうつうそせん》
最初《さいしょ》の生命《せいめい》は、RNAをふくむ細《さい》胞《ぼう》としてはじまった（RNAワールド仮説《かせつ》）。
RNA
RNA
タンパク質《しつ》
タンパク質《しつ》
最初《さいしょ》の生命《せいめい》はタンパク質《しつ》をふくむ細胞《さいぼう》からはじまったという説《せつ》もある。
RNAとタンパク質《しつ》をもつ原始生命《げんしせいめい》

RNAに遺伝情報《いでんじょうほう》がふくまれているから、DNAがなくてもタンパク質《しつ》がつくれるってことだね

地球上《ちきゅうじょう》の生物《せいぶつ》はみんなDNAをもつ。そして、すべての生物《せいぶつ》はDNAの遺伝情報《いでんじょうほう》をRNAへとコピーし、それを設計図《せっけいず》にしてタンパク質《しつ》をつくる。このことから、歴史《れきし》のどこかでDNA・RNA・タンパク質《しつ》のすべてをもつ「共通祖先《きょうつうそせん》」が誕生《たんじょう》したと考《かんが》えることができる。

もっと知《し》りたい

RNAワールド仮説《かせつ》は、1986年《ねん》にアメリカのギルバート博士《はかせ》によって提唱《ていしょう》された。

12 細胞《さいぼう》は進化《しんか》の途中《とちゅう》で細菌《さいきん》を取《と》り込《こ》んだ

前《まえ》のページで紹介《しょうかい》した、すべての生物《せいぶつ》の共通祖先《きょうつうそせん》から、しばらく進化《しんか》の流《なが》れを追《お》ってみましょう。共通祖先《きょうつうそせん》からは、まず原核細胞《げんかくさいぼう》の細菌《さいきん》(真正細菌《しんせいさいきん》)と古細菌《こさいきん》(アーキア)のグループが分《わ》かれたと考《かんが》えられています。

1967年《ねん》にアメリカの生物学者《せいぶつがくしゃ》マーギュリスが発表《はっぴょう》した説《せつ》によると、今《いま》から20~10億年前《おくねんまえ》に、古細菌《こさいきん》が細菌《さいきん》を取《と》り込《こ》みました。こ

動物細胞《どうぶつさいぼう》

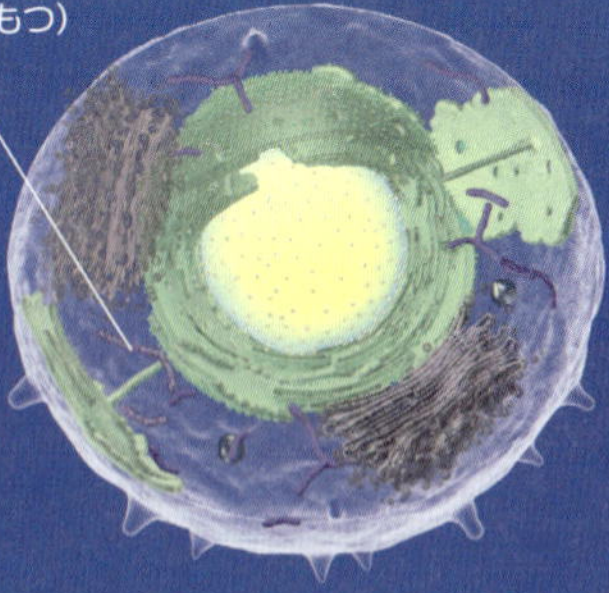

細胞内共生説《さいぼうないきょうせいせつ》

私《わたし》たちの細胞《さいぼう》にあるミトコンドリア（→36ページ）はもともと別《べつ》の原核生物《げんかくせいぶつ》であり、祖先《そせん》がこれを取《と》り込《こ》んだことで共生生活《きょうせいせいかつ》がはじまったと考《かんが》えられる。ただし、今《いま》ではミトコンドリアは1つの生物《せいぶつ》としての機能《きのう》を失《うしな》い、単独《たんどく》では生《い》きられない。私《わたし》たち真核生物《しんかくせいぶつ》も、ミトコンドリアが生《う》みだすエネルギーがなければ生命活動《せいめいかつどう》を維持《いじ》できない。

の細菌《さいきん》は、酸素《さんそ》を使《つか》って有機化合《ゆうきかごう》物《ぶつ》を分解《ぶんかい》し、エネルギーをつくる能力《のうりょく》をもっていました。こうして、古細菌《こさいきん》は細菌《さいきん》に効率的《こうりつてき》にエネルギーを生《う》み出《だ》してもらえるようになり、細菌《さいきん》も古細菌《こさいきん》の体内《たいない》にいるだけで栄養《えいよう》が届《とど》けられました。

このように、古細菌《こさいきん》と細菌《さいきん》が“共生《きょうせい》”しておたがいに利益《りえき》を得《え》ていたのです。この古細菌《こさいきん》がやがて動物細胞《どうぶつさいぼう》(真核細胞《しんかくさいぼう》)となり、取《と》り込《こ》まれた細菌《さいきん》は、細胞内《さいぼうない》でエネルギーを生《う》むミトコンドリア（↓36ページ）となりました。

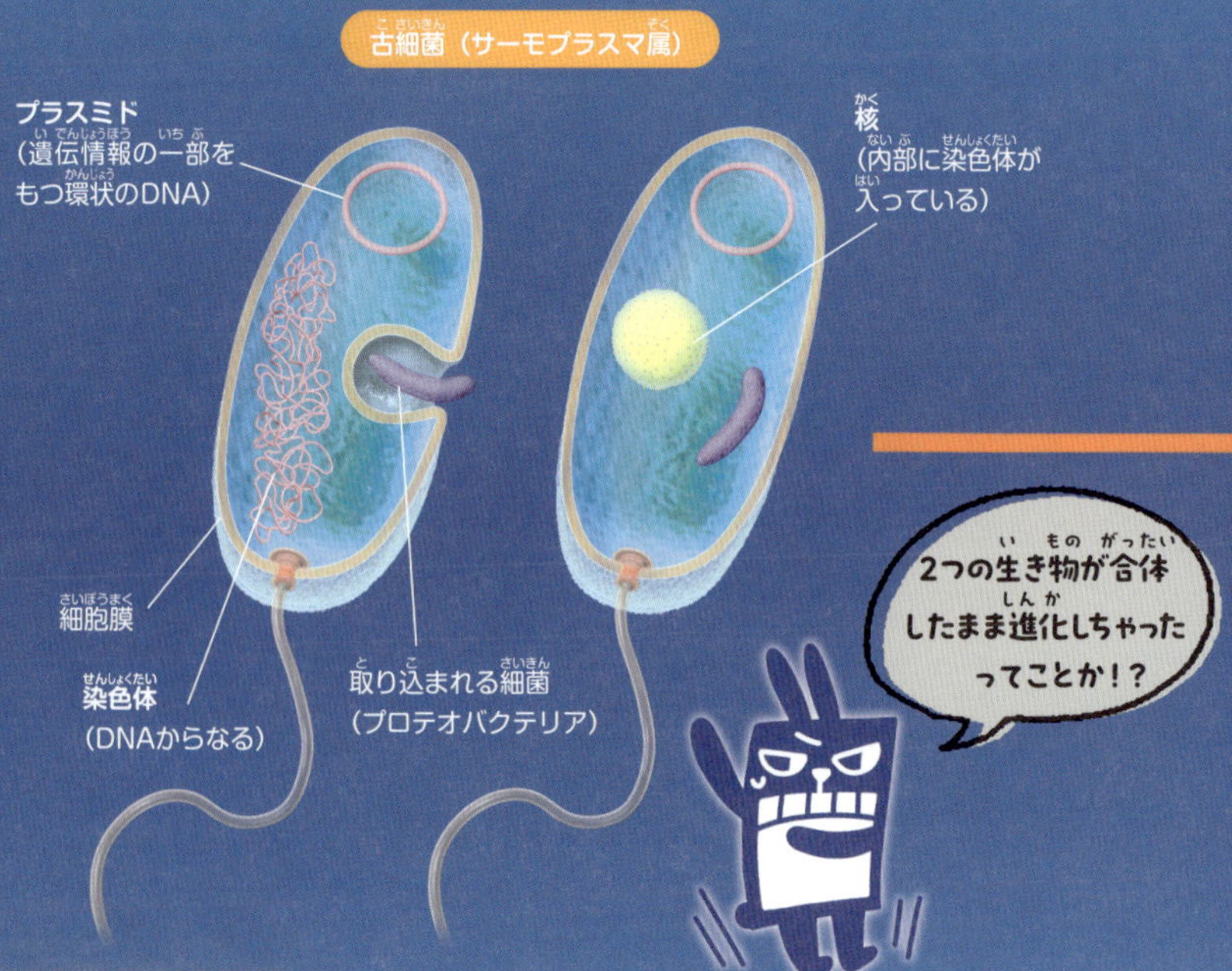
古細菌《こさいきん》（サーモプラスマ属《ぞく》）
プラスミド
（遺伝情報《いでんじょうほう》の一部《いちぶ》をもつ環状《かんじょう》のDNA）
核《かく》
（内部《ないぶ》に染色体《せんしょくたい》が入《はい》っている）
細胞膜《さいぼうまく》
染色体《せんしょくたい》
（DNAからなる）
取《と》り込《こ》まれる細菌《さいきん》
（プロテオバクテリア）
2つの生《い》き物《もの》が合体《がったい》したまま進化《しんか》しちゃったってことか!?

もっと知《し》りたい

ミトコンドリアは内部《ないぶ》に独自《どくじ》のDNAをもっている。

13 細胞《さいぼう》の〝おわり〟には2つのタイプがある

私《わたし》たちがふだん生活《せいかつ》する中《なか》で、細胞《さいぼう》は次々《つぎつぎ》に〝おわり〟をむかえています。たとえば、火傷《やけど》や打撲《だぼく》などで、細胞《さいぼう》にいきなり強《つよ》い刺激《しげき》が加《くわ》わると、細胞《さいぼう》の生命活動《せいめいかつどう》が行《おこな》えなくなります。このようにして細胞《さいぼう》が死《し》ぬことを「ネクローシス（壊死《えし》）」といいます。

ネクローシスがおきると、細胞本体《さいぼうほんたい》やミトコンドリア（↓36ページ）などが膨張《ぼうちょう》し、そのあと細胞膜《さいぼうまく》（↓38ページ）が破《やぶ》れて中身《なかみ》がもれ出《だ》します。

一方《いっぽう》、細胞《さいぼう》がみずから〝おわり〟に向《む》かう場合《ばあい》もあります。これを「アポトーシス」といい、ＤＮＡが傷《きず》ついて修復《しゅうふく》しきれない場合《ばあい》などにおきます。

アポトーシスがおきると、細胞全体《さいぼうぜんたい》が縮《ちぢ》んだり、核《かく》（↓28ページ）が変形《へんけい》したり細《こま》かく分《わ》かれたりします。さらに、細胞《さいぼう》の中身《なかみ》が小《ちい》さな袋《ふくろ》に分《わ》かれ、やがては不要《ふよう》なものを掃除《そうじ》するマクロファージ（↓１３４ページ）に取《と》り込《こ》まれます。

細胞《さいぼう》の膨張《ぼうちょう》
細胞膜《さいぼうまく》のほか、ミトコンドリアなどの細胞小器《さいぼうしょうき》官《かん》も膨張《ぼうちょう》する。

細胞膜《さいぼうまく》が破《やぶ》れる
細胞膜《さいぼうまく》が破《やぶ》れ、細胞《さいぼう》の中身《なかみ》がもれ出《だ》す。

ネクローシス

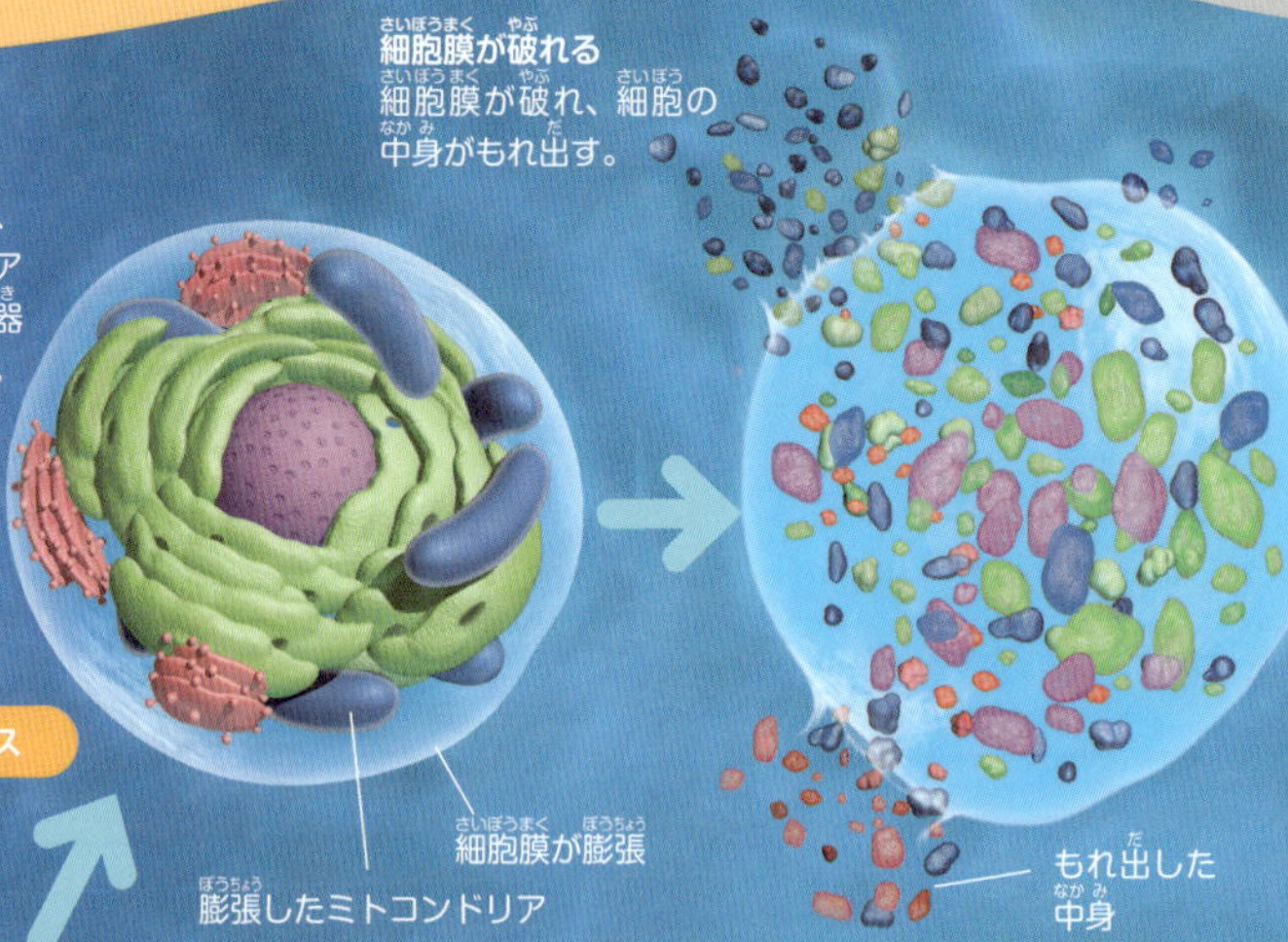
細胞膜《さいぼうまく》が膨張《ぼうちょう》
膨張《ぼうちょう》したミトコンドリア
もれ出《だ》した中身《なかみ》

正常《せいじょう》な細胞《さいぼう》

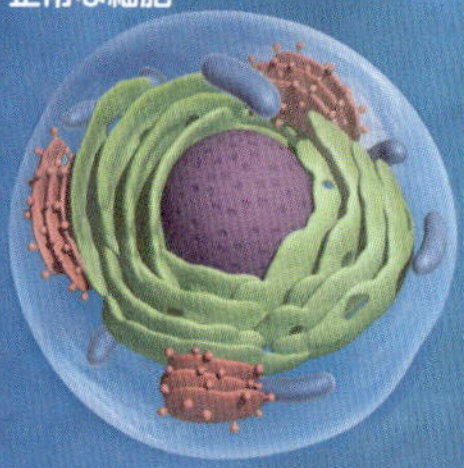

細胞《さいぼう》の“おわり”は2種類《しゅるい》

細胞《さいぼう》の“おわり”には、外《そと》から加《くわ》えられた刺激《しげき》などによって壊《こわ》れる「ネクローシス（壊死《えし》）」と、みずから壊《こわ》れる「アポトーシス」の2種類《しゅるい》がある。もしアポトーシスが正常《せいじょう》にはたらかない細胞《さいぼう》は異常《いじょう》をきたしたまま残《のこ》りつづけ、さまざまな病気《びょうき》の原因《げんいん》となる。

アポトーシス

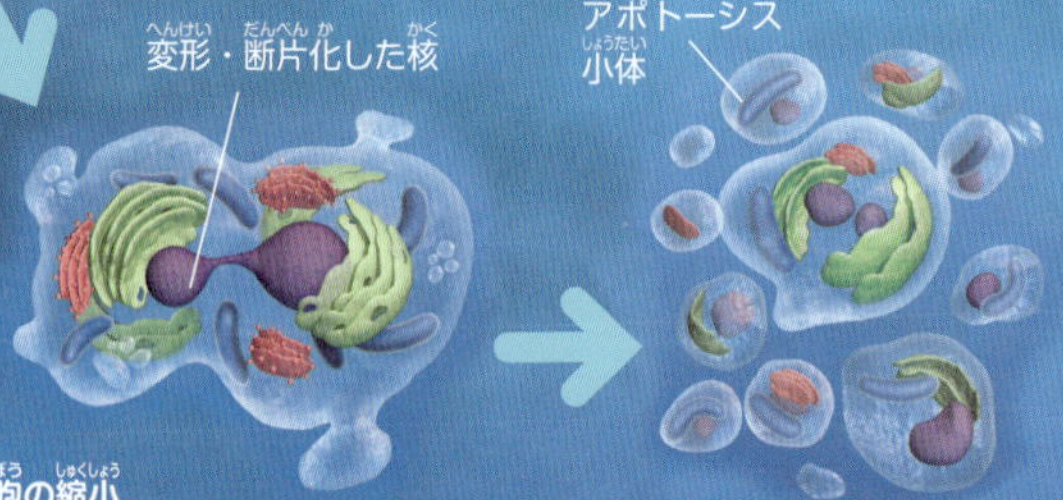
変形《へんけい》・断片化《だんぺんか》した核《かく》
アポトーシス小体《しょうたい》

細胞《さいぼう》の“おわり”も体《からだ》を守《まも》るためには必要《ひつよう》なことなんだよ

細胞《さいぼう》の縮小《しゅくしょう》
核《かく》の変形《へんけい》・断片化《だんぺんか》
細胞全体《さいぼうぜんたい》が縮小《しゅくしょう》する。核《かく》の中《なか》にあるDNAが断片化《だんぺんか》し、核《かく》が変《へん》形《けい》・断片化《だんぺんか》する。

小《ちい》さな袋《ふくろ》に分《わ》かれる
細胞《さいぼう》が小《ちい》さな袋《ふくろ》（アポトーシス小体《しょうたい》）に分《わ》かれ、断片化《だんぺんか》したDNAや細胞小《さいぼうしょう》器官《きかん》はその中《なか》に詰《つ》め込《こ》まれる。その後《ご》マクロファージに取《と》り込《こ》まれ、分解《ぶんかい》されていく。

もっと知《し》りたい
オタマジャクシがカエルに成長《せいちょう》する際《さい》、しっぽが消《き》えるのもアポトーシス。

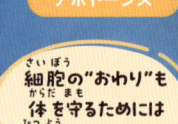

14 細胞《さいぼう》は自分《じぶん》を食《た》べることでゴミ掃除《そうじ》をする

細胞《さいぼう》が生命《せいめい》に必要《ひつよう》なものをつくる途中《とちゅう》で、古《ふる》くなったタンパク質《しつ》などの〝ゴミ〟が出《で》ます。ゴミが細胞内《さいぼうない》にたまると、細胞《さいぼう》のはたらきが悪《わる》くなり、私《わたし》たちは健康《けんこう》を維《い》持《じ》することができなくなってしまいます。そうならないよう、細胞《さいぼう》内《ない》にはゴミを掃除《そうじ》(リサイクル)するしくみが2つあります。

1つは、タンパク質専用《しつせんよう》の分解《ぶんかい》装置《そうち》「プロテアソーム」です。い

オートファジーのしくみ

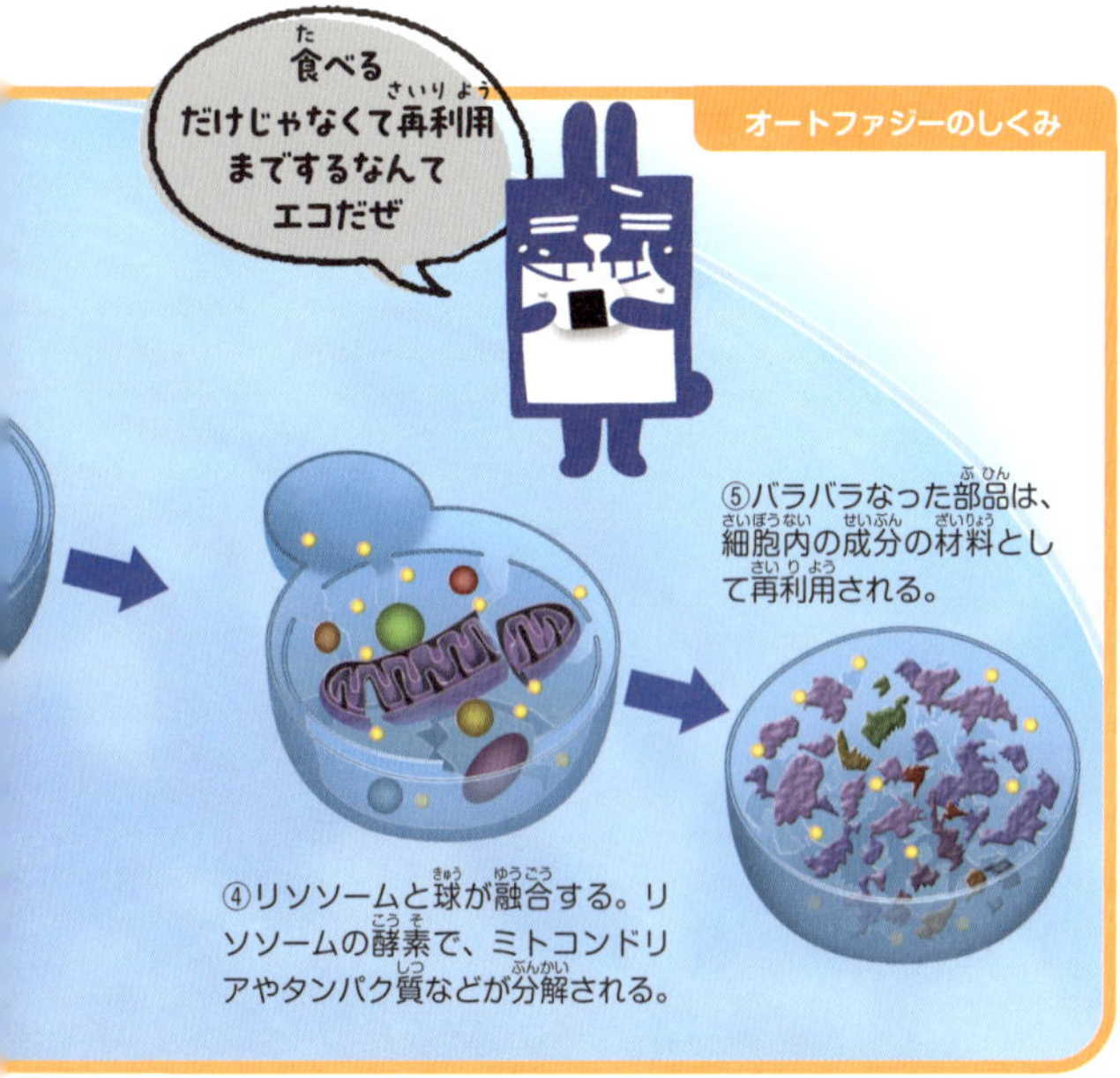
食《た》べるだけじゃなくて再利用《さいりよう》までするなんてエコだぜ
⑤バラバラなった部品《ぶひん》は、細胞内《さいぼうない》の成分《せいぶん》の材料《ざいりょう》として再利用《さいりよう》される。
④リソソームと球《きゅう》が融合《ゆうごう》する。リソソームの酵素《こうそ》で、ミトコンドリアやタンパク質《しつ》などが分解《ぶんかい》される。

らなくなったタンパク質《しつ》に目《め》じるしをつけ、目《め》じるしのあるものだけをねらって掃除《そうじ》します。

2つ目《め》が、ほぼランダムに細胞《さいぼう》内《ない》のものを〝食《た》べて〟きれいにする「オートファジー」です。そのあたりにあるものを特殊《とくしゅ》な膜《まく》でおおい、バラバラに分解《ぶんかい》して再利用《さいりよう》するしくみです。

オートファジーには、細胞《さいぼう》が何《なん》らかの理由《りゆう》で外《そと》から栄養《えいよう》をとれないとき、自分自身《じぶんじしん》を分解《ぶんかい》して、栄養《えいよう》を自給自足《じきゅうじそく》する役割《やくわり》もあると考《かんが》えられています。

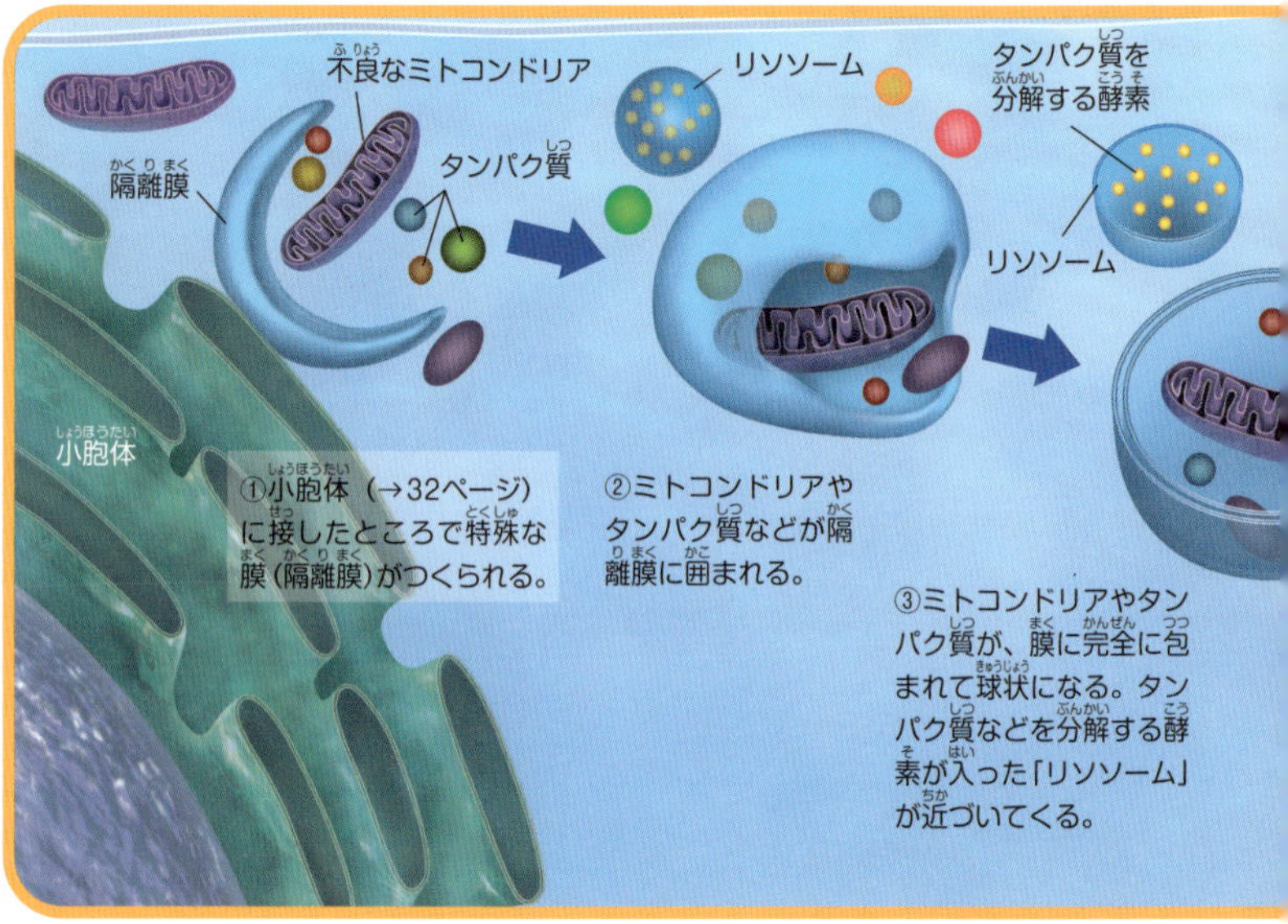
不良《ふりょう》なミトコンドリア
隔離膜《かくりまく》
タンパク質《しつ》
リソソーム
タンパク質《しつ》を分解《ぶんかい》する酵素《こうそ》
リソソーム
小胞体《しょうほうたい》
①小胞体《しょうほうたい》（→32ページ）に接《せっ》したところで特殊《とくしゅ》な膜《まく》（隔離膜《かくりまく》）がつくられる。
②ミトコンドリアやタンパク質《しつ》などが隔離膜《かくりまく》に囲《かこ》まれる。
③ミトコンドリアやタンパク質《しつ》が、膜《まく》に完全《かんぜん》に包《つつ》まれて球状《きゅうじょう》になる。タンパク質《しつ》などを分解《ぶんかい》する酵《こう》素《そ》が入《はい》った「リソソーム」が近《ちか》づいてくる。

もっと知《し》りたい

近年《きんねん》、オートファジーはゴミ（不用品《ふようひん》）をねらって食《た》べていることがわかってきた。

やすみじかん

なぜ細胞《さいぼう》はバラバラにならないの？

私《わたし》たちの体《からだ》は、たくさんの細胞《さいぼう》が集《あつ》まってできています。この細胞《さいぼう》どうしをくっつけているのは「カドヘリン」という物質《ぶっしつ》で、日本《にほん》の研究者《けんきゅうしゃ》である竹市雅俊《たけいちまさとし》さんが1982年《ねん》に発見《はっけん》しました。カドヘリンは、細胞《さいぼう》の内側《うちがわ》から外側《そとがわ》へと、細胞膜《さいぼうまく》をつらぬくようについています。たくさんのカドヘリンがたがいにくっつくことで、細胞《さいぼう》どうしがくっつくのです。

細胞内《さいぼうない》
カテニン
細胞外《さいぼうがい》
カドヘリンの先端《せんたん》
どうしが結合《けつごう》
細胞内《さいぼうない》
細胞《さいぼう》どうしが手《て》を
つないでいる
みたいだね！

細胞《さいぼう》の内側《うちがわ》で、カドヘリンは「カテニン」とよばれるタンパク質《しつ》と結合《けつごう》している。細胞《さいぼう》の外側《そとがわ》でカドヘリンにカルシウムイオンがくっつくと、カドヘリンが活性化《かっせいか》され、となりの細胞《さいぼう》のカドヘリンと先端《せんたん》どうしがくっつく。

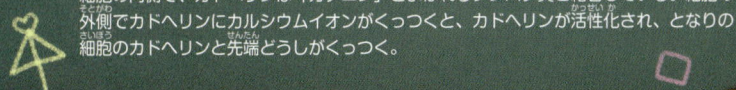

2 じかんめ

細胞《さいぼう》がふえるしくみ

細胞《さいぼう》には「DNA」というタンパク質《しつ》の設計《せっけい》図《ず》がふくまれています。細胞《さいぼう》が分裂《ぶんれつ》してふえていくときには、〝設計図《せっけいず》〟をコピーして、均《きん》等《とう》に分配《ぶんぱい》します。そのしくみは、まるで機械《きかい》のように正確《せいかく》です。ここからは、細胞分裂《さいぼうぶんれつ》についてくわしくみていきましょう。

01 DNAにはタンパク質《しつ》の“設計図《せっけいず》”が入《はい》っている

私《わたし》たちの体《からだ》では、約《やく》10万《まん》種類《しゅるい》ものタンパク質《しつ》がはたらいています。これらのタンパク質《しつ》をつくるための“設計図《せっけいず》”が、DNA（デオキシリボ核酸《かくさん》）に入《はい》っています。

DNAは、細胞《さいぼう》の核《かく》（↓28ページ）に詰《つ》め込《こ》まれています。

DNAは2本《ほん》のひもが鎖状《くさりじょう》にからまった物質《ぶっしつ》で、それぞれのひもに「塩基《えんき》」という化学物質《かがくぶっしつ》が連《つら》なっています。塩基《えんき》には、アデニン

DNAの2重《じゅう》らせん構造《こうぞう》

DNAは塩基《えんき》をもった「ヌクレオチド」という化学物質《かがくぶっしつ》がつながったひも状《じょう》の分子《ぶんし》である。塩基《えんき》にはアデニン(A)・チミン(T)・グアニン (G)・シトシン(C)がある。塩基《えんき》どうしには相性《あいしょう》があり、AとT、GとCは結合《けつごう》しやすい。このため、それぞれの組《く》み合《あ》わせで塩基《えんき》が対《つい》をなすように、2本《ほん》のDNAが向《む》きあって、2重《じゅう》らせんをつくっている。

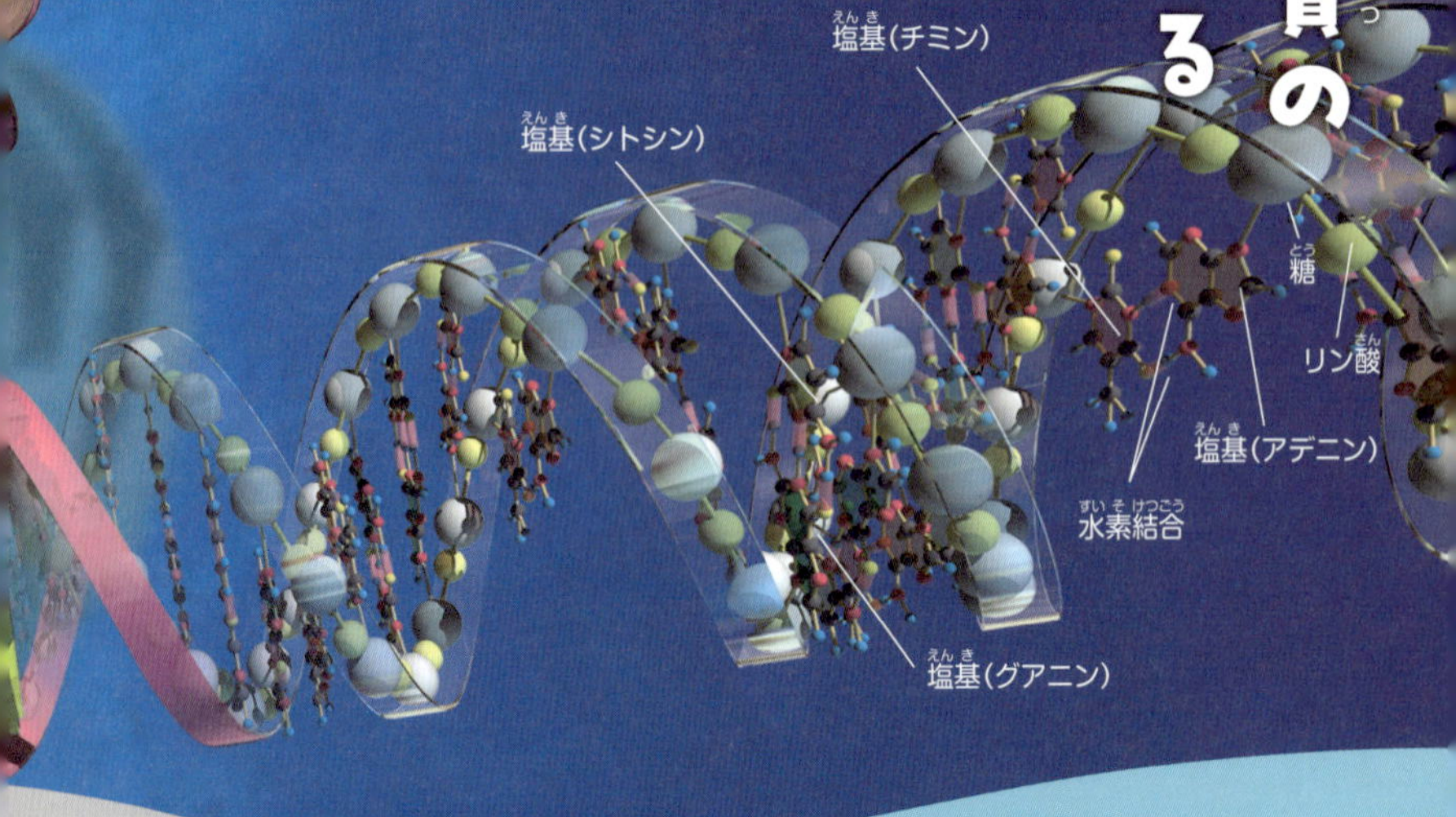

(A)・チミン(T)・グアニン(G)・シトシン(C)の4種類《しゅるい》があり、これらのならびかたによってタンパク質《しつ》のつくりかたをあらわすことができます。この〝設計図《せっけいず》〟を「遺伝子《いでんし》」といいます。

DNAは、細胞《さいぼう》が分裂《ぶんれつ》するときにはコピーされて、分裂《ぶんれつ》した2個《こ》の細胞《さいぼう》に均等《きんとう》に引《ひ》きつがれます。そのために、分裂《ぶんれつ》するときにDNAのひもは集《あつ》まって、「染色体《せんしょくたい》」とよばれる棒状《ぼうじょう》のかたまりになります。ヒトの場合《ばあい》は1つの細胞《さいぼう》につき46本《ぽん》あらわれます。

ぐるぐるしてるね～
核《かく》

DNAは核《かく》の中《なか》で「ヒストン」というタンパク質《しつ》に巻《ま》きついている。

もっと知《し》りたい

染色体《せんしょくたい》では、DNAが1万分《まんぶん》の1の大《おお》きさに凝縮《ぎょうしゅく》されている。

02 ヒトの〝設計図《せっけいず》〟はSDカード1枚《まい》に収《おさ》まる!?

私《わたし》たちヒトの染色体《せんしょくたい》は46本《ぽん》あり、半《はん》分《ぶん》の23本《ぼん》は母親《ははおや》から受《う》けついだもので、もう半分《はんぶん》の23本《ぼん》は父親《ちちおや》から受《う》けついだものです。もしもみなさんに将来《しょうらい》子《こ》どもができたとしたら、その子《こ》はみなさんの染色体《せんしょくたい》のうちの23本《ぼん》を受《う》けつぐことになります。

この23本《ぼん》で1セットの遺伝情報《いでんじょうほう》を「ゲノム」といいます。

ゲノムは、生《い》き物《もの》が次世代《じせだい》を残《のこ》すために必要《ひつよう》な情報《じょうほう》です。ということは、

「ものすごく量《りょう》の多《おお》い情報《じょうほう》なのでは?」と思《おも》えるかもしれませんね。実際《じっさい》に、ヒトのゲノムを本《ほん》に写《うつ》しとると、膨大《ぼうだい》な量《りょう》の紙《かみ》が必要《ひつよう》になります。

しかし、デジタルデータに置《お》きかえると750メガバイトくらいです。スマートフォンやゲーム機《き》などに使《つか》われるSDカードは、1枚《まい》で最低《さいてい》でも2ギガバイト(2000メガバイト)入《はい》るので、ヒトのゲノムは、SDカード1枚《まい》に十分収《じゅうぶんおさ》まってしまう量《りょう》になります。

染色体《せんしょくたい》をほどくと
DNAがあらわれる。
4種類《しゅるい》の塩基《えんき》
(遺伝情報《いでんじょうほう》をしるす“文字《もじ》”)

ゲノムとは？

ゲノムとは、生物《せいぶつ》にとって必要《ひつよう》なひとそろいの遺伝情報《いでんじょうほう》のことだ。顔《かお》つきや体格《たいかく》、目《め》や髪《かみ》、肌《はだ》の色《いろ》などといった身《しん》体的《たいてき》な特徴《とくちょう》は、遺伝《いでん》で決《き》まりやすい。これは、体《からだ》の素材《そざい》となるタンパク質《しつ》の“設計図《せっけいず》”がゲノムに記《しる》されているためだ。ゲノムの塩基《えんき》（A、T、G、C）は約《やく》30億文字《おくもじ》あり、A4用紙《ようし》(厚《あつ》さ0.1ミリメートル)に1枚《まい》あたり1000文字《もじ》ずつしきつめた場合《ばあい》、紙《かみ》の総量《そうりょう》は厚《あつ》さ300メートルにもなる。この情報量《じょうほうりょう》をデジタルデータに置《お》きかえると約《やく》750メガバイトである。

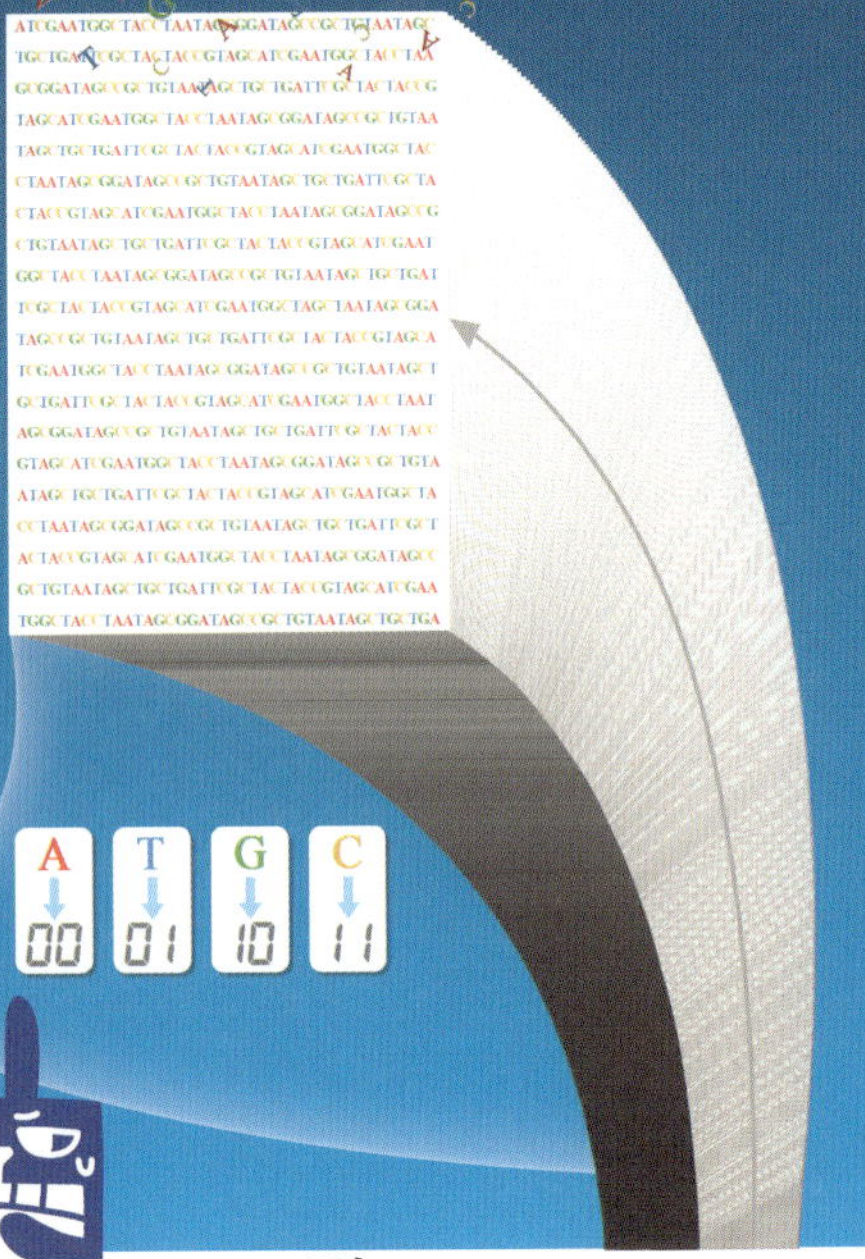
A
00
T
01
G
10
C
11

容量《ようりょう》1ギガバイト
(≒1000メガバイト)
のSDカード
SD
1GB
こんなにコンパクト
になっちまうのか？
すごい情報《じょうほう》
なのに…

もっと知《し》りたい

「ゲノム」は遺伝子《いでんし》(gene)と染色体《せんしょくたい》(chromosome)を組《く》み合《あ》わせた言葉《ことば》。

03 病気《びょうき》にも進化《しんか》にもつながるDNAのコピーミス

細胞《さいぼう》は、2つに分《わ》かれることでみずからのコピーをつくり出《だ》します。これを「細胞分裂《さいぼうぶんれつ》」といいます。分裂《ぶんれつ》するとき、細胞《さいぼう》はあらかじめDNAをコピーして2倍《ばい》にふやします。ところが、この段階《だんかい》でミスがおきて、もとのDNAとは塩《えん》基《き》（↓54ページ）のならびかたがちがうDNAができることがあります。たいてい、ミスはすぐに修《しゅう》復《ふく》されますが、まれにそのままに

②コピーミスの修復《しゅうふく》がうまくいかなかった場合《ばあい》、以前《いぜん》はなかった新《あたら》しい塩基《えんき》のならびをもつDNAが生《う》まれる。

③修復《しゅうふく》しそびれたコピーミスは、次《つぎ》の細胞分裂《さいぼうぶんれつ》のときにそのままコピーされる。これにより、新《あたら》しいDNAが次世代《じせだい》に受《う》けつがれる。

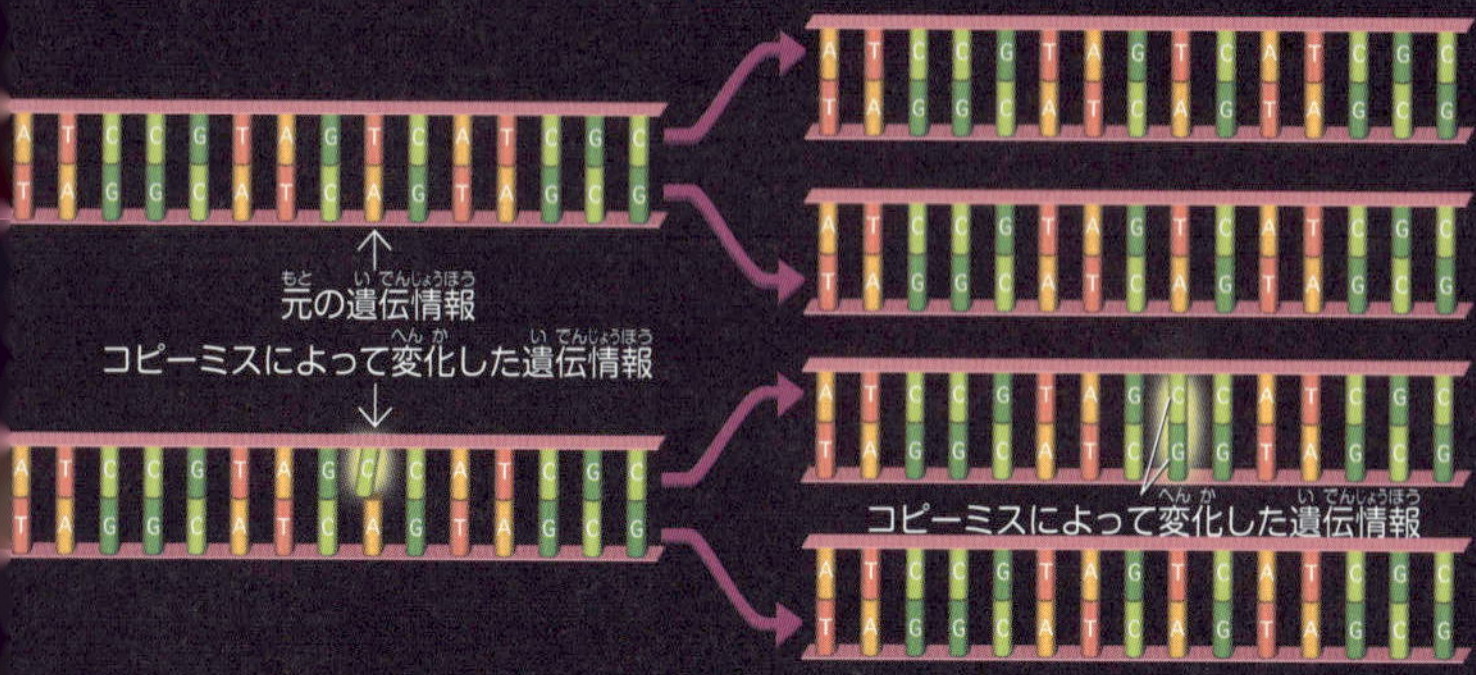
元《もと》の遺伝情報《いでんじょうほう》
コピーミスによって変化《へんか》した遺伝情報《いでんじょうほう》
コピーミスによって変化《へんか》した遺伝情報《いでんじょうほう》

なってしまうことがあります。

また、この「コピーミス」がおきた遺伝情報《いでんじょうほう》が親《おや》から子《こ》どもに受《う》けつがれた場合《ばあい》、子《こ》どもは親《おや》とは少《すこ》しちがうDNAをもつことになります。

このように、何《なん》らかの原因《げんいん》で新《あたら》しいDNAができることを「突然《とつぜん》変異《へんい》」といいます。突然変異《とつぜんへんい》は、病気《びょうき》の原因《げんいん》にもなります。でも、突然変異《とつぜんへんい》によって有利《ゆうり》な特徴《とくちょう》が生《う》まれ、子《こ》が生《い》き残《のこ》りやすくなることもあります。つまり、生《い》き物《もの》の進化《しんか》につながるのです。

DNA のコピーミス

細胞分裂《さいぼうぶんれつ》をしようとする細胞《さいぼう》は、前《まえ》もってDNA をコピーする。コピーにミスがおきた場合《ばあい》、基本的《きほんてき》には修復《しゅうふく》されるが、まれに塩基《えんき》のならびが変化《へんか》したDNAが生《う》まれることがある。

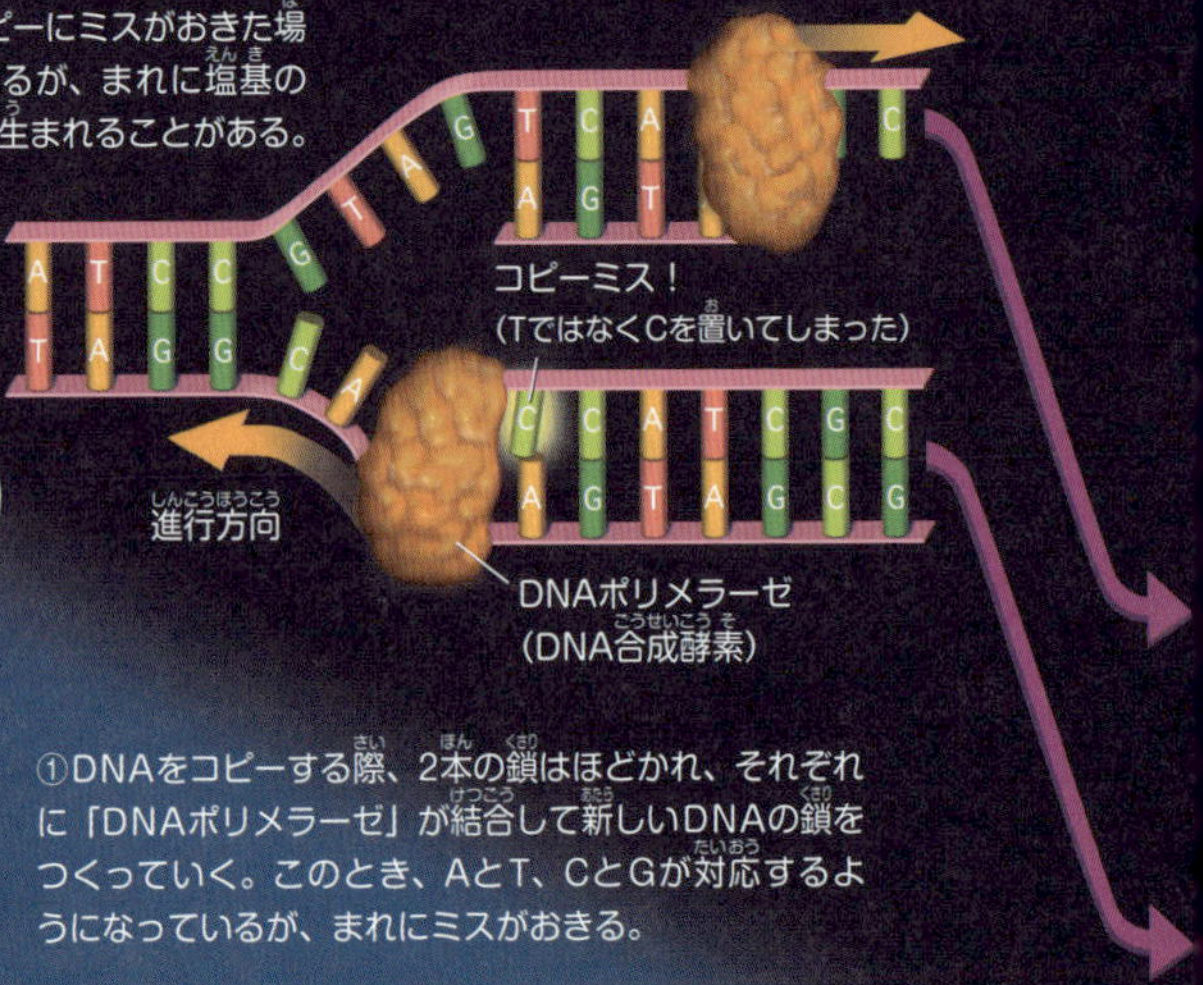
コピーミス！
（TではなくCを置《お》いてしまった）
進行方向《しんこうほうこう》
DNAポリメラーゼ
（DNA合成酵素《ごうせいこうそ》）

①DNAをコピーする際《さい》、2本《ほん》の鎖《くさり》はほどかれ、それぞれに「DNAポリメラーゼ」が結合《けつごう》して新《あたら》しいDNAの鎖《くさり》をつくっていく。このとき、AとT、CとGが対応《たいおう》するようになっているが、まれにミスがおきる。

突然変異《とつぜんへんい》が
なかったら生《い》き物《もの》も進化《しんか》
しなかったかもね

もっと知《し》りたい

突然変異《とつぜんへんい》には、紫外線《しがいせん》や放射線《ほうしゃせん》によっておこるものもある。

04 傷《きず》を負《お》ったDNAはすぐに直《なお》される

こんがらがるぜ~

私《わたし》たちのDNAは、紫外線《しがいせん》などによって毎日少《まいにちすこ》しずつ傷《きず》を負《お》っています。DNAに傷《きず》ができると、細胞分裂《さいぼうぶんれつ》のときにDNAをコピーするじゃまになってしまいます。

そこで活躍《かつやく》するのが、「DNAポリメラーゼ」です。傷《きず》ついたDNAから正確《せいかく》に情報《じょうほう》を読《よ》み取《と》ったり、新《あら》たな部品《ぶひん》をくっつけたりして、正《ただ》しくコピーを行《おこな》ってくれる装置《そうち》です。ヒトの体《からだ》には20種類近《しゅるいちか》

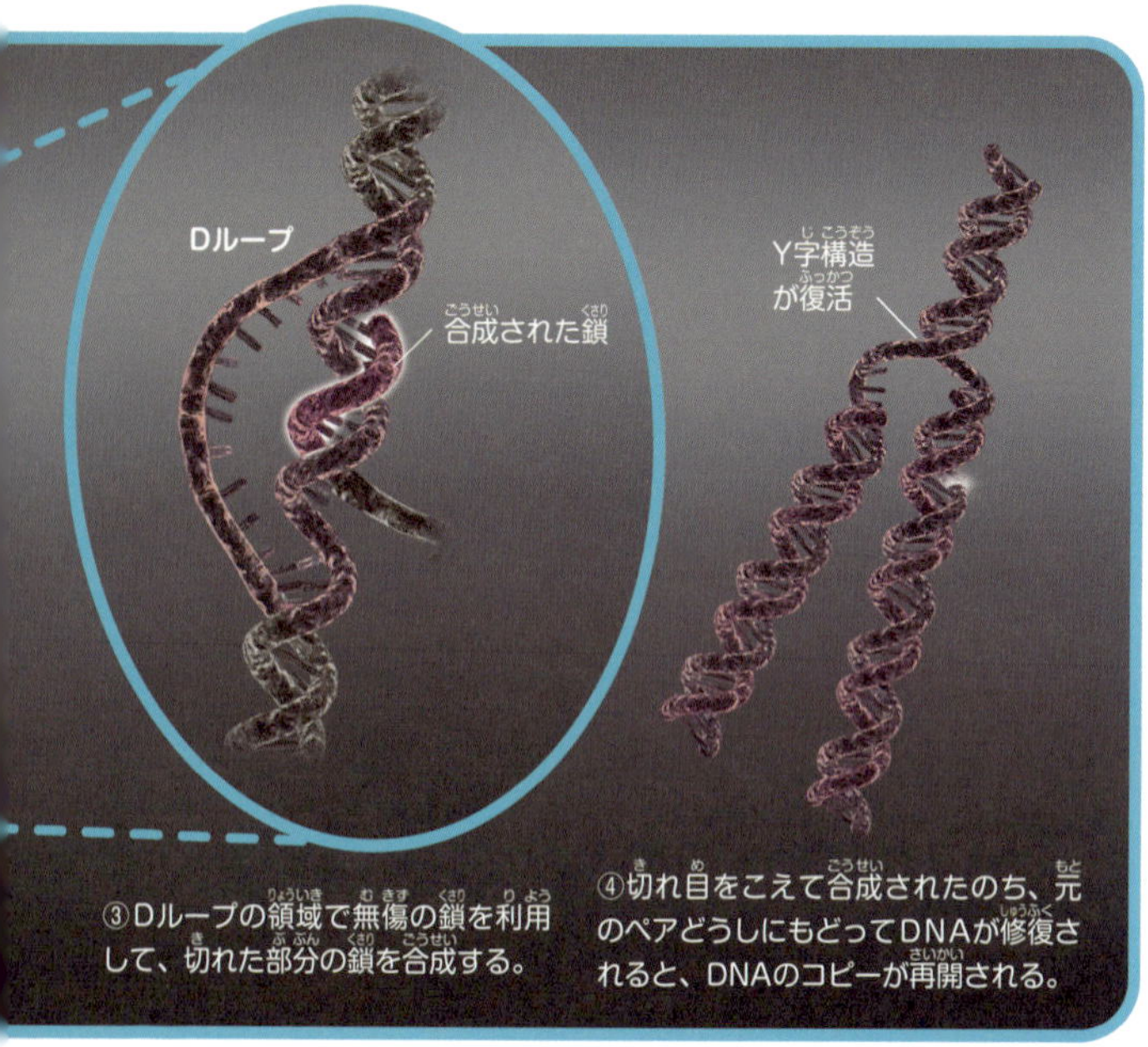
Dループ
合成《ごうせい》された鎖《くさり》
Y字構造《じこうぞう》
が復活《ふっかつ》

③Dループの領域《りょういき》で無傷《むきず》の鎖《くさり》を利用《りよう》して、切《き》れた部分《ぶぶん》の鎖《くさり》を合成《ごうせい》する。

④切《き》れ目《め》をこえて合成《ごうせい》されたのち、元《もと》のペアどうしにもどってDNAが修復《しゅうふく》されると、DNAのコピーが再開《さいかい》される。

いDNAポリメラーゼがあり、それぞれが得意《とくい》な仕事《しごと》をしながら協《きょう》力《りょく》してDNAをコピーしています。

DNAのひもがぷっつりと切《き》れてしまい、コピーが止《と》まってしまうこともあります。このときは、2組《くみ》のDNAの2重《じゅう》らせんの間《あいだ》で、一時的《いちじてき》にペアの鎖《くさり》をつなぎかえるしくみがはたらきます。これを「組《く》みかえ」といいます。

こうしたDNAを修復《しゅうふく》するしくみがうまくはたらかなかった場《ば》合《あい》、細胞《さいぼう》は「がん」化《か》してしまうことがあります。

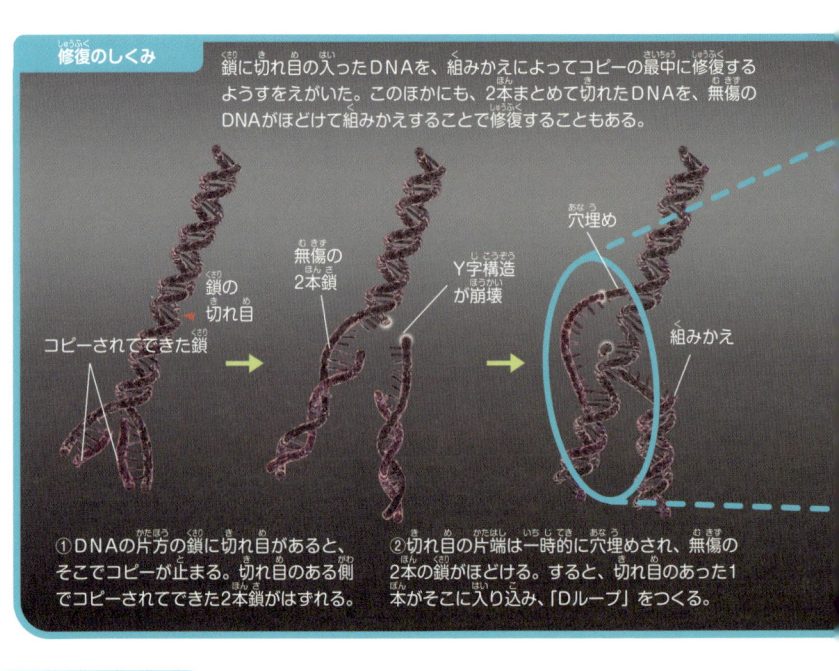

修復《しゅうふく》のしくみ

鎖《くさり》に切《き》れ目《め》の入《はい》ったDNAを、組《く》みかえによってコピーの最中《さいちゅう》に修復《しゅうふく》するようすをえがいた。このほかにも、2本《ほん》まとめて切《き》れたDNAを、無傷《むきず》のDNAがほどけて組《く》みかえすることで修復《しゅうふく》することもある。

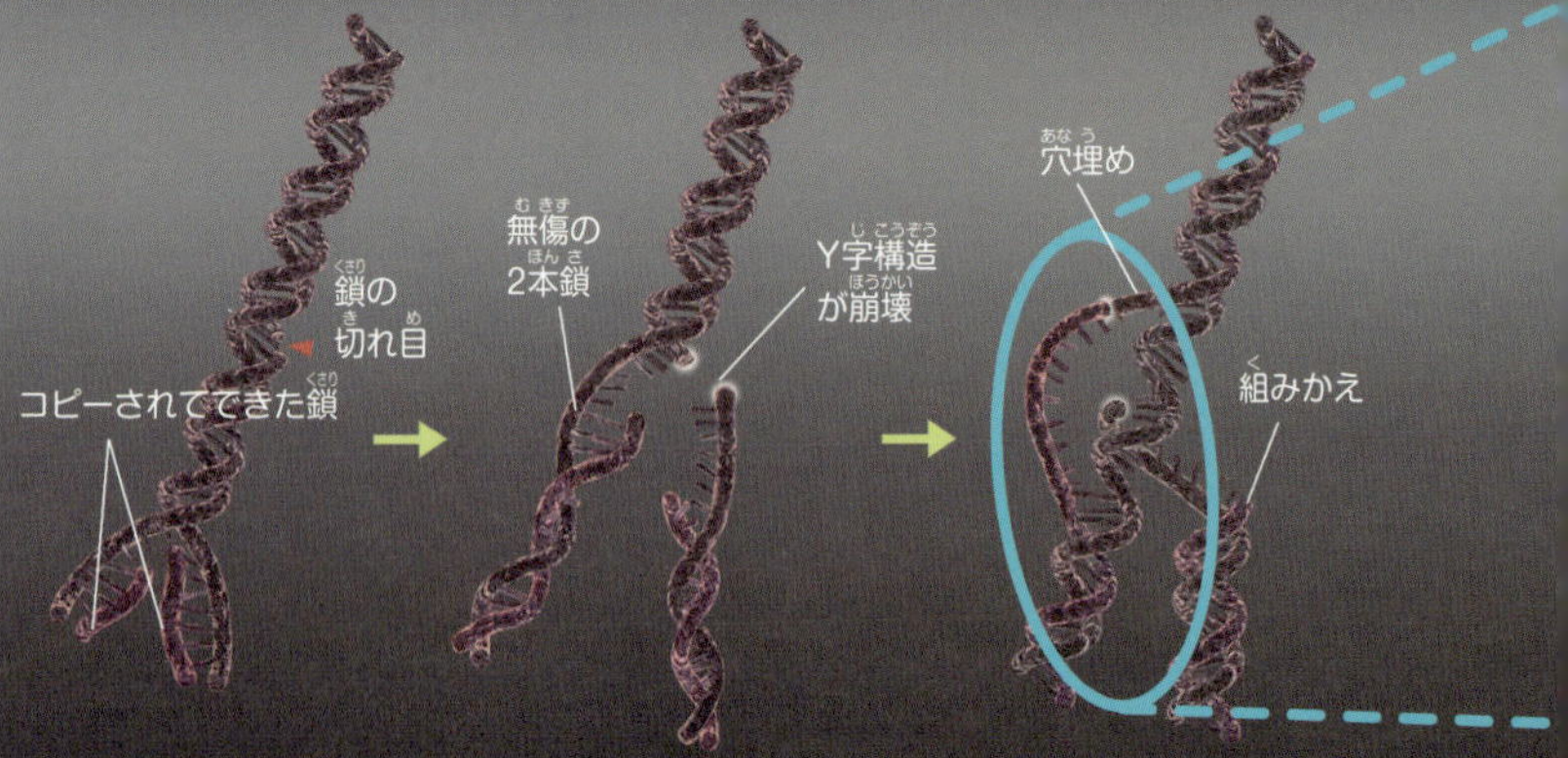
鎖《くさり》の
切《き》れ目《め》
コピーされてできた鎖《くさり》
無傷《むきず》の
2本《ほん》鎖《さ》
Y字構造《じこうぞう》
が崩壊《ほうかい》
穴埋《あなう》め
組《く》みかえ

①DNAの片方《かたほう》の鎖《くさり》に切《き》れ目《め》があると、そこでコピーが止《と》まる。切《き》れ目《め》のある側《がわ》でコピーされてできた2本鎖《ほんさ》がはずれる。

②切《き》れ目《め》の片端《かたはし》は一時的《いちじてき》に穴埋《あなう》めされ、無傷《むきず》の2本《ほん》の鎖《くさり》がほどける。すると、切《き》れ目《め》のあった1本《ほん》がそこに入《はい》り込《こ》み、「Dループ」をつくる。

もっと知《し》りたい

DNA修復《しゅうふく》の「組《く》みかえ」は、食品《しょくひん》などの「遺伝子組《いでんしく》みかえ」とは別物《べつもの》。

05 細《さい》胞《ぼう》は分《ぶん》裂《れつ》をくり返《かえ》している

体《からだ》の中《なか》では、毎日《まいにち》、細胞《さいぼう》が分裂《ぶんれつ》してふえ、古《ふる》い細胞《さいぼう》と置《お》きかわっています。体《からだ》をつくる細胞《さいぼう》でおきている日常的《にちじょうてき》な分裂《ぶんれつ》は、「体細胞分裂《たいさいぼうぶんれつ》」とよばれています。たとえば、私《わたし》たちのつめや髪《かみ》がのびるのは、体細胞分裂《たいさいぼうぶんれつ》がおきているからです。

細胞分裂《さいぼうぶんれつ》では、ＤＮＡが染色体《せんしょくたい》（↓54ページ）をつくり、「中心体《ちゅうしんたい》」という構造《こうぞう》によって分裂後《ぶんれつご》の細胞《さいぼう》に正確《せいかく》に分配《ぶんぱい》されます。また、ゴルジ体《たい》（↓34ページ）は、いったん小《ちい》さな粒《つぶ》（小胞《しょうほう》）になってから分裂《ぶんれつ》した細胞《さいぼう》に配《くば》られ、再《ふたた》び組《く》み立《た》てられます。1つの細胞《さいぼう》が分裂《ぶんれつ》するのに、およそ1時間《じかん》くらいかかります。

ヒトをはじめとした動物《どうぶつ》の細胞《さいぼう》の多《おお》くは、分裂《ぶんれつ》するときにまわりの細胞《さいぼう》を押《お》しのけるようにしながら丸《まる》く変形《へんけい》します。その理由《りゆう》については、次《つぎ》のページで紹介《しょうかい》する「収縮環《しゅうしゅくかん》」をつくるためではないか、と考《かんが》える研究者《けんきゅうしゃ》もいます。

体細胞分裂《たいさいぼうぶんれつ》

体《からだ》をつくる細胞《さいぼう》でおきる日常的《にちじょうてき》な分裂《ぶんれつ》を、体細胞分裂《たいさいぼうぶんれつ》という。細胞《さいぼう》は周囲《しゅうい》の状況《じょうきょう》を察知《さっち》し、必要《ひつよう》なときに分裂《ぶんれつ》のサイクル(細胞周期《さいぼうしゅうき》)に入《はい》る。下《した》の②〜⑦は、30分《ぷん》〜1時間《じかん》ほどで行《おこな》われる。

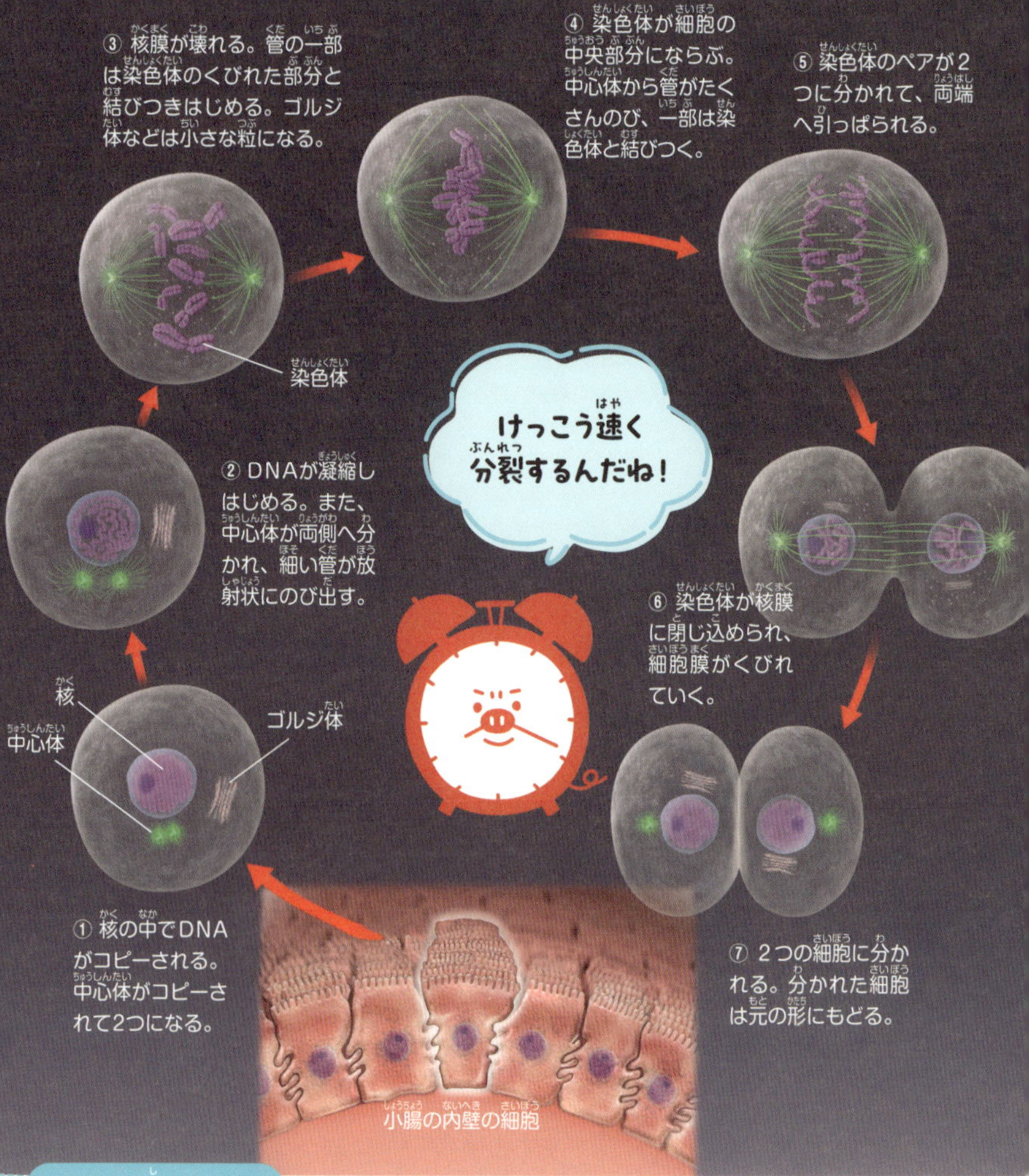
③ 核膜《かくまく》が壊《こわ》れる。管《くだ》の一部《いちぶ》は染色体《せんしょくたい》のくびれた部分《ぶぶん》と結《むす》びつきはじめる。ゴルジ体《たい》などは小《ちい》さな粒《つぶ》になる。
④ 染色体《せんしょくたい》が細胞《さいぼう》の中央部分《ちゅうおうぶぶん》にならぶ。中心体《ちゅうしんたい》から管《くだ》がたくさんのび、一部《いちぶ》は染色体《せんしょくたい》と結《むす》びつく。
⑤ 染色体《せんしょくたい》のペアが2つに分《わ》かれて、両端《りょうはし》へ引《ひ》っぱられる。
染色体《せんしょくたい》
けっこう速《はや》く分裂《ぶんれつ》するんだね！
② DNAが凝縮《ぎょうしゅく》しはじめる。また、中心体《ちゅうしんたい》が両側《りょうがわ》へ分《わ》かれ、細《ほそ》い管《くだ》が放射状《ほうしゃじょう》にのび出《だ》す。
⑥ 染色体《せんしょくたい》が核膜《かくまく》に閉《と》じ込《こ》められ、細胞膜《さいぼうまく》がくびれていく。
核《かく》
中心体《ちゅうしんたい》
ゴルジ体《たい》
① 核《かく》の中《なか》でDNAがコピーされる。中心体《ちゅうしんたい》がコピーされて2つになる。
⑦ 2つの細胞《さいぼう》に分《わ》かれる。分《わ》かれた細胞《さいぼう》は元《もと》の形《かたち》にもどる。
小腸《しょうちょう》の内壁《ないへき》の細胞《さいぼう》

もっと知《し》りたい

ミトコンドリアは独自《どくじ》のDNAをもつため、細胞分裂《さいぼうぶんれつ》に関係《かんけい》なく自分《じぶん》で分裂《ぶんれつ》できる。

06 細胞《さいぼう》を内側《うちがわ》からくびれさせる輪《わ》っか

細胞《さいぼう》が分裂《ぶんれつ》するとき、細胞《さいぼう》にくびれがあらわれます。このくびれが深《ふか》くなっていくことで細胞《さいぼう》が2つにちぎれ、分裂《ぶんれつ》が完了《かんりょう》します。

くびれを細胞《さいぼう》の内側《うちがわ》から生《う》み出《だ》す装《そう》置《ち》は、「収縮環《しゅうしゅくかん》」とよばれています。収縮環《しゅうしゅくかん》は、主《おも》にアクチンフィラメントとミオシンフィラメントという2種《しゅ》類《るい》の〝糸《いと》〟がたくさん集《あつ》まってできています。

大勢《おおぜい》の人《ひと》がとなりの人《ひと》と手《て》をつないで輪《わ》になったようすをイメージしてみてください。その人《ひと》たちがたがいに手《て》を引《ひ》っぱり合《あ》うと、輪《わ》は小《ちい》さくなっていきますね。

収縮環《しゅうしゅくかん》がはたらくようすも、これに似《に》ています。ミオシンフィラメントは、アクチンフィラメントを引《ひ》っぱります。すると、アクチンフィラメントにつながっている細胞膜《さいぼうまく》（↓38ページ）も一緒《いっしょ》に内側《うちがわ》へ引《ひ》っぱられ、細胞《さいぼう》がくびれていくのです。

収縮環《しゅうしゅくかん》のしくみ

収縮環《しゅうしゅくかん》を構成《こうせい》するアクチンフィラメントの片端《かたはし》は、細胞膜《さいぼうまく》につながっている。アクチンフィラメントの上《うえ》をミオシンフィラメントが動《うご》こうとする際《さい》、細胞膜《さいぼうまく》が内側《うちがわ》へ引《ひ》っぱられるので、細胞《さいぼう》は内側《うちがわ》からくびれていく。

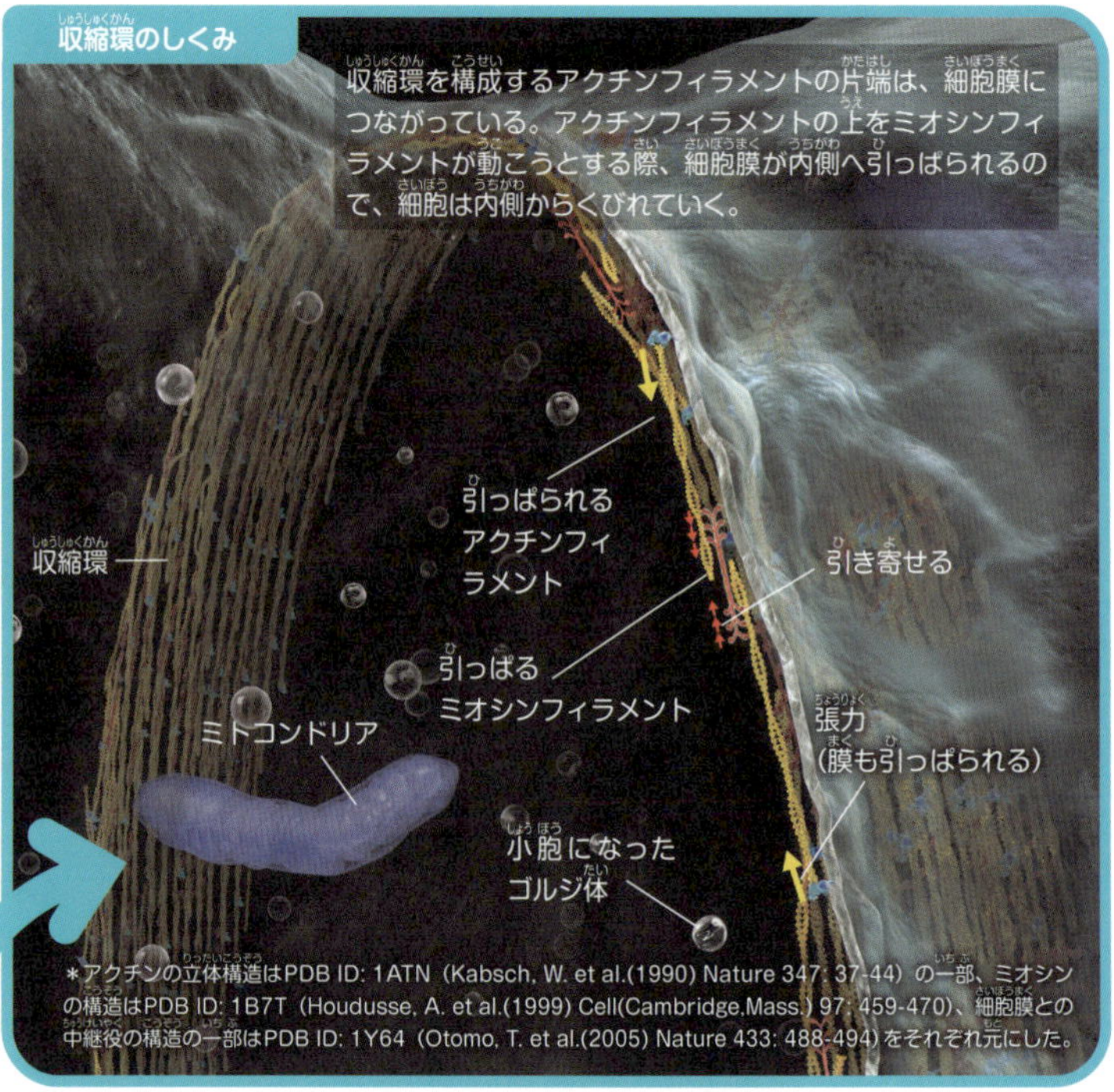

引《ひ》っぱられるアクチンフィラメント
収縮環《しゅうしゅくかん》
引《ひ》き寄《よ》せる
引《ひ》っぱるミオシンフィラメント
ミトコンドリア
張力《ちょうりょく》
(膜《まく》も引《ひ》っぱられる)
小胞《しょうほう》になったゴルジ体《たい》

＊アクチンの立体構造《りったいこうぞう》はPDB ID: 1ATN（Kabsch, W. et al.(1990) Nature 347: 37-44）の一部《いちぶ》、ミオシンの構造《こうぞう》はPDB ID: 1B7T（Houdusse, A. et al.(1999) Cell(Cambridge,Mass.) 97: 459-470)、細胞膜《さいぼうまく》との中継役《ちゅうけいやく》の構造《こうぞう》の一部《いちぶ》はPDB ID: 1Y64（Otomo, T. et al.(2005) Nature 433: 488-494）をそれぞれ元《もと》にした。

くびれていく細胞《さいぼう》

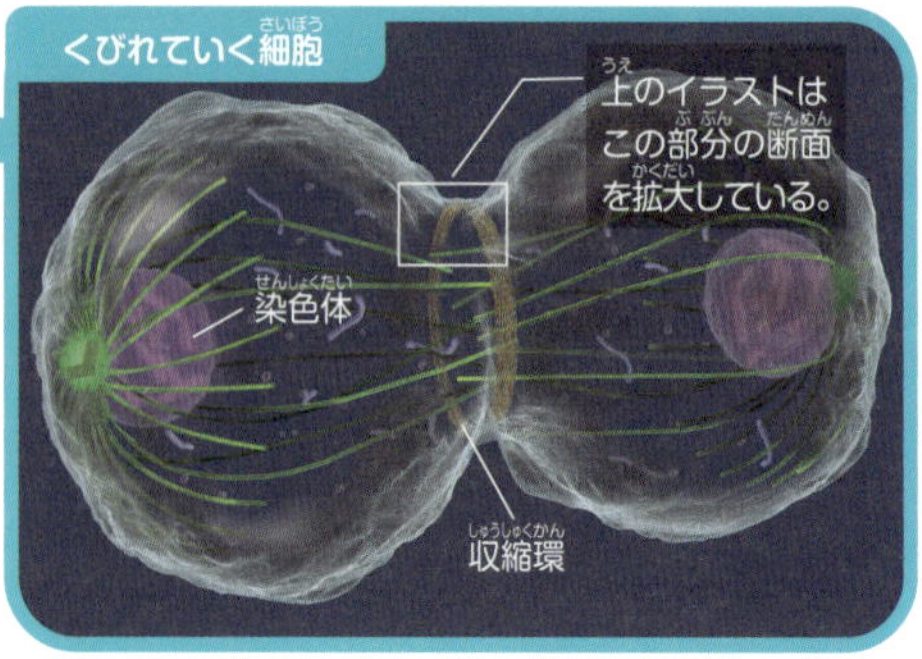

上《うえ》のイラストはこの部分《ぶぶん》の断面《だんめん》を拡大《かくだい》している。
染色体《せんしょくたい》
収縮環《しゅうしゅくかん》

砂時計《すなどけい》のようなくびれができて、最後《さいご》は2つに分《わ》かれるよ

もっと知《し》りたい

収縮環《しゅうしゅくかん》ができる位置《いち》は、紡錘体《ぼうすいたい》（→70ページ）が決《き》める。

07

親《おや》から子《こ》へ受《う》けつがれる遺伝子《いでんし》

体《からだ》にオス・メスの性別《せいべつ》がある生《い》き物《もの》には、子《こ》どもをつくって次世代《じせだい》を残《のこ》すために使《つか》われる特別《とくべつ》な細胞《さいぼう》、「生殖細胞《せいしょくさいぼう》」があります。生殖細胞《せいしょくさいぼう》が行《おこな》う分裂《ぶんれつ》は「減数分裂《げんすうぶんれつ》」といい、体《からだ》をつくる細胞《さいぼう》でおきる体細胞分裂《たいさいぼうぶんれつ》（↓62ページ）とはちがうしくみがはたらきます。

ヒトの体《からだ》には46本《ぽん》の染色体《せんしょくたい》（↓54ページ）があり、体細胞分裂《たいさいぼうぶんれつ》では分裂《ぶんれつ》したあとの細胞《さいぼう》も、分裂前《ぶんれつまえ》の細胞《さいぼう》と同《おな》じ46本《ぽん》の染色体《せんしょくたい》をもちます。

これに対《たい》して、減数分裂《げんすうぶんれつ》では、2回《かい》連続《れんぞく》して分裂《ぶんれつ》することで、分裂前《ぶんれつまえ》の半《はん》分《ぶん》である23本《ぼん》の染色体《せんしょくたい》をもった細胞《さいぼう》ができます。この23本《ぼん》にふくまれる情報《じょうほう》がゲノム（↓56ページ）です。

23本《ぼん》の染色体《せんしょくたい》をもった生殖細胞《せいしょくさいぼう》を、母親《ははおや》と父親《ちちおや》のそれぞれからもらうことで、子《こ》どもは46本《ぽん》の染色体《せんしょくたい》がある細胞《さいぼう》をもって生《う》まれてきます。両親《りょうしん》の遺伝《いでん》情報《じょうほう》を受《う》けつぐことができる、よくできたしくみですね！

減数分裂《げんすうぶんれつ》

減数分裂《げんすうぶんれつ》は親《おや》から子《こ》へ遺伝情《いでんじょう》報《ほう》を受《う》け渡《わた》す役割《やくわり》をになう。

オレのきれいな青色《あおいろ》は父《とう》ちゃん、カッコいい耳《みみ》は母《かあ》ちゃんゆずりだぜ

ウーさんの家族《かぞく》に会《あ》ってみたーい！

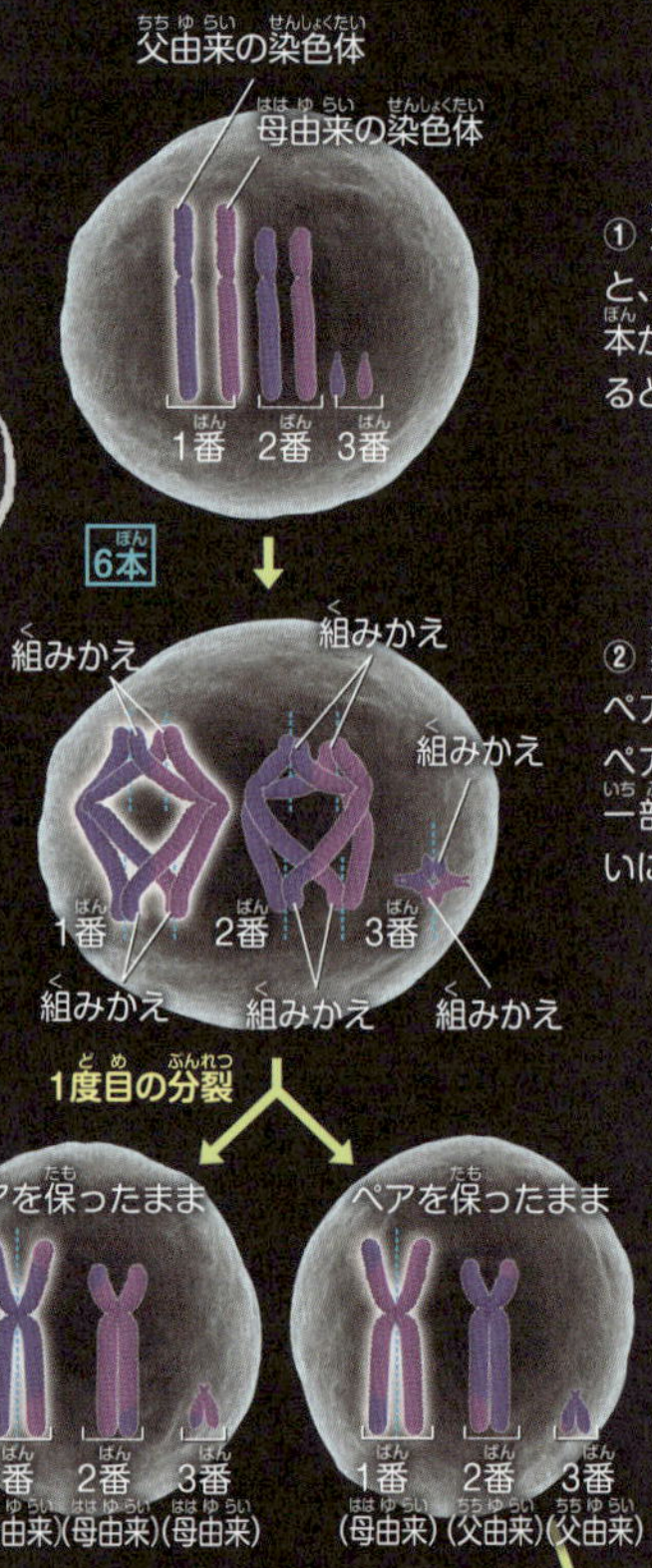

父由来《ちちゆらい》の染色体《せんしょくたい》
母由来《ははゆらい》の染色体《せんしょくたい》
1番《ばん》 2番《ばん》 3番《ばん》
6本《ほん》
組《く》みかえ
組《く》みかえ
組《く》みかえ
1番《ばん》 2番《ばん》 3番《ばん》
組《く》みかえ
組《く》みかえ
組《く》みかえ
1度目《どめ》の分裂《ぶんれつ》
ペアを保《たも》ったまま
ペアを保《たも》ったまま
1番《ばん》 2番《ばん》 3番《ばん》
(父由来《ちちゆらい》)(母由来《ははゆらい》)(母由来《ははゆらい》)
1番《ばん》 2番《ばん》 3番《ばん》
(母由来《ははゆらい》)(父由来《ちちゆらい》)(父由来《ちちゆらい》)
2度目《どめ》の分裂《ぶんれつ》
2度目《どめ》の分裂《ぶんれつ》

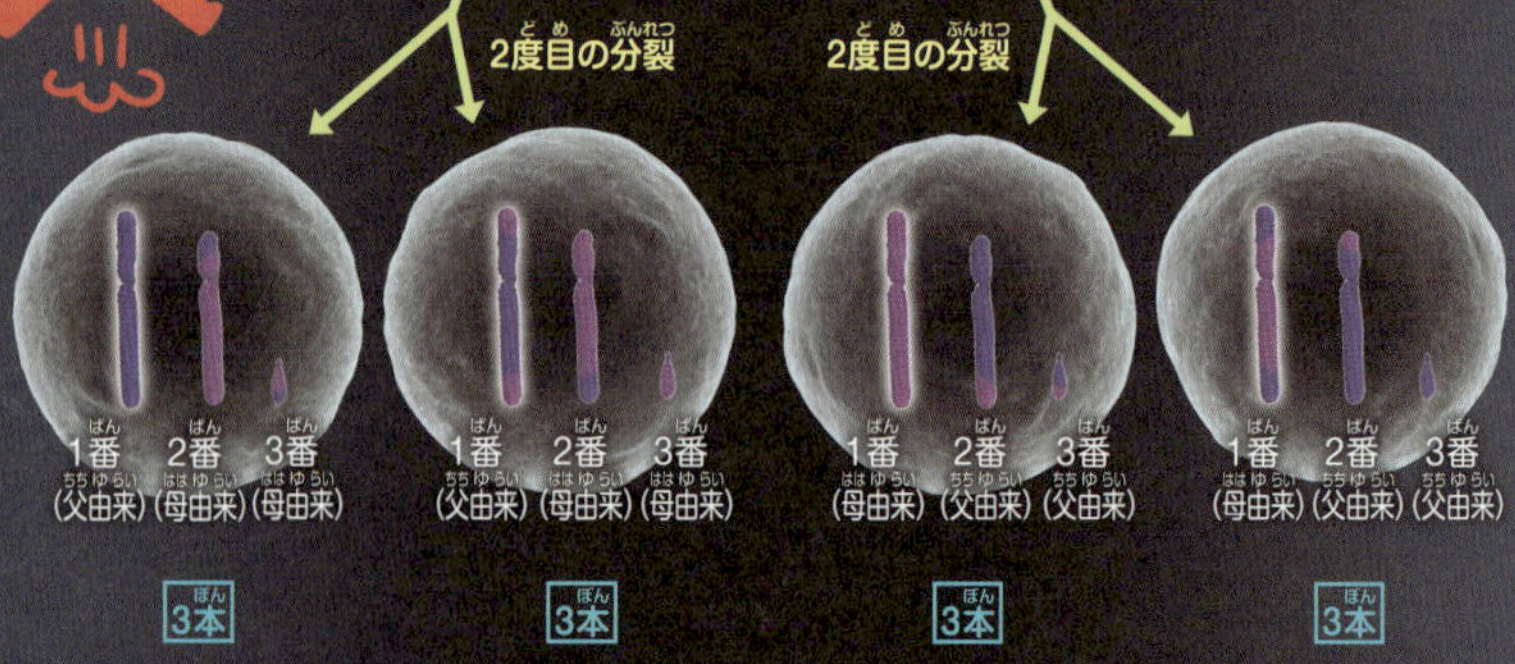

1番《ばん》 2番《ばん》 3番《ばん》
(父由来《ちちゆらい》)(母由来《ははゆらい》)(母由来《ははゆらい》)
1番《ばん》 2番《ばん》 3番《ばん》
(父由来《ちちゆらい》)(母由来《ははゆらい》)(母由来《ははゆらい》)
1番《ばん》 2番《ばん》 3番《ばん》
(母由来《ははゆらい》)(父由来《ちちゆらい》)(父由来《ちちゆらい》)
1番《ばん》 2番《ばん》 3番《ばん》
(母由来《ははゆらい》)(父由来《ちちゆらい》)(父由来《ちちゆらい》)
3本《ほん》
3本《ほん》
3本《ほん》
3本《ほん》

① 父親由来《ちちおやゆらい》の染色体《せんしょくたい》3本《ぼん》と、母親由来《ははおやゆらい》の染色体《せんしょくたい》3本《ぼん》からなる3種類《しゅるい》6本《ぽん》があるとする。

② 染色体《せんしょくたい》がコピーされ、ペアになる。父親由来《ちちおやゆらい》のペアと母親由来《ははおやゆらい》のペアが一部《いちぶ》を組《く》みかえて、たがいにつながる。

③すべての染色体《せんしょくたい》が②の青《あお》い点線《てんせん》で分《わ》かれたあと、分裂《ぶんれつ》してできた2つの細胞《さいぼう》に、ペアを保《たも》ったまま同《おな》じ種類《しゅるい》の染色体《せんしょくたい》がランダムに分配《ぶんぱい》される。

④ ペアが1本《ぽん》ずつ分離《ぶんり》し、2度目《どめ》の分裂《ぶんれつ》でできた2つの細胞《さいぼう》にそれぞれ分配《ぶんぱい》される。その結果《けっか》、染色体《せんしょくたい》は3種類《しゅるい》3本《ぼん》になり、数《かず》が半分《はんぶん》に減《へ》る。

もっと知《し》りたい

染色体《せんしょくたい》の数《かず》は動物《どうぶつ》によってちがう。ヒトは46本《ぽん》だが、ネコは38本《ぽん》、イヌは78本《ぽん》。

やすみじかん

子孫《しそん》を残《のこ》せなかったヒョウとライオンのミックス

基本的《きほんてき》には、ちがう動物《どうぶつ》どうしの間《あいだ》に子《こ》どもは生《う》まれませんが、染色体《せんしょくたい》の数《かず》が同《おな》じで、DNAの塩基《えんき》（→54ページ）のならびかたが似《に》ている動物《どうぶつ》どうしでは子《こ》どもが生《う》まれることがあります。

かつて、オスのヒョウとメスのライオン(どちらも染色体《せんしょくたい》の数《かず》は38本《ほん》)の間《あいだ》に「レオポン」という動物《どうぶつ》が誕生《たんじょう》したことがあります。

ただし、レオポンは新《あら》たに子《こ》どもをつくれず、子孫《しそん》を残《のこ》すことはできませんでした。理《り》由《ゆう》は、前《まえ》のページで紹介《しょうかい》した減数分裂《げんすうぶんれつ》がうまくいかなかったためと考《かんが》えられています。

レオポンが受《う》けついだヒョウ(父《ちち》)とライオン(母《はは》)に由来《ゆらい》する染色体《せんしょくたい》は、塩基《えんき》のならびかたが大《おお》きくことなるため、染色体《せんしょくたい》が正《ただ》しく分《ぶん》配《ぱい》されなかったようです。

このほか、染色体《せんしょくたい》の数《かず》は少《すこ》しちがいますが、オスのロバ（染色体《せんしょくたい》62本《ほん》）とメスのウマ（染色体《せんしょくたい》64本《ほん》）をかけ合《あ》わせた「ラバ」(染色体《せんしょくたい》63本《ほん》）も生《う》まれています。

しかし、ラバもやはり次世代《じせだい》をつくることはできません。「自然《しぜん》のしくみに反《はん》するので、ちがう動物《どうぶつ》どうしをかけ合《あ》わせるべきではない」という意見《いけん》もあります。

日本《にほん》のレオポンは、兵庫県《ひょうごけん》にあったレジャー施設《しせつ》「阪《はん》神《しん》パークで」で1961年《ねん》までに5頭《とう》(オス2頭《とう》・メス3頭《とう》)が生《う》まれたが、子孫《しそん》を残《のこ》すことはなかった。5頭《とう》とも体《からだ》の模様《もよう》などはヒョウに似《に》ていた。全長《ぜんちょう》は2.3メートルをこえ、体重《たいじゅう》は100～135キログラムだった。

ちょっと考《かん》えちゃうね～

DNAを2つの細胞《さいぼう》に分《わ》けるしくみ

ここでは、細胞分裂《さいぼうぶんれつ》のときに染色体《せんしょくたい》が分配《ぶんぱい》されるしくみをみていきます。

まず、細胞《さいぼう》の両端《りょうたん》から細《ほそ》い管《くだ》がいくつものびます。この管《くだ》にはキネシンというタンパク質《しつ》がついていて、これが染色体《せんしょくたい》を動《うご》かして、中央《ちゅうおう》に整列《せいれつ》させます。この構造《こうぞう》を「紡錘体《ぼうすいたい》」といいます。

染色体《せんしょくたい》は、分裂《ぶんれつ》が始《はじ》まる前《まえ》にコピーがつくられており、コピーされた2本《ほん》(染色分体《せんしょくぶんたい》)がコヒーシンというタンパク質《しつ》でつなぎとめられています。

染色体《せんしょくたい》が紡錘体《ぼうすいたい》の中央《ちゅうおう》に整列《せいれつ》して準《じゅん》備《び》がととのうと、コヒーシンがはずれ、染色体《せんしょくたい》のペアの2本《ほん》がそれぞれ逆《ぎゃく》の方向《ほうこう》へ引《ひ》きはなされます。そして、紡錘体《ぼうすいたい》の管《くだ》は端《はし》からこわれて短《みじか》くなっていきます。

このとき、染色体《せんしょくたい》と管《くだ》がつながった部分《ぶぶん》は引《ひ》っぱられていく方向《ほうこう》へスライドしていき、染色体《せんしょくたい》が「く」の字《じ》になって移動《いどう》します。こうして、染色体《せんしょくたい》は2つの細胞《さいぼう》へ均等《きんとう》に分配《ぶんぱい》されるのです。

きれいに半分《はんぶん》こ!

染色体《せんしょくたい》の整列《せいれつ》

卵母細胞《らんぼさいぼう》を例《れい》に、紡錘体《ぼうすいたい》の構造《こうぞう》をえがいた。染色体《せんしょくたい》は、キネシンなどのはたらきで中央《ちゅうおう》に整列《せいれつ》する。なお、微小管《びしょうかん》の太《ふと》さやキネシンの大《おお》きさ、卵母細胞《らんぼさいぼう》に対《たい》する体細胞《たいさいぼう》の大《おお》きさなどは誇張《こちょう》している。

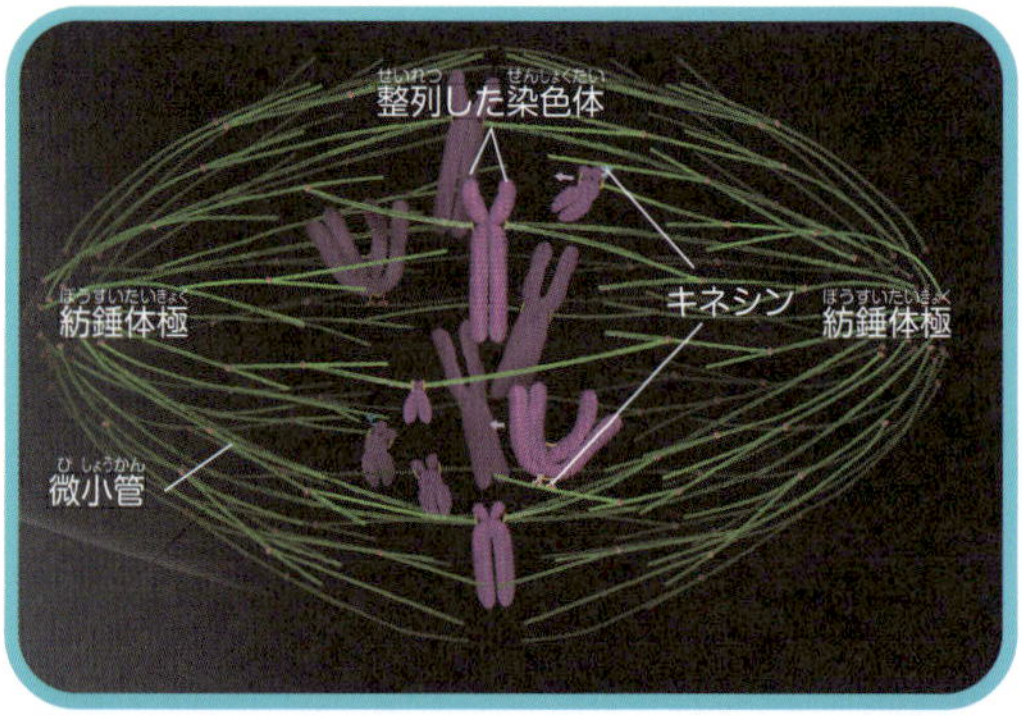

整列《せいれつ》した染色体《せんしょくたい》
キネシン
紡錘体極《ぼうすいたいきょく》
紡錘体極《ぼうすいたいきょく》
微小管《びしょうかん》

染色体《せんしょくたい》の分離《ぶんり》のしくみ

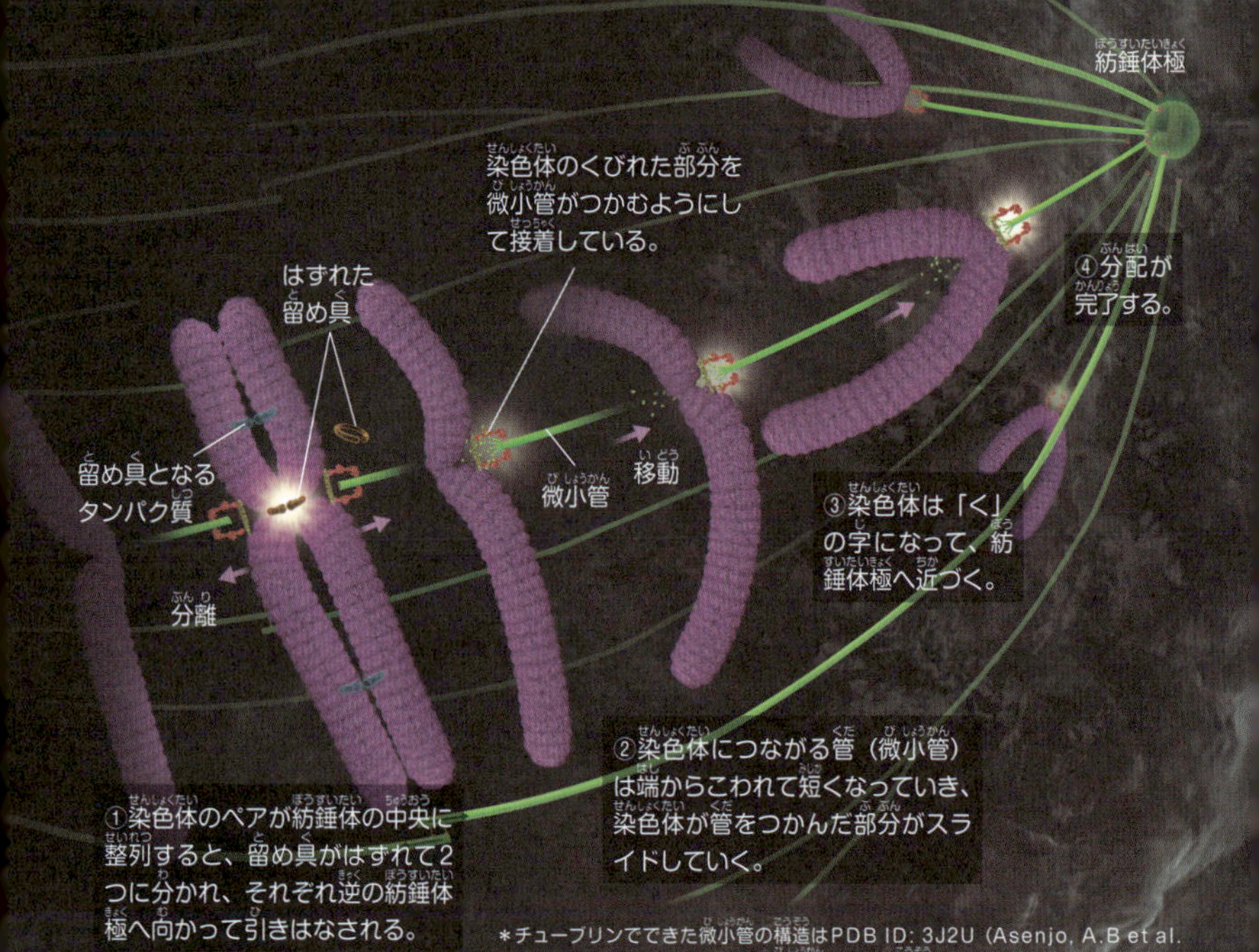

紡錘体極《ぼうすいたいきょく》
染色体《せんしょくたい》のくびれた部分《ぶぶん》を微小管《びしょうかん》がつかむようにして接着《せっちゃく》している。
はずれた留《と》め具《ぐ》
④分配《ぶんぱい》が完了《かんりょう》する。
留《と》め具《ぐ》となるタンパク質《しつ》
移動《いどう》
微小管《びしょうかん》
③染色体《せんしょくたい》は「く」の字《じ》になって、紡錘体極《ぼうすいたいきょく》へ近《ちか》づく。
分離《ぶんり》
②染色体《せんしょくたい》につながる管《くだ》（微小管《びしょうかん》）は端《はし》からこわれて短《みじか》くなっていき、染色体《せんしょくたい》が管《くだ》をつかんだ部分《ぶぶん》がスライドしていく。
①染色体《せんしょくたい》のペアが紡錘体《ぼうすいたい》の中央《ちゅうおう》に整列《せいれつ》すると、留《と》め具《ぐ》がはずれて2つに分《わ》かれ、それぞれ逆《ぎゃく》の紡錘体《ぼうすいたい》極《きょく》へ向《む》かって引《ひ》きはなされる。

＊チューブリンでできた微小管《びしょうかん》の構造《こうぞう》はPDB ID: 3J2U（Asenjo, A.B et al.(2013) Cell Rep 3: 759-768)、微小管《びしょうかん》をつかむ構造《こうぞう》はPDB ID: 5TD8（Valverde, R. et al.(2016) Cell Rep 17: 1915-1922）をそれぞれ元《もと》に作成《さくせい》した。

もっと知《し》りたい

キネシンは、微小管《びしょうかん》の上《うえ》を“あし”を使《つか》って歩《ある》くように移動《いどう》するという。

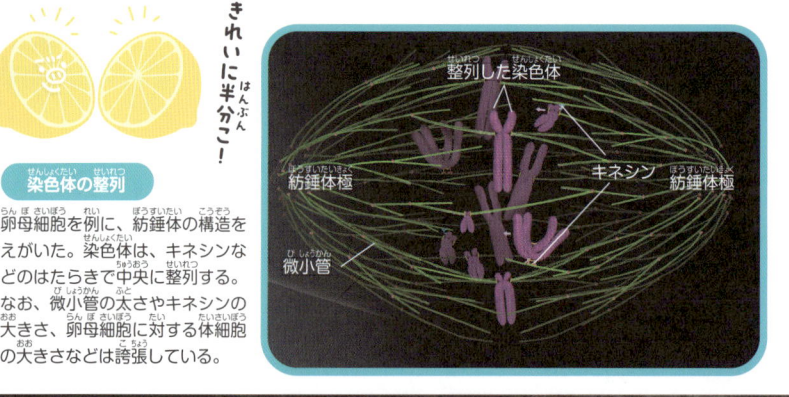

09 細胞《さいぼう》は何回《なんかい》でも分裂《ぶんれつ》できるわけではない

とてもよくできたしくみで分裂《ぶんれつ》をくり返《かえ》す細胞《さいぼう》たち。でも、それはずっとつづくわけではありません。細胞《さいぼう》が分裂《ぶんれつ》する回数《かいすう》には限《かぎ》りがあり、せいぜい20回《かい》、多《おお》くても50回程度《かいていど》といわれています。

このことは、電車《でんしゃ》やバスの回数《かいすう》券《けん》にたとえられます。細胞《さいぼう》が回数《かいすう》券《けん》を使《つか》いきると、もう分裂《ぶんれつ》できなくなるというわけです。

この〝回数券《かいすうけん》〟にあたるのが、

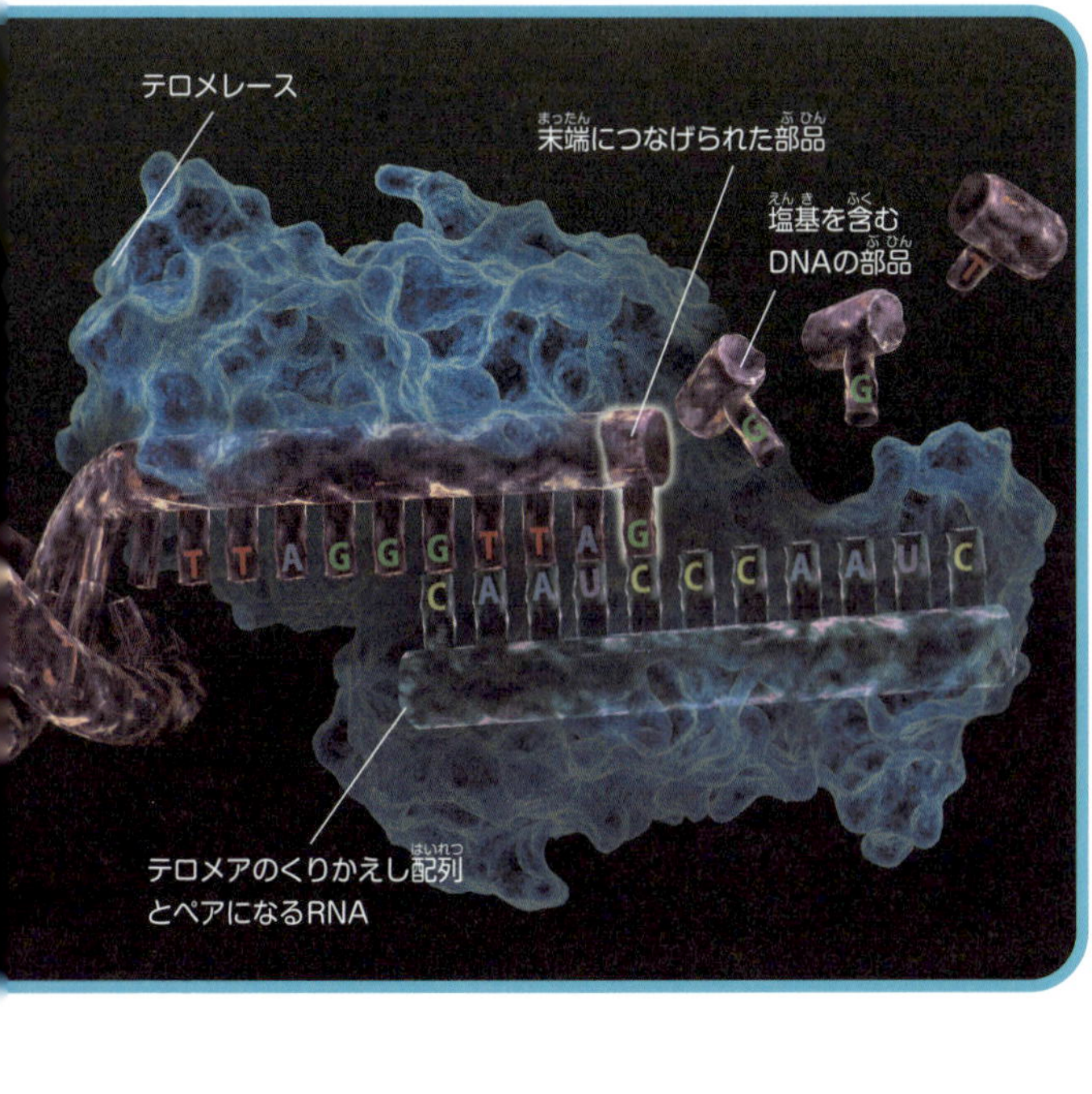
テロメレース
末端《まったん》につなげられた部品《ぶひん》
塩基《えんき》を含《ふく》むDNAの部品《ぶひん》
TTAGGGTTAG
CAAUCCCAAUC
テロメアのくりかえし配列《はいれつ》とペアになるRNA

DNAの端《はし》にある「テロメア」という部分《ぶぶん》です。テロメアは、分裂《ぶんれつ》のたびに短《みじか》くなっていき、もうこれ以上短《いじょうみじか》くなれないと細胞分裂《さいぼうぶんれつ》は止《と》まるというわけです。

その一方《いっぽう》で、おそろしい病気《びょうき》の原因《げんいん》となる「がん細胞《さいぼう》」は、際限《さいげん》なく分裂《ぶんれつ》をつづけます。

がん細胞《さいぼう》には、テロメアの長《なが》さをのばす「テロメレース(テロメラーゼ)」という酵素《こうそ》が過剰《かじょう》にはたらいています。だから、いくら分裂《ぶんれつ》をくりかえしてもテロメアが短《みじか》くなりません。

テロメアをのばすテロメレース

DNA(紫色《むらさきいろ》)の末端《まったん》にテロメレース(青色《あおいろ》)がくっついて、テロメアをのばすイメージ。テロメレースは、血液《けつえき》や皮膚《ひふ》をつくる「幹細胞《かんさいぼう》(→158ページ)」などで活発《かっぱつ》にはたらき、上限《じょうげん》をこえて細胞《さいぼう》を分裂《ぶんれつ》させる。がん細胞《さいぼう》では過剰《かじょう》にはたらき、体《からだ》に機能不全《きのうふぜん》をおこす。

若《わか》い人《ひと》のほうが
お年寄《としよ》りよりも
テロメアは長《なが》いよ

もっと知《し》りたい

「テロメア」は、ギリシャ語《ご》の「末端《まったん》(telos)」「部分《ぶぶん》(meros)」が由来《ゆらい》。

10 勝手《かって》にふえつづけてしまう「がん」の細胞《さいぼう》

ここでは、がん細胞《さいぼう》についてくわしく触《ふ》れていきます。

本来《ほんらい》、細胞《さいぼう》は必要《ひつよう》なときに必要《ひつよう》なだけふえるように調節《ちょうせつ》されています。たとえば、体《からだ》を成長《せいちょう》させたり、傷《きず》を治《なお》さなければならないとき、細胞《さいぼう》はたくさん分裂《ぶんれつ》をくり返《かえ》して、必要《ひつよう》な細胞《さいぼう》を補《おぎな》います。その一方《いっぽう》で、すでに完成《かんせい》している臓器《ぞうき》をそのままの大《おお》きさに保《たも》っておくためには、細胞《さいぼう》はある程度《ていど》ふえないようにしなければなりません。

ところが、がん細胞《さいぼう》は、分裂《ぶんれつ》をうながす遺伝子《いでんし》や、分裂《ぶんれつ》をおさえるようにはたらく遺伝子《いでんし》に突然変異《とつぜんへんい》がおきます。その結果《けっか》、ところかまわずふえつづけてしまうのです。

がん細胞《さいぼう》は、むだに分裂《ぶんれつ》して栄養《えいよう》をたくさん使《つか》ったり、正常《せいじょう》な細胞《さいぼう》のいるべき場所《ばしょ》を奪《うば》って組織《そしき》や器官《きかん》を破壊《はかい》したりします。だから、がん細胞《さいぼう》がふえると、生《い》きるのに必要《ひつよう》な体《からだ》の機能《きのう》がはたらかなくなってしまうのです。

細胞《さいぼう》の細胞周《さいぼうしゅう》期《き》

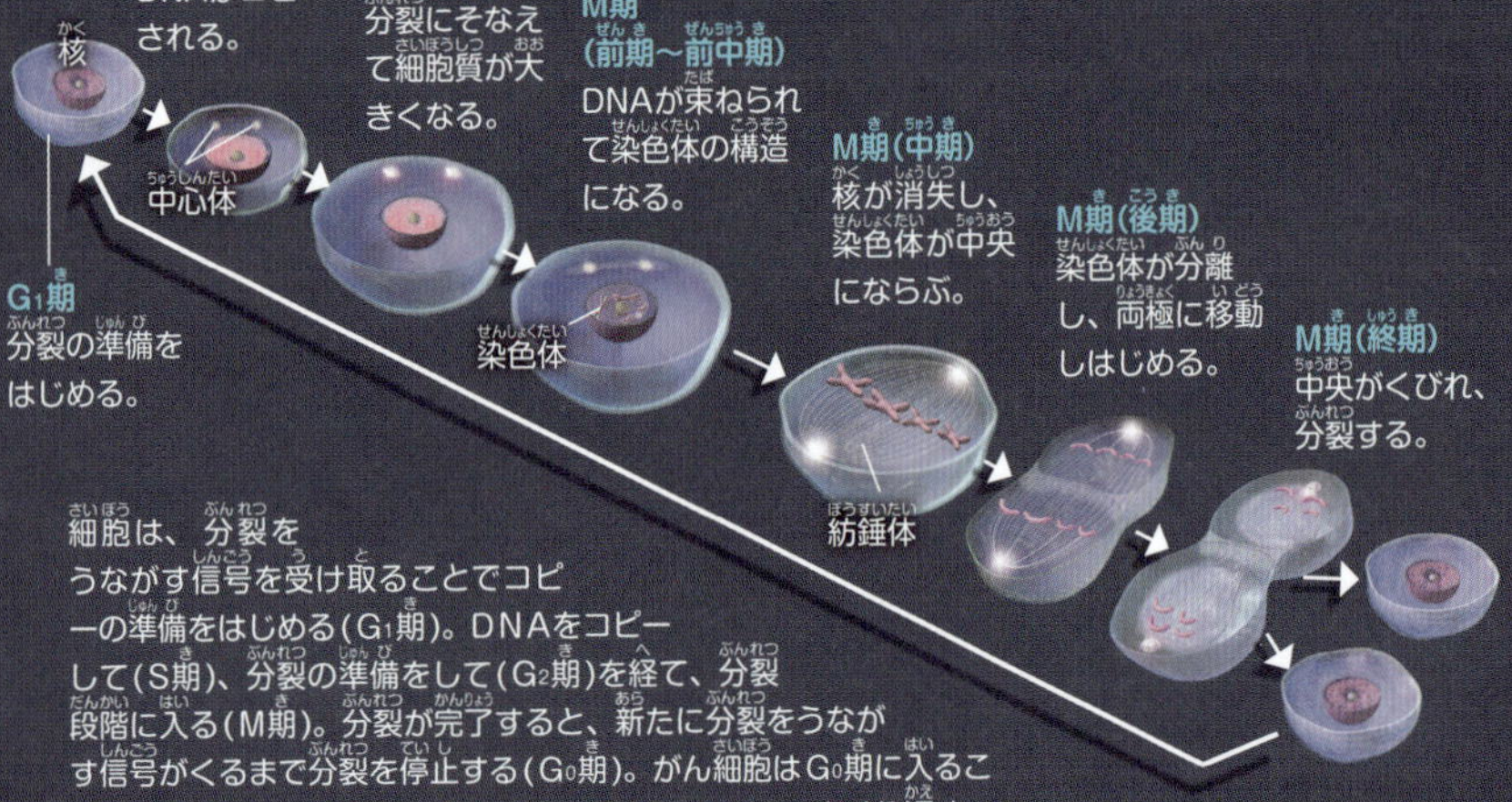

S期《き》
DNAがコピーされる。
G$_2$期《き》
分裂《ぶんれつ》にそなえて細胞質《さいぼうしつ》が大《おお》きくなる。
M期《き》
（前《ぜん》期《き》～前中《ぜんちゅう》期《き》）
DNAが束《たば》ねられて染色体《せんしょくたい》の構造《こうぞう》になる。
M期《き》（中《ちゅう》期《き》）
核《かく》が消失《しょうしつ》し、染色体《せんしょくたい》が中央《ちゅうおう》にならぶ。
M期《き》（後《こう》期《き》）
染色体《せんしょくたい》が分離《ぶんり》し、両極《りょうきょく》に移動《いどう》しはじめる。
M期《き》（終《しゅう》期《き》）
中央《ちゅうおう》がくびれ、分裂《ぶんれつ》する。
核《かく》
中心体《ちゅうしんたい》
染色体《せんしょくたい》
紡錘体《ぼうすいたい》
G$_1$期《き》
分裂《ぶんれつ》の準備《じゅんび》をはじめる。

細胞《さいぼう》は、分裂《ぶんれつ》をうながす信号《しんごう》を受《う》け取《と》ることでコピーの準備《じゅんび》をはじめる（G$_1$期《き》）。DNAをコピーして（S期《き》）、分裂《ぶんれつ》の準備《じゅんび》をして（G$_2$期《き》）を経《へ》て、分裂《ぶんれつ》段階《だんかい》に入《はい》る（M期《き》）。分裂《ぶんれつ》が完了《かんりょう》すると、新《あら》たに分裂《ぶんれつ》をうながす信号《しんごう》がくるまで分裂《ぶんれつ》を停止《ていし》する（G$_0$期《き》）。がん細胞《さいぼう》はG$_0$期《き》に入《はい》ることなく「G$_1$ → S → G$_2$ → M → G$_1$...」というサイクルをくり返《かえ》す。

がんは遺伝子《いでんし》の病気《びょうき》

がんは、DNAの傷《きず》が蓄積《ちくせき》された結果発生《けっかはっせい》します。DNAを傷《きず》つける原因《げんいん》としては、ある種《しゅ》のウイルスや紫外線《しがいせん》などがあげられます。また、煙草《たばこ》の煙《けむり》に含《ふく》まれる「ベンツピレン」や、ある種《しゅ》のカビがつくる「アフラトキシン」などは「発《はつ》がん性物《せいぶつ》質《しつ》」とよばれ、遺伝子《いでんし》に変異《へんい》をおこします。

がんの原因《げんいん》はよくわかっていないことも多《おお》いよ

もっと知《し》りたい

ベンツピレンは肺《はい》がん、アフラトキシンは肝臓《かんぞう》がんを引《ひ》きおこす。

11 DNAを傷《きず》つけて細胞《さいぼう》に年《とし》を取《と》らせるもの

ミトコンドリア（↓36ページ）がエネルギーをつくる途中《とちゅう》で出《で》る「活性酸素《かっせいさんそ》」は、体内《たいない》に侵入《しんにゅう》した病原菌《びょうげんきん》の攻撃《こうげき》から体《からだ》を守《まも》ってくれる頼《たの》もしい存在《そんざい》です。

しかし、ふえすぎると、タンパク質《しつ》やDNAを攻撃《こうげき》して傷《きず》つける、細胞《さいぼう》にとって非常《ひじょう》にやっかいなものになります。細胞《さいぼう》に傷《きず》がふえると、機能《きのう》が低下《ていか》して老化《ろうか》をまねいたり、さまざまな病気《びょうき》を引《ひ》きおこしたりします。DNAを傷《きず》つけられると、細胞《さいぼう》はがん細胞《さいぼう》になってしまうこともあります。

このため、細胞《さいぼう》は活性酸素《かっせいさんそ》から身《み》を守《まも》るための秘密兵器《ひみつへいき》をもっています。それは「抗酸化物質《こうさんかぶっしつ》」という、活性酸素《かっせいさんそ》を無力化《むりょくか》する酵素《こうそ》です。また、酵素《こうそ》ではありませんが、ビタミンC・Eやポリフェノール、カロテノイドなども抗酸化物質《こうさんかぶっしつ》としてはたらきます。どれも食《た》べ物《もの》からとれる栄養《えいよう》で、活性酸素《かっせいさんそ》の発生《はっせい》やはたらきをおさえます。

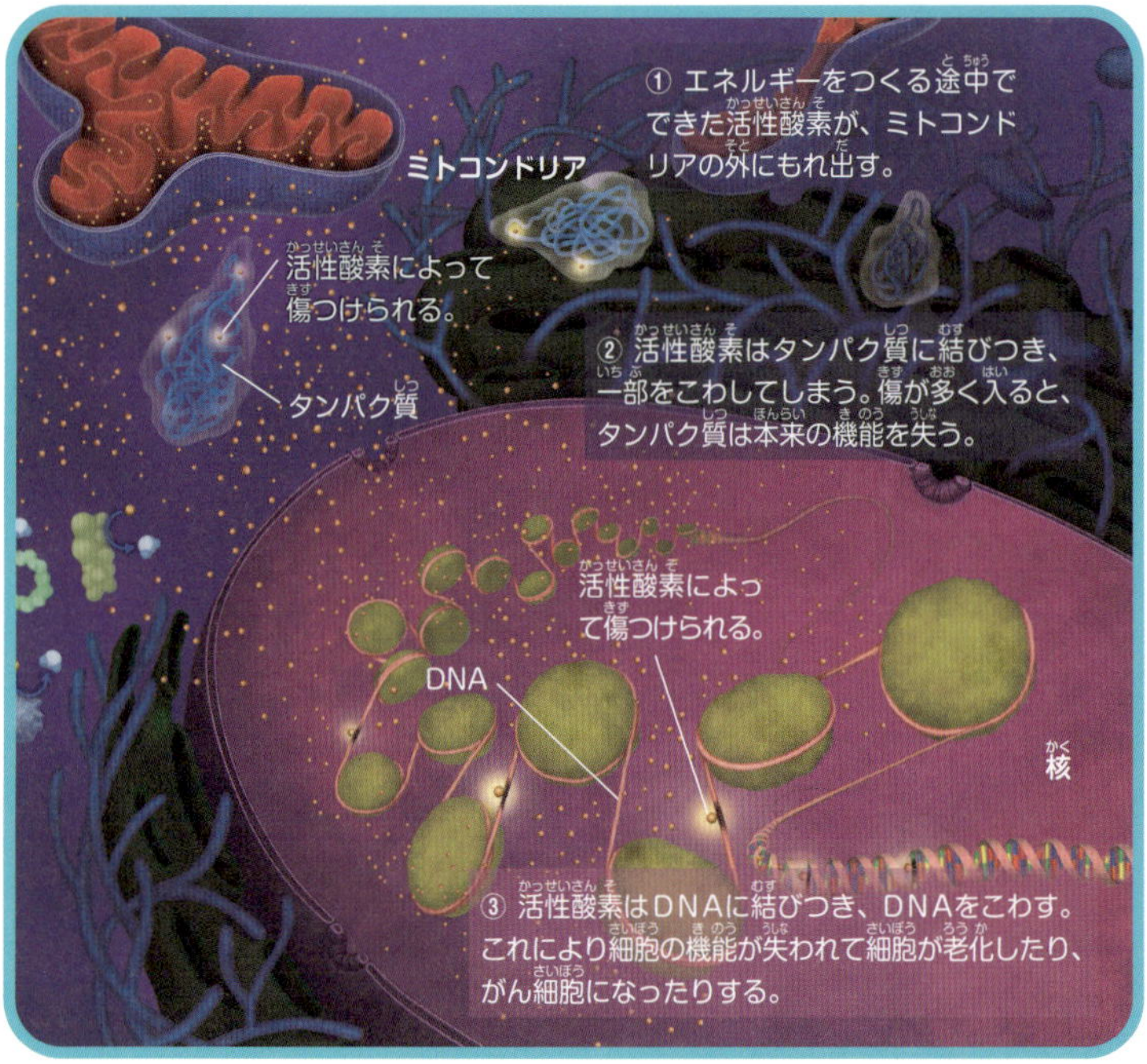
① エネルギーをつくる途中《とちゅう》でできた活性酸素《かっせいさんそ》が、ミトコンドリアの外《そと》にもれ出《だ》す。
ミトコンドリア
活性酸素《かっせいさんそ》によって傷《きず》つけられる。
タンパク質《しつ》
② 活性酸素《かっせいさんそ》はタンパク質《しつ》に結《むす》びつき、一部《いちぶ》をこわしてしまう。傷《きず》が多《おお》く入《はい》ると、タンパク質《しつ》は本来《ほんらい》の機能《きのう》を失《うしな》う。
活性酸素《かっせいさんそ》によって傷《きず》つけられる。
DNA
核《かく》
③ 活性酸素《かっせいさんそ》はDNAに結《むす》びつき、DNAをこわす。これにより細胞《さいぼう》の機能《きのう》が失《うしな》われて細胞《さいぼう》が老化《ろうか》したり、がん細胞《さいぼう》になったりする。

サプリで知《し》られる「コエンザイムQ10」

抗酸化物質《こうさんかぶっしつ》の1つである「コエンザイムQ10」は、ビタミンと同様《どうよう》のはたらきをして、ビタミンを助《たす》ける物質《ぶっしつ》です。強《つよ》い抗酸化力《こうさんかりょく》があり、老化《ろうか》を防《ふせ》ぐサプリとして知《し》られていますが、イワシ、サバ、牛《ぎゅう》肉《にく》などにも多《おお》くふくまれています。

食事でも
とれるのかよ～

もっと知《し》りたい

ビタミンCは果物《くだもの》などに、ビタミンEはかぼちゃなどに多《おお》くふくまれる。

やすみじかん

年《とし》を取《と》らない!? ハダカデバネズミ

　アフリカにすむハダカデバネズミという動《どう》物《ぶつ》は、老化《ろうか》せず、がんにもなりにくいという驚《おどろ》くべき特徴《とくちょう》があります。老化《ろうか》した細胞《さいぼう》が体《からだ》にたまらず、人間《にんげん》でいえば20代《だい》の健康状態《けんこうじょうたい》を、一生《いっしょう》の8割《わり》ほども保《たも》つことができるそうです。

　もし、ハダカデバネズミの体《からだ》のひみつがヒトに応用《おうよう》できたら、私《わたし》たちの寿命《じゅみょう》ものびるかもしれません！

表面《ひょうめん》をおおうしわしわの皮膚《ひふ》には毛《け》が生《は》えていないため、体温調節《たいおんちょうせつ》が苦手《にがて》(変温動物《へんおんどうぶつ》)。
17～18種類《しゅるい》の鳴《な》き声《ごえ》を組《く》み合《あ》わせて、コミュニケーションをとる。
小《ちい》さな目《め》は、ほとんど見《み》えない。
大《おお》きな歯《は》を使《つか》って穴《あな》をほる(口《くち》を閉《と》じていても、歯《は》が出《で》てしまう)。

おもしろい動物《どうぶつ》だね～

ネズミなどと同《おな》じ齧歯類《げっしるい》の仲間《なかま》だが、一般的《いっぱんてき》なネズミの寿命《じゅみょう》が3年《ねん》ほどなのに対《たい》し、ハダカデバネズミは30年《ねん》ほども生《い》きる。

3

じかんめ

体《からだ》をつくる細胞《さいぼう》

生《い》き物《もの》の体《からだ》は、ものすごく小《ちい》さな細胞《さいぼう》が集《あつ》まってできています。性能《せいのう》の高《たか》い顕微鏡《けんびきょう》で拡大《かくだい》すれば、細胞《さいぼう》がどんな姿《すがた》をしているか見《み》ることもできます。ここでは、私《わたし》たちの体《からだ》の細胞《さいぼう》を電子顕微鏡《でんしけんびきょう》で撮影《さつえい》した写真《しゃしん》とともに、体《からだ》をつくる細胞《さいぼう》のはたらきを紹介《しょうかい》しています。

01

細胞《さいぼう》の役割《やくわり》はいつ決《き》まるの？

私《わたし》たちヒトをはじめとした動物《どうぶつ》の一《いっ》生《しょう》は、「受精卵《じゅせいらん》」というたった1つの細胞《さいぼう》からはじまります。受精卵《じゅせいらん》は分裂《ぶんれつ》をくりかえしていく途中《とちゅう》で、たとえば骨《ほね》や赤血球《せっけっきゅう》、神経細胞《しんけいさいぼう》など、形《かたち》やはたらきがちがうさまざまな細胞《さいぼう》へと変化《へんか》していきます。

このように、1つ1つの細胞《さいぼう》が、それぞれの役割《やくわり》をもった細胞《さいぼう》になっていくことを「分化《ぶんか》」といいます。私《わたし》たちの体《からだ》は、分化《ぶんか》してそれぞれの職業《しょくぎょう》についた細胞《さいぼう》たちがつくる〝細胞《さいぼう》の社会《しゃかい》〟と考《かんが》えることができるのです。

細胞《さいぼう》はふつう、一度分化《いちどぶんか》すると、二《に》度《ど》ともとの状態《じょうたい》にはもどれません。また、ほかの細胞《さいぼう》になることもできません。たとえば、いったん皮膚《ひふ》の細胞《さいぼう》になってしまえば、その細胞《さいぼう》は赤血球《せっけっきゅう》や神経細胞《しんけいさいぼう》にはなれないのです。このようにして、細胞《さいぼう》はほかの細胞《さいぼう》になる可《か》能性《のうせい》を失《うしな》いながら、自分《じぶん》の役割《やくわり》に特化《とっか》していきます。

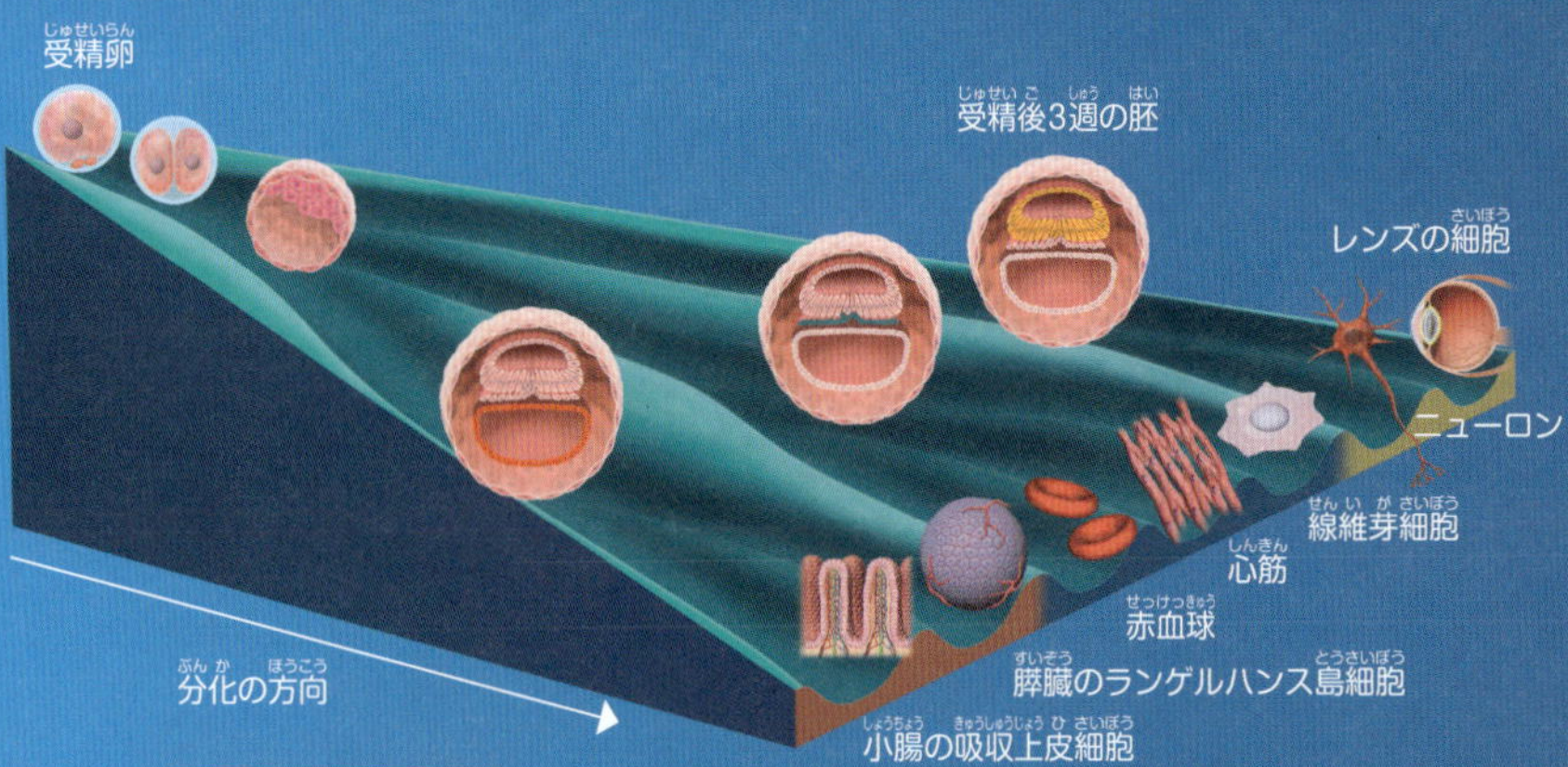
受精卵《じゅせいらん》
受精後《じゅせいご》3週《しゅう》の胚《はい》
レンズの細胞《さいぼう》
ニューロン
線維芽細胞《せんいがさいぼう》
心筋《しんきん》
赤血球《せっけっきゅう》
膵臓《すいぞう》のランゲルハンス島細胞《とうさいぼう》
小腸《しょうちょう》の吸収上皮細胞《きゅうしゅうじょうひさいぼう》
分化《ぶんか》の方向《ほうこう》

細胞《さいぼう》の分化《ぶんか》のしくみ

私《わたし》たちヒトをはじめとした多細胞生物《たさいぼうせいぶつ》では、1個《こ》の受精卵《じゅせいらん》が分裂《ぶんれつ》をくり返《かえ》して、専門的《せんもんてき》なはたらきをもった細胞《さいぼう》に「分化《ぶんか》」していく。これは、受精卵《じゅせいらん》というボールが、いくつもの谷《たに》に分《わ》かれた坂《さか》をころがり落《お》ちていくようすに見立《みた》てることができる。ボールが自然《しぜん》と坂《さか》を登《のぼ》ることがないように、細胞《さいぼう》の分化《ぶんか》も自然《しぜん》には後《あと》もどりできない。また、分化《ぶんか》のすんだ細胞《さいぼう》が、別《べつ》の細胞《さいぼう》にかわることもできない。

細胞《さいぼう》の運命《うんめい》を決《き》めるもの

「どのような細胞《さいぼう》に分化《ぶんか》するか」は、その細胞自身《さいぼうじしん》が決《き》めているのではなく、まわりの細胞《さいぼう》が指令《しれい》を出《だ》すことで決《き》まります。これを「誘導《ゆうどう》」といいます。生《い》き物《もの》の体《からだ》がつくられていくとき、一部《いちぶ》の細胞《さいぼう》の誘導《ゆうどう》によって、となりの部分《ぶぶん》が神経管《しんけいかん》（脳《のう》のもと）になり、さらに神経管《しんけいかん》が誘導《ゆうどう》して、そのとなりを目《め》のレンズに分化《ぶんか》させる、といったことがおきます。こうした「誘導《ゆうどう》の連鎖《れんさ》」により、私《わたし》たちの体《からだ》をつくる約《やく》37兆個《ちょうこ》の細胞《さいぼう》の運命《うんめい》が決《き》まっていくのです。

これが誘導《ゆうどう》のイメージだね
オッケー！
星《ほし》に変身《へんしん》してくれ

もっと知《し》りたい

分化《ぶんか》を誘導《ゆうどう》させる能力《のうりょく》をもつ細胞《さいぼう》は「形成体《けいせいたい》（オーガナイザー）」とよばれる。

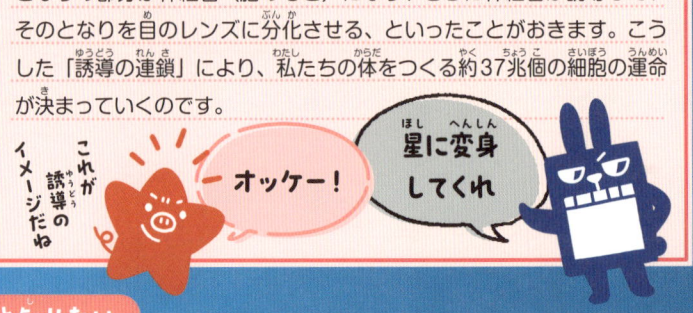

02 顕微鏡《けんびきょう》で細胞《さいぼう》の姿《すがた》を見《み》てみよう

ここからは、「走査電子顕微鏡《そうさでんしけんびきょう》」という特殊《とくしゅ》な電子顕微鏡《でんしけんびきょう》でとらえた、実際《じっさい》の細胞《さいぼう》の姿《すがた》を見《み》ていきます。走査電子顕微鏡《そうさでんしけんびきょう》の画像《がぞう》は、本来《ほんらい》は白黒《しろくろ》ですが、この本《ほん》ではわかりやすく色《いろ》をつけています。また、画像《がぞう》の細胞《さいぼう》はラットなどの動物《どうぶつ》のものもありますが、ヒトの細胞《さいぼう》とほとんど同《おな》じ姿《すがた》をしています。

左《ひだり》ページの上段《じょうだん》は、ミトコンドリア（↓36ページ）です。エネルギーの生産工場《せいさんこうじょう》であるミトコンドリアの内側《うちがわ》のひだをつくる膜《まく》（内膜《ないまく》）には、エネルギーを生《う》み出《だ》すうえで重要《じゅうよう》なはたらきをもつ酵素《こうそ》が埋《う》め込《こ》まれています。

左《ひだり》ページの下段《げだん》は、粗面小胞体《そめんしょうほうたい》（↓32ページ）です。表面《ひょうめん》に砂粒《すなつぶ》のようなものがついた、袋《ふくろ》のような形《かたち》をしていることがわかりますね。この粒《つぶ》の正体《しょうたい》は、タンパク質《しつ》の合成装置《ごうせいそうち》であるリボソームです。ここでタンパク質《しつ》をつくり、ゴルジ体《たい》（↓34ページ）へ送《おく》り出《だ》します。

こんなにハッキリ見《み》えちゃうの!?

ミトコンドリア

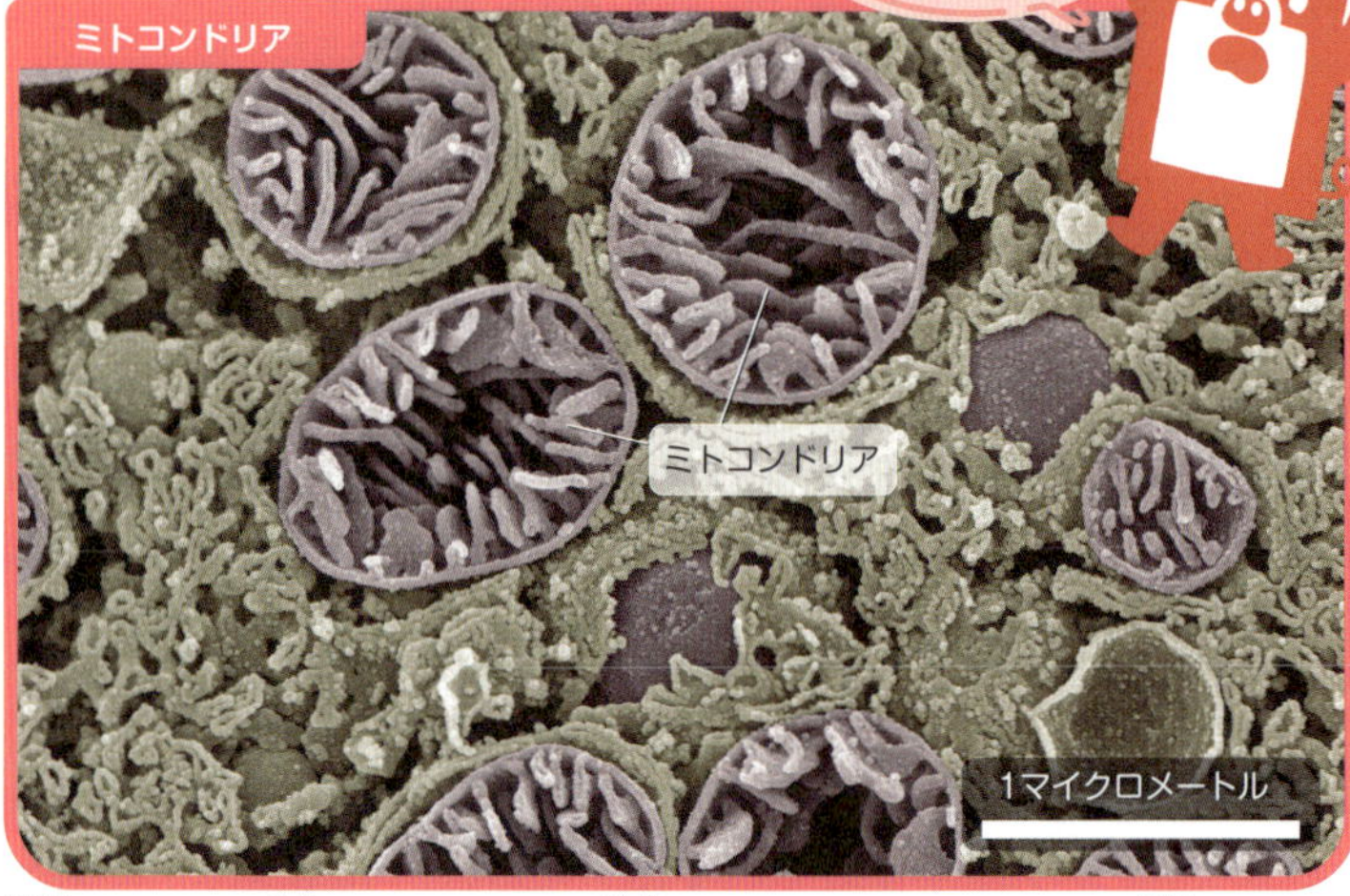
ミトコンドリア
1マイクロメートル

紫色《むらさきいろ》がついている部分《ぶぶん》がミトコンドリア。内側《うちがわ》にたくさん「ひだ」があることが確認《かくにん》できる。この「ひだ」の内側《うちがわ》に、エネルギーを生《う》み出《だ》すための酵素《こうそ》がある。

粗面小胞体《そめんしょうほうたい》

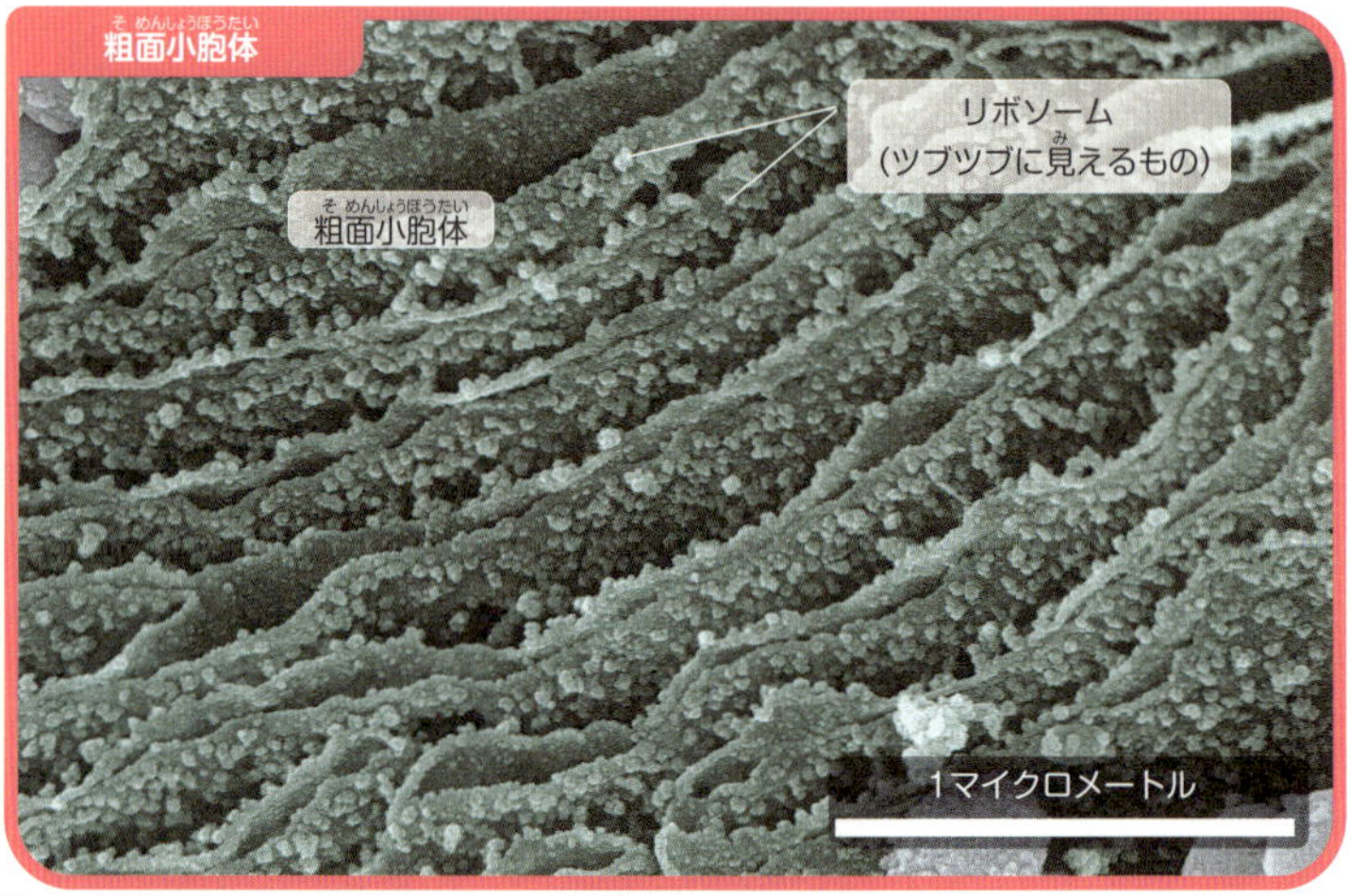
リボソーム
(ツブツブに見《み》えるもの)
粗面小胞体《そめんしょうほうたい》
1マイクロメートル

平《ひら》たい構造《こうぞう》が層《そう》のように重《かさ》なっている。表面《ひょうめん》にびっしりついたツブツブは、タンパク質《しつ》をつくりだす装置《そうち》であるリボソーム。リボソームがついた小胞体《しょうほうたい》を「粗面小胞体《そめんしょうほうたい》」という。

もっと知《し》りたい

リボソームがついていない小胞体《しょうほうたい》もあり、「滑面小胞体《かつめんしょうほうたい》」とよばれる。

03 体《からだ》を動《うご》かす骨《ほね》と筋肉《きんにく》の細胞《さいぼう》

骨《ほね》は、牛乳《ぎゅうにゅう》などからとれるカルシウムでつくられています。ただし、「カルシウム百《ひゃく》パーセントのかたまり」ではありません。実《じつ》は、カルシウムでできたかたい骨《ほね》（骨《こつ》基質《きしつ》）の中《なか》には、「骨細胞《こつさいぼう》」という細胞《さいぼう》がたくさん埋《う》まっています。

骨細胞《こつさいぼう》は、もともと骨《ほね》の表面《ひょうめん》にある「骨芽細胞《こつがさいぼう》」が、周囲《しゅうい》に骨《ほね》をつくりながら、埋《う》もれていったものです。下《した》の写真《しゃしん》のように、骨《ほね》の

骨《ほね》の構造《こうぞう》

骨《ほね》は、血管《けっかん》を中心《ちゅうしん》にバウムクーヘンのような層構造《そうこうぞう》になっている。骨《ほね》の中《なか》には骨細胞《こつさいぼう》が埋《う》まっている。

“はだか”になった骨細胞《こつさいぼう》

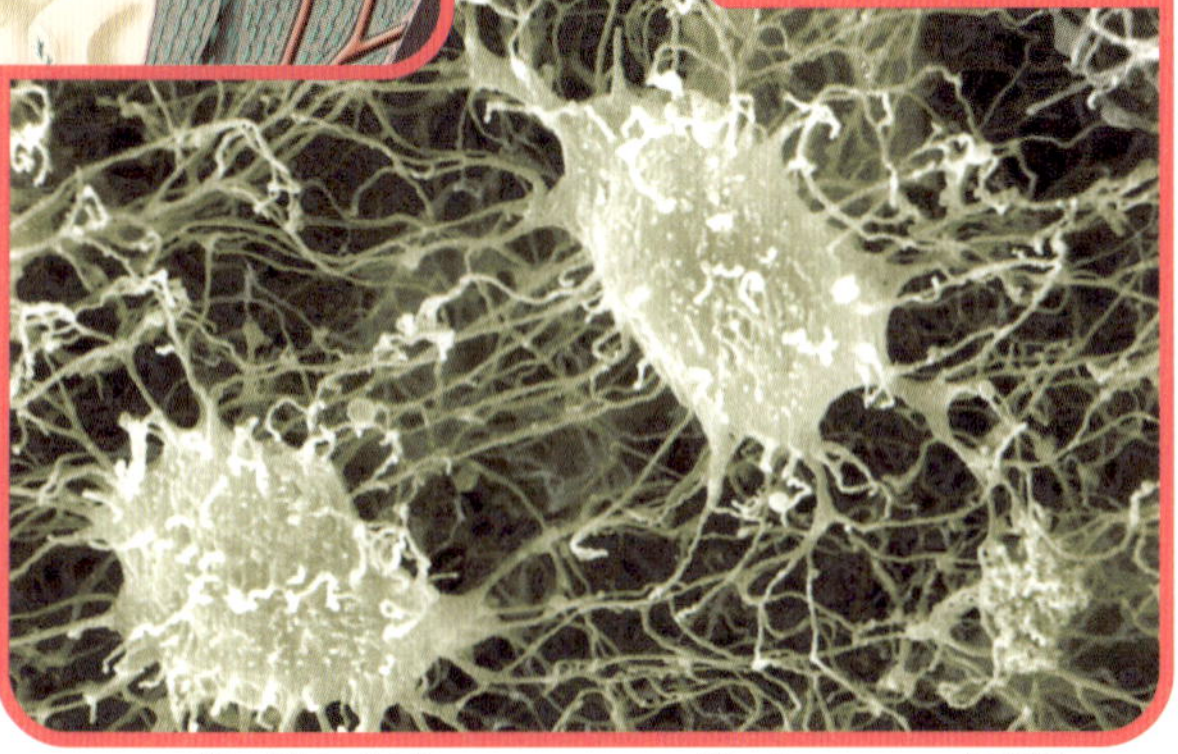

マウスの骨《ほね》を特殊《とくしゅ》な処理《しょり》によってとかし、中《なか》に埋《う》まっていた骨細胞《こつさいぼう》だけ“はだか”にして撮影《さつえい》した写真《しゃしん》。骨細胞《こつさいぼう》は、たくさんの細《こま》かい突起《とっき》をはりめぐらし、となりの細胞《さいぼう》と関《かか》わっている。

中《なか》に細《ほそ》い組織《そしき》をのばしてほかの骨《こつ》細胞《さいぼう》とつながり、連絡《れんらく》をとっています。

筋肉《きんにく》（骨格筋《こっかくきん》）は「筋線維《きんせんい》」という細長《ほそなが》い細胞《さいぼう》の集《あつ》まりです。それぞれの筋線維《きんせんい》には、「筋原線維《きんげんせんい》」というさらに小《ちい》さい繊維《せんい》が詰《つ》まっています。筋原線維《きんげんせんい》のまわりには、筋肉《きんにく》を動《うご》かすためのエネルギーをつくるミトコンドリア（↓36ページ）がならんでいます。筋肉《きんにく》を顕微鏡《けんびきょう》で見《み》ると、筋原線維《きんげんせんい》が規《き》則正《そくただ》しくならんでいるため、しましまに見《み》えます。

骨《ほね》も筋肉《きんにく》も
強《つよ》くしたいよね！

筋線維《きんせんい》

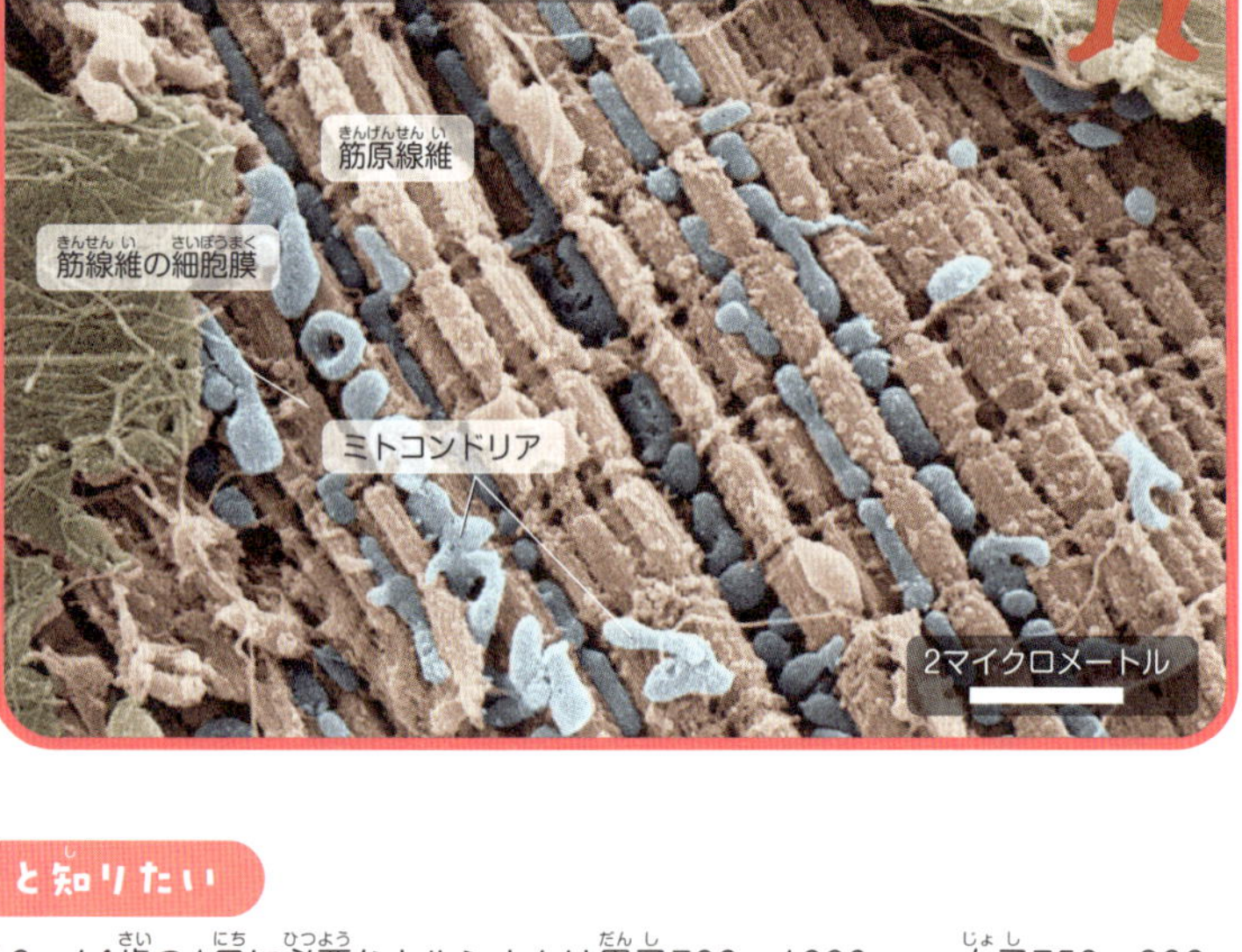
筋原線維《きんげんせんい》
筋線維《きんせんい》の細胞膜《さいぼうまく》
ミトコンドリア
2マイクロメートル

筋肉《きんにく》を構成《こうせい》する細胞《さいぼう》「筋線維《きんせんい》」の細胞膜《さいぼうまく》をはがしたようす。細長《ほそなが》い「筋原線維《きんげんせんい》（オレンジ色《いろ》）」のまわりに、たくさんのミトコンドリア（青色《あおいろ》）がついている。

もっと知《し》りたい

10〜14歳《さい》の1日《にち》に必要《ひつよう》なカルシウムは男子《だんし》700〜1000mg、女子《じょし》750〜800mg。

04 「神経《しんけい》」は体中《からだじゅう》にはりめぐらされた細胞《さいぼう》の電線《でんせん》

神経《しんけい》（末梢神経《まっしょうしんけい》）は、動物《どうぶつ》の体中《からだじゅう》にはりめぐらされた通信網《つうしんもう》です。私《わたし》たちが見《み》たり、聞《き》いたり、触《ふ》れたりした感《かん》覚《かく》などを脳《のう》に伝《つた》えたり、内臓《ないぞう》と連絡《れんらく》を取《と》り合《あ》って必要《ひつよう》なホルモンを分泌《ぶんぴつ》したりなど、生命活動《せいめいかつどう》に欠《か》かせないはたらきをします。

神経《しんけい》は、神経細胞《しんけいさいぼう》（ニューロン）がつながってできています。神経細胞《しんけいさいぼう》には、「軸索《じくさく》」という長《なが》くのびた部分《ぶぶん》があり、電気信号《でんきしんごう》が通《とお》る電線《でんせん》（導線《どうせん》）の役割《やくわり》を果《は》たしています。

中《なか》には、軸索《じくさく》のまわりに細胞《さいぼう》が巻《ま》きついて太《ふと》い〝鞘《さや》〟（髄鞘《ずいしょう》）をつくっているものもあり、軸索《じくさく》に髄鞘《ずいしょう》がある場合《ばあい》は「有髄神経線維《ゆうずいしんけいせんい》」、ない場合《ばあい》は「無《む》髄神経線維《ずいしんけいせんい》」とよばれます。

有髄神経線維《ゆうずいしんけいせんい》は、無髄神経線維《むずいしんけいせんい》より情報《じょうほう》の伝達《でんたつ》が速《はや》くなります。鉄道《てつどう》でたとえるなら、普通列車《ふつうれっしゃ》と特急列車《とっきゅうれっしゃ》の両《りょう》方《ほう》の路線《ろせん》が、体《からだ》を走《はし》っているようなものなのです。

有髄神経線維《ゆうずいしんけいせんい》と髄鞘《ずいしょう》（シュワン細胞《さいぼう》）

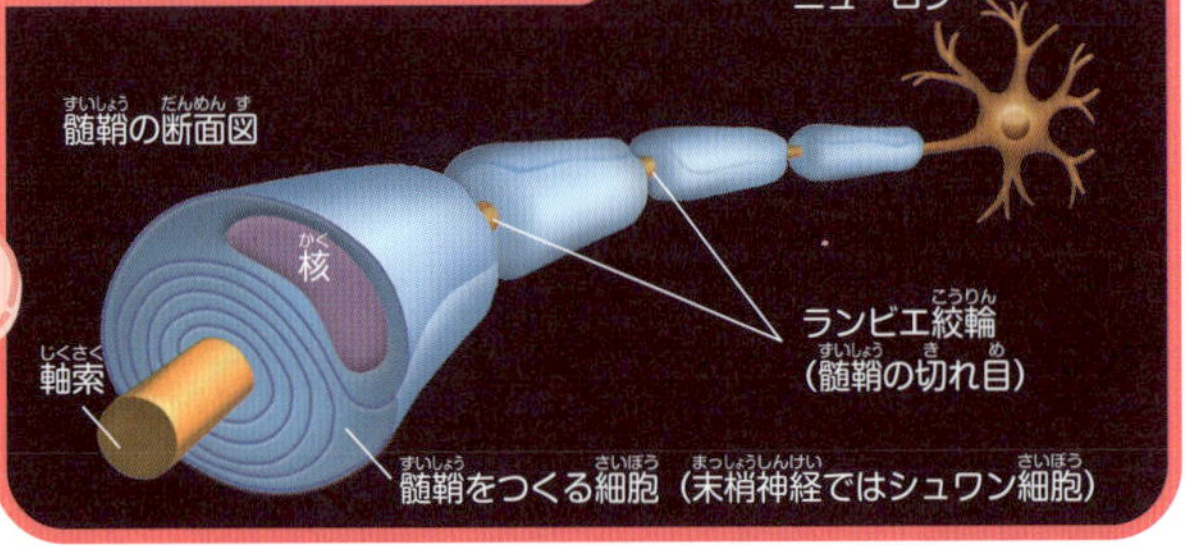
ニューロン
髄鞘《ずいしょう》の断面図《だんめんず》
核《かく》
軸索《じくさく》
ランビエ絞輪《こうりん》
（髄鞘《ずいしょう》の切《き》れ目《め》）
髄鞘《ずいしょう》をつくる細胞《さいぼう》（末梢神経《まっしょうしんけい》ではシュワン細胞《さいぼう》）

パソコンの
通信《つうしん》みたいだね

神経細胞《しんけいさいぼう》の軸索《じくさく》に、“鞘《さや》”（髄鞘《ずいしょう》）があるものを「有髄神経線維《ゆうずいしんけいせんい》」という。髄鞘《ずいしょう》にはところどころに切《き》れ目《め》があり、その部分《ぶぶん》は「ランビエ絞輪《こうりん》」とよばれる。有髄神経線維《ゆうずいしんけいせんい》では、電気信号《でんきしんごう》がランビエ絞輪《こうりん》を飛《と》び飛《と》びに伝《つた》っていくので、伝達速度《でんたつそくど》が速《はや》くなる。

末梢神経《まっしょうしんけい》

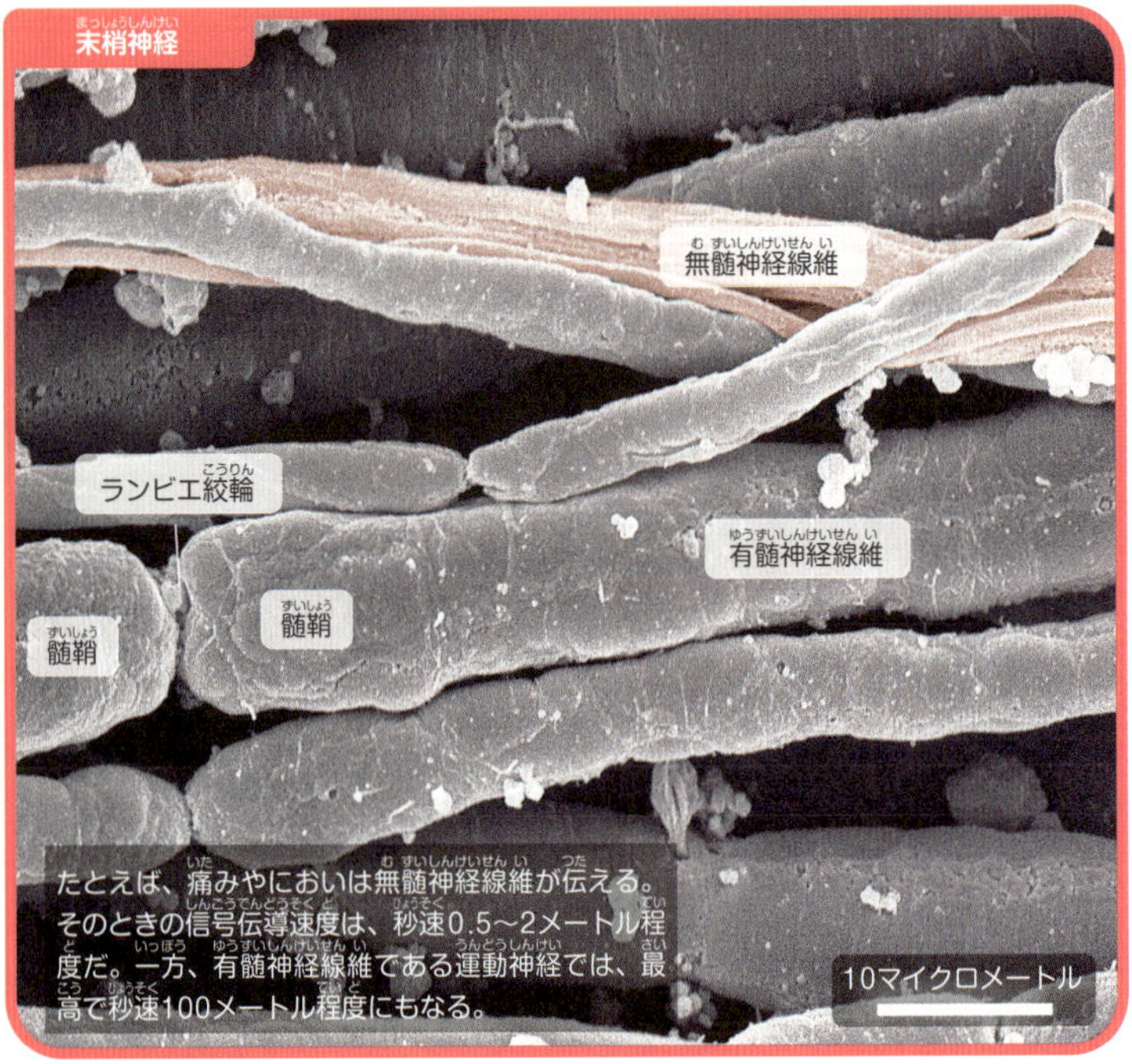
無髄神経線維《むずいしんけいせんい》
ランビエ絞輪《こうりん》
有髄神経線維《ゆうずいしんけいせんい》
髄鞘《ずいしょう》
髄鞘《ずいしょう》
10マイクロメートル

たとえば、痛《いた》みやにおいは無髄神経線維《むずいしんけいせんい》が伝《つた》える。そのときの信号伝導速度《しんごうでんどうそくど》は、秒速《びょうそく》0.5～2メートル程度《ていど》だ。一方《いっぽう》、有髄神経線維《ゆうずいしんけいせんい》である運動神経《うんどうしんけい》では、最高《さいこう》で秒速《びょうそく》100メートル程度《ていど》にもなる。

もっと知《し》りたい

ランビエ絞輪《こうりん》は、19世紀《せいき》にフランスで活躍《かつやく》した学者《がくしゃ》ランビエが発見《はっけん》した。

05 細胞《さいぼう》を支《ささ》えるタンパク質《しつ》の線維《せんい》

「コラーゲン」といえば、「お肌《はだ》にいい成分《せいぶん》」として知《し》られています。

コラーゲンはタンパク質《しつ》の一種《いっしゅ》です。まず、「線維芽細胞《せんいがさいぼう》」という細胞《さいぼう》内《ない》でアミノ酸《さん》がつながり、「コラーゲン分子《ぶんし》」がつくられます。

細胞《さいぼう》の外《そと》に出《で》たコラーゲン分子《ぶんし》が集《あつ》まって「コラーゲン細線維《さいせんい》」をつくり、それが束《たば》になって「コラーゲン線維《せんい》」になります。私《わたし》たちヒトや動物《どうぶつ》の体《からだ》をつくる多《おお》くの細胞《さいぼう》は、このコラーゲン線維《せんい》に支《ささ》えられています。

たとえば皮膚《ひふ》には、主《おも》にコラーゲン線維《せんい》でできた厚《あつ》さ1～3ミリメートルの「真皮《しんぴ》」があり、皮膚《ひふ》に一定《いってい》のかたさと弾力《だんりょく》をあたえています。かばんや靴《くつ》などに使《つか》う「革《かわ》」の主成分《しゅせいぶん》は、まさに動物《どうぶつ》の真皮《しんぴ》のコラーゲン線維《せんい》です。

また、コラーゲンには水分《すいぶん》を保《たも》つ性《せい》質《しつ》があり、皮膚《ひふ》にうるおいをもたらします。コラーゲンがお肌《はだ》にいいといわれるのはこのためです。

今日《きょう》のお肌《はだ》も
バッチリだぜ
コラーゲン線維《せんい》
コラーゲン線維《せんい》
5マイクロメートル

糸《いと》の束《たば》のように見《み》えるのがコラーゲン線維《せんい》。たくさんのコラーゲン線維《せんい》が細胞《さいぼう》を支《ささ》えることで、私《わたし》たちの体《からだ》は組《く》み立《た》てられている。

コラーゲン線維《せんい》のつくられかた

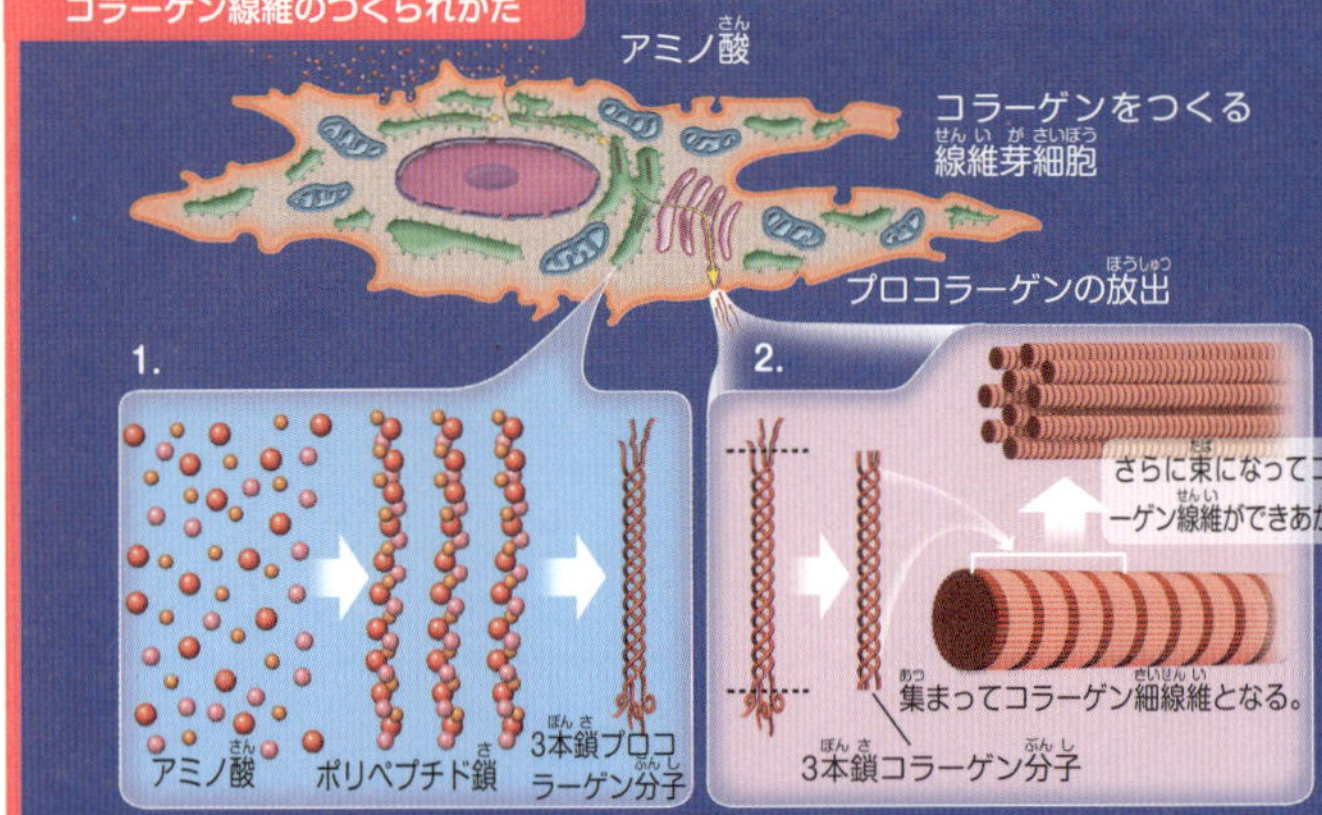
アミノ酸《さん》
コラーゲンをつくる
線維芽細胞《せんいがさいぼう》
プロコラーゲンの放出《ほうしゅつ》
1.
アミノ酸《さん》
ポリペプチド鎖《さ》
3本鎖《ぼんさ》プロコラーゲン分子《ぶんし》
2.
さらに束《たば》になってコラーゲン線維《せんい》ができあがる。
集《あつ》まってコラーゲン細線維《さいせんい》となる。
3本鎖《ぼんさ》コラーゲン分子《ぶんし》

①細胞外《さいぼうがい》から取《と》り込《こ》んだアミノ酸《さん》を材料《ざいりょう》にして、線維芽細胞《せんいがさいぼう》の中《なか》に「ポリペプチド鎖《さ》」がつくられる。このポリペプチド鎖《さ》がより合《あ》わさり、3本鎖《ぼんさ》の「プロコラーゲン分子《ぶんし》」がつくられる。

②プロコラーゲン分子《ぶんし》は、細胞外《さいぼうがい》へ分泌《ぶんぴつ》される。すると、プロコラーゲン分子《ぶんし》の両端《りょうたん》が酵素《こうそ》によって切《き》り取《と》られる。こうして3本鎖《ぼんさ》の「コラーゲン分子《ぶんし》」ができ、それが集《あつ》まった「コラーゲン細線維《さいせんい》」がさらに束《たば》になり、「コラーゲン線維《せんい》」をつくる。

もっと知《し》りたい

食事《しょくじ》でとったコラーゲンは、直接肌《ちょくせつはだ》には行《い》かず、小腸《しょうちょう》で一度《いちど》アミノ酸《さん》に分解《ぶんかい》される。

06 皮膚《ひふ》の中《なか》にはどんな細胞《さいぼう》がある？

皮膚《ひふ》は、「表皮《ひょうひ》」「真皮《しんぴ》」「皮下組織《ひかそしき》」の3層《そう》に分《わ》かれた構造《こうぞう》になっています。前《まえ》のページでは、「真皮《しん》」について紹介《しょうかい》しましたので、ここでは、「表皮《ひょうひ》」の話《はなし》をします。

皮膚《ひふ》の表面《ひょうめん》にあたる表皮《ひょうひ》は、「角質細胞《かくしつさいぼう》」という細胞《さいぼう》が重《かさ》なり合《あ》ってできています。表皮《ひょうひ》のいちばん下《した》の細胞《さいぼう》が分裂《ぶんれつ》してふえつづけており、古《ふる》い細胞《さいぼう》は表面《ひょうめん》まで押《お》し上《あ》げられると、平《ひら》たくなっては

表皮《ひょうひ》

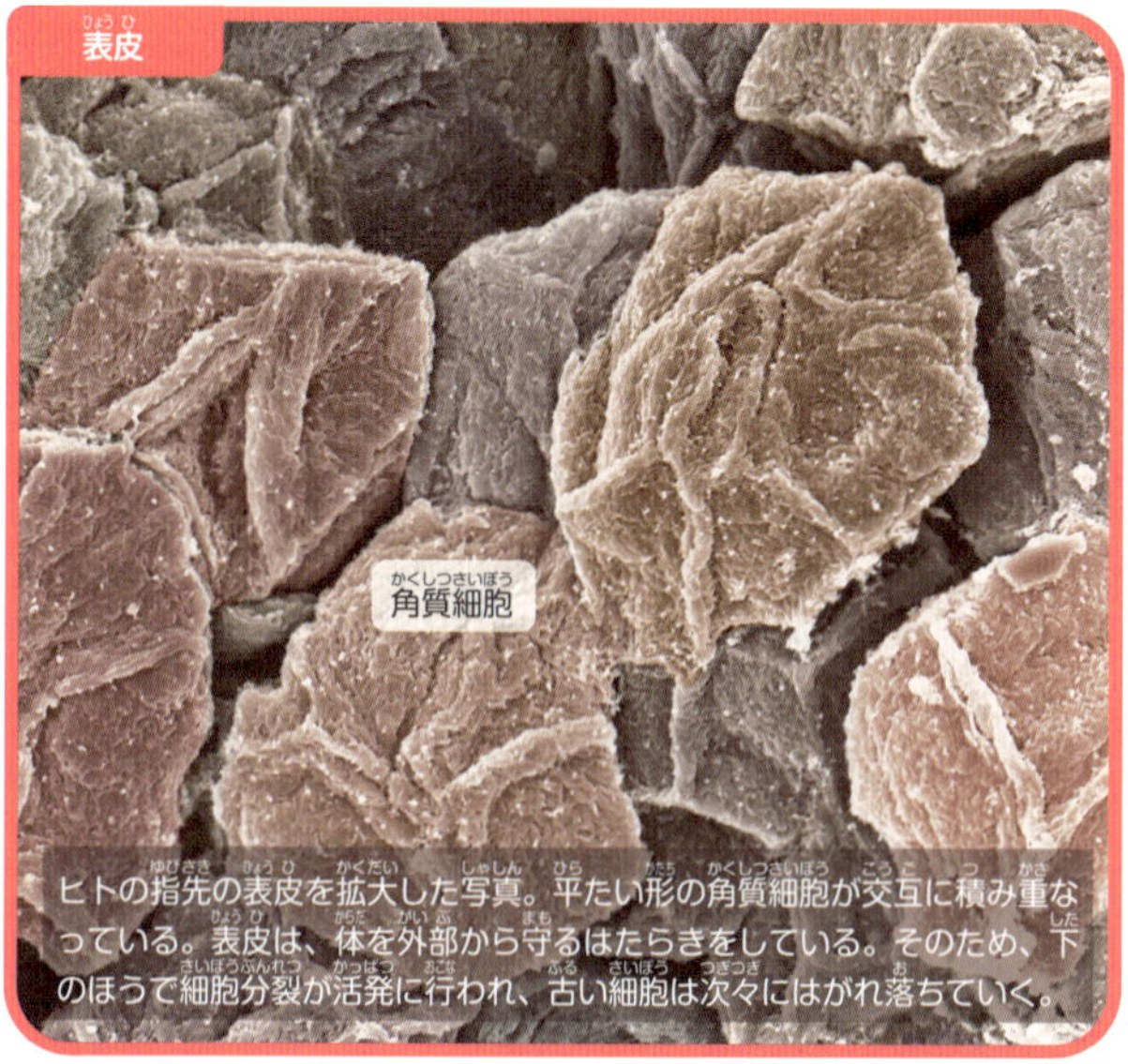

ヒトの指先《ゆびさき》の表皮《ひょうひ》を拡大《かくだい》した写真《しゃしん》。平《ひら》たい形《かたち》の角質細胞《かくしつさいぼう》が交互《こうご》に積《つ》み重《かさ》なっている。表皮《ひょうひ》は、体《からだ》を外部《がいぶ》から守《まも》るはたらきをしている。そのため、下《した》のほうで細胞分裂《さいぼうぶんれつ》が活発《かっぱつ》に行《おこな》われ、古《ふる》い細胞《さいぼう》は次々《つぎつぎ》にはがれ落《お》ちていく。

げ落《お》ちていきます。これがいわゆる「垢《あか》」です。

次《つぎ》に、皮下組織《ひかそしき》にある「皮下脂肪《ひかしぼう》」について紹介《しょうかい》します。ここには「脂肪細胞《しぼうさいぼう》」という、脂肪分《しぼうぶん》をため込《こ》む細胞《さいぼう》が集《あつ》まっています。この脂肪分《しぼうぶん》は、体内《たいない》の余分《よぶん》な栄養《えいよう》からつくられていて、必要《ひつよう》に応《おう》じて分解《ぶんかい》され、消費《しょうひ》されます。皮下《ひか》脂肪《しぼう》には、私《わたし》たちの体《からだ》を衝撃《しょうげき》から守《まも》る役割《やくわり》もあります。

脂肪細胞《しぼうさいぼう》のしくみについては、次《つぎ》のページでくわしく紹介《しょうかい》しています。

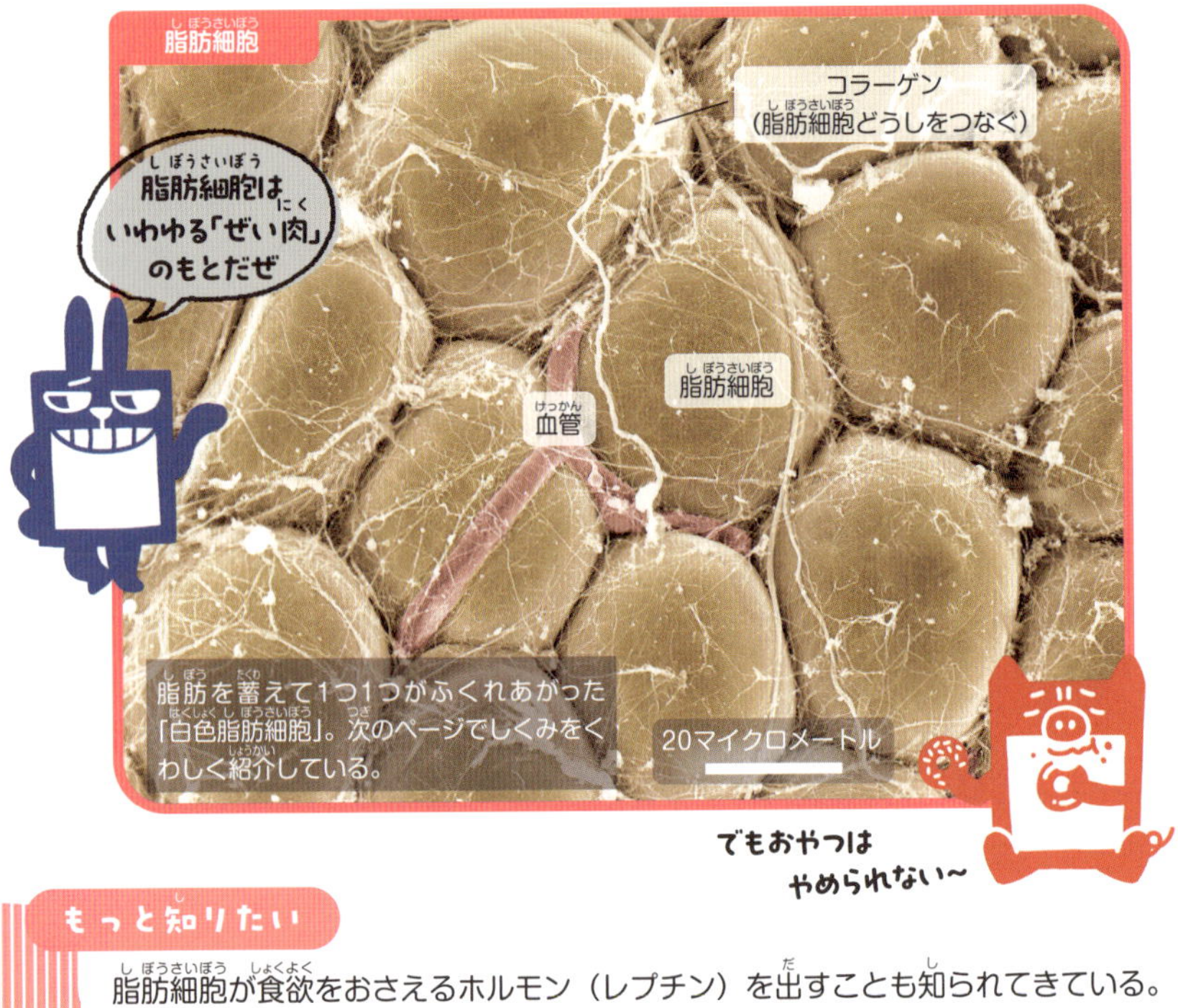
脂肪細胞《しぼうさいぼう》
コラーゲン
(脂肪細胞《しぼうさいぼう》どうしをつなぐ)
脂肪細胞《しぼうさいぼう》はいわゆる「ぜい肉《にく》」のもとだぜ
脂肪細胞《しぼうさいぼう》
血管《けっかん》
脂肪《しぼう》を蓄《たくわ》えて1つ1つがふくれあがった「白色脂肪細胞《はくしょくしぼうさいぼう》」。次《つぎ》のページでしくみをくわしく紹介《しょうかい》している。
20マイクロメートル
でもおやつはやめられない～

もっと知《し》りたい

脂肪細胞《しぼうさいぼう》が食欲《しょくよく》をおさえるホルモン（レプチン）を出《だ》すことも知《し》られてきている。

07 脂肪《しぼう》をため込《こ》む細胞《さいぼう》がある

前《まえ》のページで紹介《しょうかい》した脂肪細胞《しぼうさいぼう》は「白色脂肪細胞《はくしょくしぼうさいぼう》」ともいいます。皮膚《ひふ》以外《いがい》にもいろいろな場所《ばしょ》にあり、脂肪《しぼう》を蓄積《ちくせき》する貯蔵庫《ちょぞうこ》の役割《やくわり》を果《は》たしています。

たとえば、牛肉《ぎゅうにく》の「霜降《しもふ》り」は、筋《きん》肉《にく》の筋線維《きんせんい》（↓84ページ）の間《あいだ》にある白色脂肪細胞《はくしょくしぼうさいぼう》が脂肪《しぼう》をため込《こ》み、増殖《ぞうしょく》した状態《じょうたい》です。

太《ふと》った人《ひと》のおなかがふくれているのは、内臓《ないぞう》にある白色脂肪細胞《はくしょくしぼうさいぼう》が脂肪《しぼう》をたくさんため込《こ》んでいるからです。白色脂肪細胞《はくしょくしぼうさいぼう》の体積《たいせき》の大部分《だいぶぶん》を占《し》めるのが「脂肪滴《しぼうてき》（油滴《ゆてき》）」です。ヒトが太《ふと》るときには、この脂肪滴《しぼうてき》が大《おお》きくなり、白色脂肪細胞《はくしょくしぼうさいぼう》の1つ1つがパンパンにふくれあがります。

太《ふと》りはじめのころは、白色脂肪細胞《はくしょくしぼうさいぼう》が大《おお》きくなることで脂肪《しぼう》の蓄積《ちくせき》が進《すす》みますが、さらに肥満《ひまん》が進《すす》むと細胞自体《さいぼうじたい》の数《かず》もふえていきます。だから一度《いちど》太《ふと》るとやせにくくなります。

かけっこや
鬼《おに》ごっこで、しっかり
体《からだ》を動《うご》かそうね！

白色脂肪細胞《はくしょくしぼうさいぼう》

白色脂肪細胞《はくしょくしぼうさいぼう》の内部《ないぶ》は、脂肪《しぼう》がたまった脂肪滴《しぼうてき》（油滴《ゆてき》）がほとんどを占《し》める。細胞内《さいぼうない》小器官《しょうきかん》も備《そな》わっており、核《かく》のはたらきによってさまざまな物質《ぶっしつ》を生《う》み出《だ》したり、小胞体《しょうほうたい》やゴルジ体《たい》によって物質《ぶっしつ》を細胞《さいぼう》の外《そと》に分泌《ぶんぴつ》したりといった活動《かつどう》も行《おこな》われている。白色脂肪細胞《はくしょくしぼうさいぼう》1つ1つがふくらむほど「太《ふと》る」ことになる。また、過剰《かじょう》にエネルギーを摂取《せっしゅ》すると白色脂肪細胞《はくしょくしぼうさいぼう》の数《かず》もふえ、より太《ふと》りやすく、やせにくい体《からだ》になるといえる。

標準体重《ひょうじゅんたいじゅう》の人《ひと》の場合《ばあい》（断面《だんめん》）

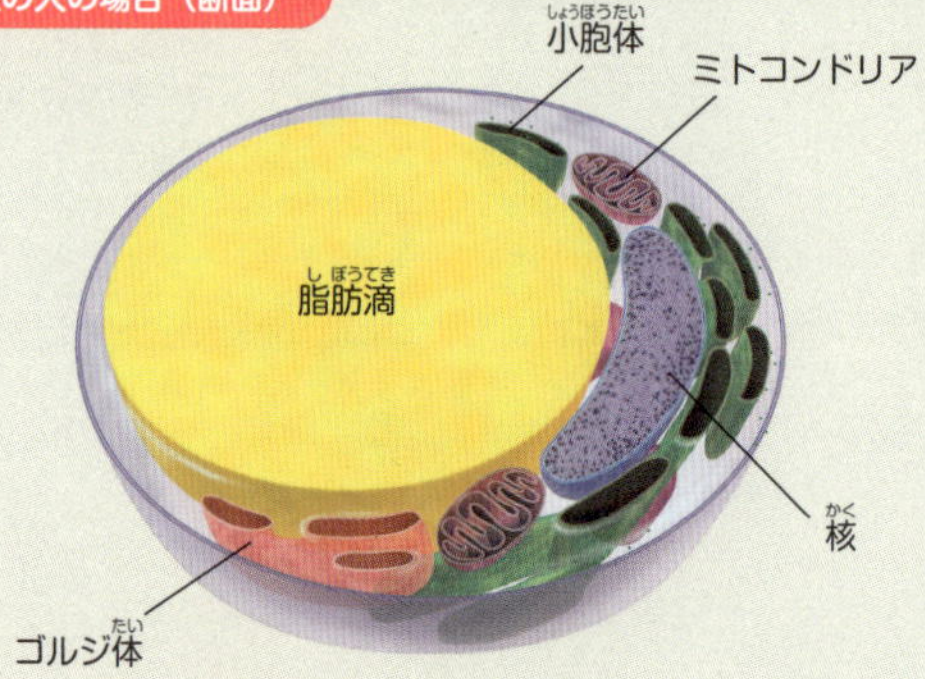
小胞体《しょうほうたい》
ミトコンドリア
脂肪滴《しぼうてき》
核《かく》
ゴルジ体《たい》

肥満《ひまん》の人《ひと》の場合《ばあい》（断面《だんめん》）

大《おお》きくなった
脂肪滴《しぼうてき》

運動《うんどう》も遊《あそ》びの1つ
だと思《おも》えばいいぜ
ワンツー♪
ワンツー♪

もっと知《し》りたい

白色脂肪細胞《はくしょくしぼうさいぼう》の数《かず》は、通常《つうじょう》は250～300億個《おくこ》ほどで、肥満《ひまん》の場合《ばあい》は600億個《おくこ》ほど。

08 脂肪《しぼう》を燃《も》やすふしぎな脂肪細胞《しぼうさいぼう》もある

前《まえ》のページの「白色脂肪細胞《はくしょくしぼうさいぼう》」とは役割《やくわり》がちがう「褐色脂肪細胞《かっしょくしぼうさいぼう》」という細胞《さいぼう》も知《し》られています。

褐色脂肪細胞《かっしょくしぼうさいぼう》は、その名《な》のとおり茶《ちゃ》色《いろ》っぽい色《いろ》をした脂肪細胞《しぼうさいぼう》です。大《おお》きさは、白色脂肪細胞《はくしょくしぼうさいぼう》の10分《ぶん》の1ほどです。内部《ないぶ》に小《ちい》さな脂肪滴《しぼうてき》とたくさんのミトコンドリア（↓36ページ）をもっていて、脂肪《しぼう》の分解《ぶんかい》によりできる「脂肪酸《しぼうさん》」を消費《しょうひ》し、熱《ねつ》をつくって体《からだ》を温《あたた》めるはたらきがあります。

褐色脂肪細胞《かっしょくしぼうさいぼう》は、冬眠《とうみん》する動物《どうぶつ》に多《おお》く、活発《かっぱつ》にはたらいていることがわかっています。厳《きび》しい自然界《しぜんかい》で、寒《さむ》い冬《ふゆ》を乗《の》りきるのに必要《ひつよう》なしくみなのです。

ヒトの褐色脂肪細胞《かっしょくしぼうさいぼう》の数《かず》はもともと少《すく》ないのですが、生《う》まれたての新生児《しんせいじ》には比較的《ひかくてき》たくさんあり、寒《さむ》さに弱《よわ》い赤《あか》ちゃんが、体温《たいおん》を保《たも》つのに役立《やくだ》っていると考《かんが》えられています。しかし、成長《せいちょう》とともに数《かず》が減《へ》っていきます。便利《べんり》そうな細胞《さいぼう》なのに、少《すこ》し残念《ざんねん》ですね。

褐色脂肪細胞《かっしょくしぼうさいぼう》

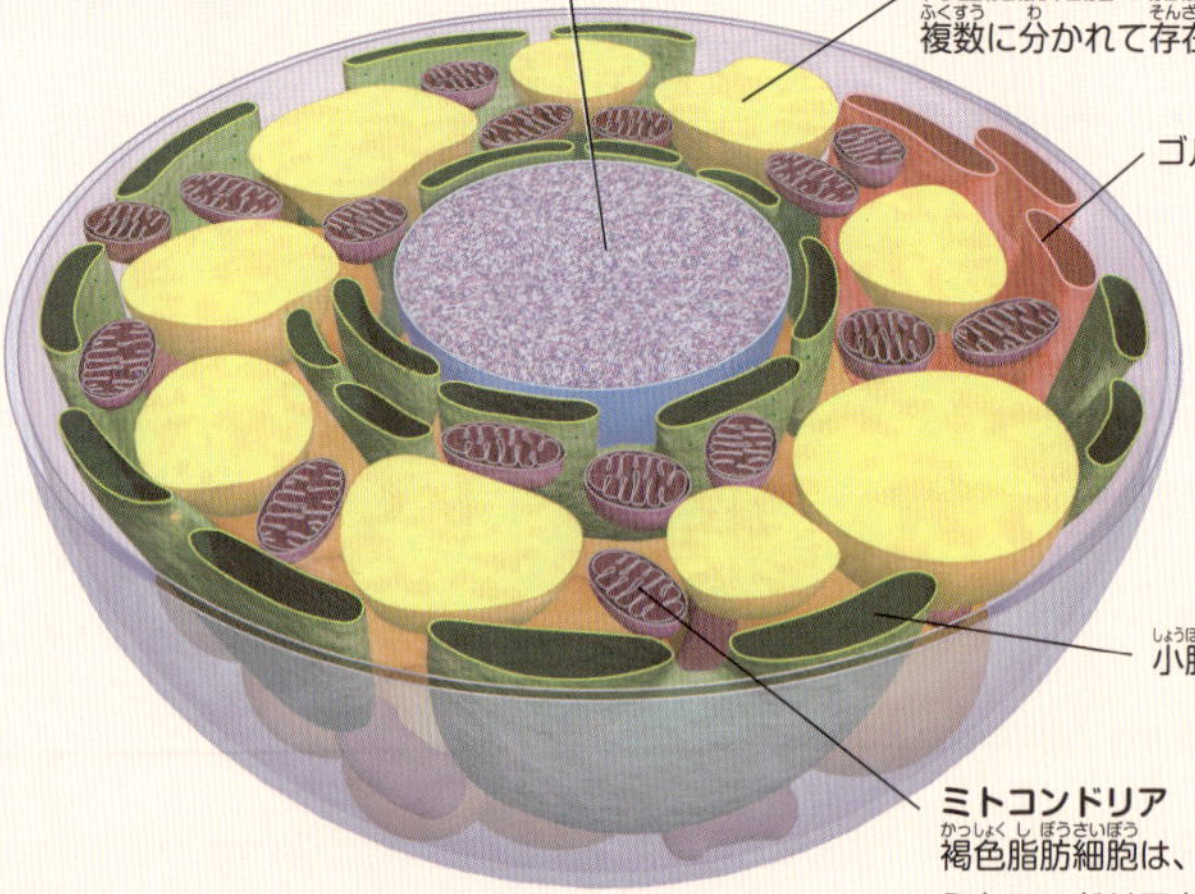

核《かく》
脂肪滴《しぼうてき》
褐色脂肪細胞《かっしょくしぼうさいぼう》の脂肪滴《しぼうてき》は、複数《ふくすう》に分《わ》かれて存在《そんざい》する。
ゴルジ体《たい》
小胞体《しょうほうたい》
ミトコンドリア
褐色脂肪細胞《かっしょくしぼうさいぼう》は、多《おお》くのミトコンドリアをもつ。ミトコンドリアは、脂肪《しぼう》を燃《も》やして熱《ねつ》にかえるはたらきをもつ。

褐色脂肪細胞《かっしょくしぼうさいぼう》は、太《ふと》っても白色脂肪細胞《はくしょくしぼうさいぼう》のようにふえることはない。むしろ、出生時《しゅっせいじ》には150グラムほどあったものが、思春期《ししゅんき》までに40～50グラムほどに減少《げんしょう》する。

日本人《にっぽんじん》はもともと太《ふと》りやすい!?

肥満《ひまん》の人《ひと》の遺伝子《いでんし》を調《しら》べたところ、日本《にほん》の人《ひと》の34%に、エネルギーをため込《こ》んで脂肪《しぼう》にしやすくする「倹約遺伝子《けんやくいでんし》」が見《み》つかりました。むかしの日本《にほん》では、雑穀《ざっこく》や野菜《やさい》などを使《つか》った和食《わしょく》が中心《ちゅうしん》だったので、肥満《ひまん》になる人《ひと》はあまりいませんでした。現在《げんざい》は、パンやお肉《にく》、お菓子《かし》など、カロリーの高《たか》い食《た》べ物《もの》がたくさんあるため、肥満《ひまん》になる人《ひと》がふえています。

大事《だいじ》なのは栄養《えいよう》バランスのいい食生活《しょくせいかつ》だぜ
お菓子《かし》ばっかりはダメだぜ

もっと知《し》りたい

褐色脂肪細胞《かっしょくしぼうさいぼう》は、肩甲骨《けんこうこつ》のあたりや心臓《しんぞう》の周囲《しゅうい》だけにある。

やすみじかん

どうして人《ひと》は太《ふと》るの？

脂肪《しぼう》は体《からだ》に必要《ひつよう》なものですが、ふえすぎると健康《けんこう》をおびやかします。なぜ、ヒトの体《からだ》は太《ふと》るようにできているのでしょうか？

大《おお》むかしの、人類《じんるい》がまだ自然《しぜん》の中《なか》で狩猟《しゅりょう》や採集《さいしゅう》をして暮《く》らしていたころ、食《た》べ物《もの》は当《あ》たり前《まえ》にあるものではありませんでした。食《た》べ物《もの》をうまく手《て》に入《い》れられなければ、何日《なんにち》も食《しょく》事《じ》ができない状況《じょうきょう》がつづいたのです。

だから、人類《じんるい》をはじめとした多《おお》くの動物《どうぶつ》は、食《た》べ物《もの》から吸収《きゅうしゅう》した栄養素《えいようそ》のうち、余《あま》ったものを脂肪《しぼう》としてたくわえ、十分《じゅうぶん》に食《た》べ物《もの》がないときに利用《りよう》するしくみを発達《はったつ》させてきました。つまり、体《からだ》の中《なか》に栄養《えいよう》の倉庫《そうこ》をつくったのです。この倉庫《そうこ》が脂肪細胞《しぼうさいぼう》です。

ところが、現代《げんだい》では食《た》べ物《もの》が比較的簡単《ひかくてきかんたん》に手《て》に入《はい》ります。しかも、お菓子《かし》やジュースなどは、自然界《しぜんかい》で手《て》に入《はい》る食《た》べ物《もの》よりカロリー

が高《たか》く、体《からだ》の中《なか》ですぐに栄養素《えいようそ》が余《あま》ってしまいます。

体《からだ》の中《なか》に余《あま》った栄養素《えいようそ》が、運動《うんどう》などで消費《しょうひ》されないままでいると、そのまま脂肪《しぼう》として定着《ていちゃく》してしまいます。こうして、ヒトは太《ふと》るというわけです。

今日《きょう》もたくさん
いただきます
毎日《まいにち》ご飯《はん》が
食《た》べられるって
ありがたいよね

かつて、人類《じんるい》は獲物《えもの》を狩《か》ったり、木《き》の実《み》などを採《と》ったりして食《た》べ物《もの》を得《え》ていた。厳《きび》しい自然環境《しぜんかんきょう》の中《なか》では、何日《なんにち》も食《た》べ物《もの》を手《て》に入《い》れられないときもあったにちがいない。

09

空気《くうき》を取《と》り込《こ》む袋《ふくろ》がたくさんある「肺《はい》」

左《ひだり》のページの写真《しゃしん》を見《み》てみましょう。まるでスポンジみたいに穴《あな》がたくさんあいていますね。これは、肺《はい》の中《なか》を拡大《かくだい》した写真《しゃしん》です。

私《わたし》たちが吸《す》った空気《くうき》は、口《くち》や鼻《はな》から気管支《きかんし》を通《とお》って、肺《はい》の中《なか》にたくさんある「肺胞《はいほう》」という袋《ふくろ》に送《おく》られます。

空気《くうき》にふくまれる酸素《さんそ》は、肺胞《はいほう》の壁《かべ》にしみ込《こ》み、壁《かべ》に埋《う》もれた毛細血管《もうさいけっかん》を流《なが》れる赤血球《せっけっきゅう》（↓100ページ）に受《う》け取《と》られます。肺胞《はいほう》をスタート地点《ちてん》に、赤血球《せっけっきゅう》は体《からだ》のあちこちに酸素《さんそ》を運《はこ》んでいくのです。

同時《どうじ》に、体中《からだじゅう》から血流《けつりゅう》に乗《の》って運《はこ》ばれてきた二酸化炭素《にさんかたんそ》は、肺胞《はいほう》の壁《かべ》から肺胞内《はいほうない》へとしみ出《だ》して、私《わたし》たちが吐《は》く息《いき》とともに体《からだ》の外《そと》へ出《で》ていきます。

肺《はい》の写真《しゃしん》の下《した》にある画像《がぞう》は、口《くち》や鼻《はな》から肺《はい》につながる気管支《きかんし》の表面《ひょうめん》を写《うつ》した物《もの》です。ところどころに「線毛細胞《せんもうさいぼう》」という毛《け》のような細胞《さいぼう》が生《は》えていて、入《はい》ってきたゴミを押《お》しもどします。

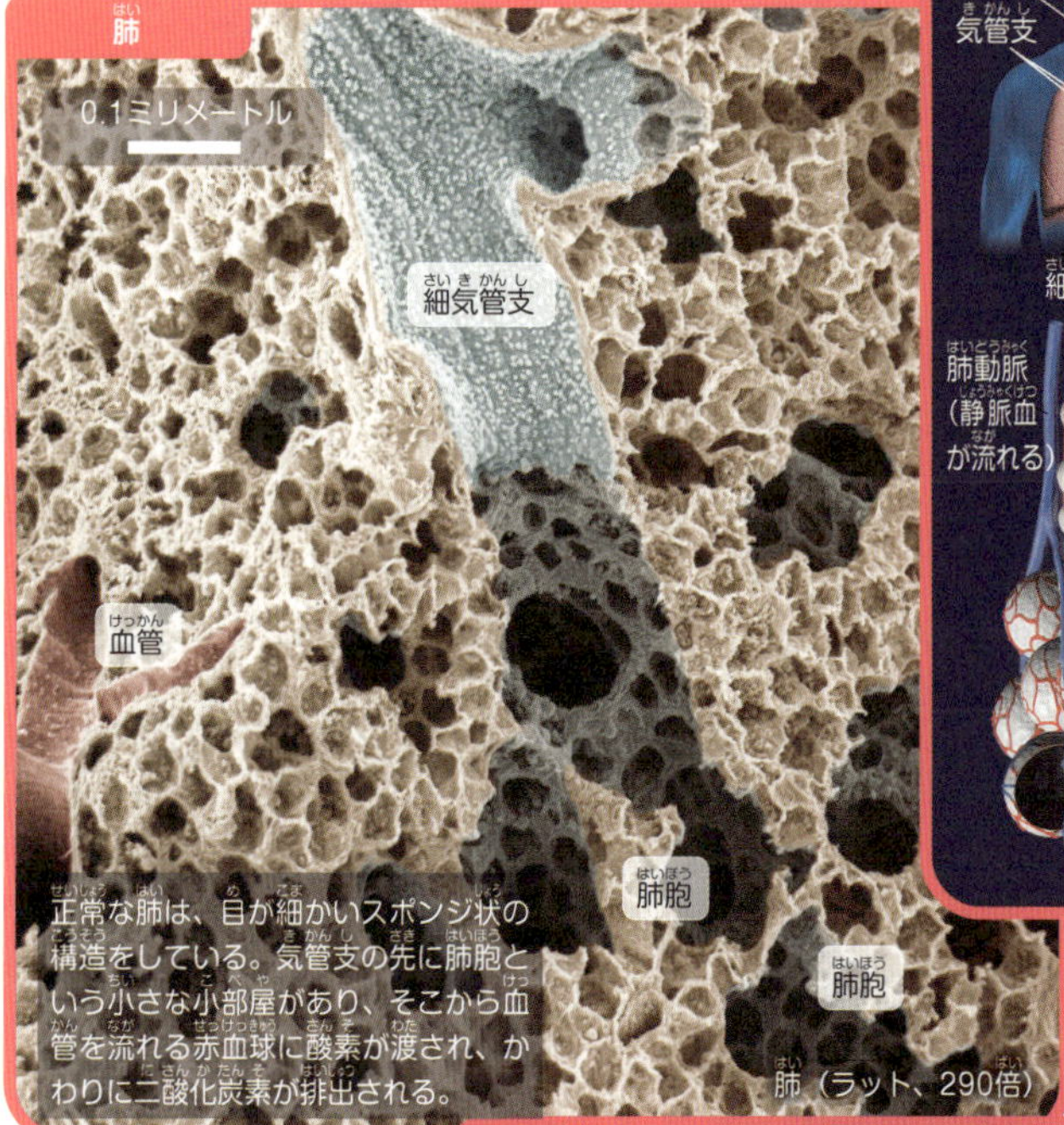
肺《はい》
0.1ミリメートル
細気管支《さいきかんし》
血管《けっかん》
肺胞《はいほう》
肺胞《はいほう》
肺《はい》（ラット、290倍《ばい》）

正常《せいじょう》な肺《はい》は、目《め》が細《こま》かいスポンジ状《じょう》の構造《こうぞう》をしている。気管支《きかんし》の先《さき》に肺胞《はいほう》という小《ちい》さな小部屋《こべや》があり、そこから血管《けっかん》を流《なが》れる赤血球《せっけっきゅう》に酸素《さんそ》が渡《わた》され、かわりに二酸化炭素《にさんかたんそ》が排出《はいしゅつ》される。

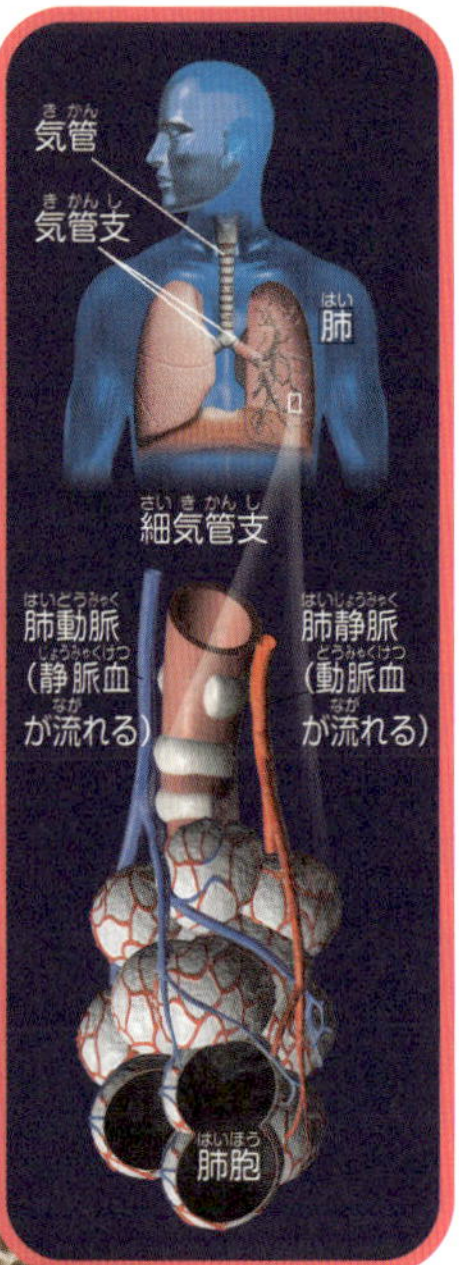
気管《きかん》
気管支《きかんし》
肺《はい》
細気管支《さいきかんし》
肺動脈《はいどうみゃく》（静脈血《じょうみゃくけつ》が流《なが》れる）
肺静脈《はいじょうみゃく》（動脈血《どうみゃくけつ》が流《なが》れる）
肺胞《はいほう》

気管《きかん》
10マイクロメートル
（0.01ミリメートル）

海《うみ》の中《なか》みたい

喉《のど》から肺《はい》へと通《つう》じる空気《くうき》の通《とお》り道《みち》「気管《きかん》」の壁《かべ》である。イソギンチャクのように長《なが》い毛《け》を揺《ゆ》らす「線毛細胞《せんもうさいぼう》」（黄色《きいろ》）は、気管《きかん》に入《はい》ったゴミを気管《きかん》の入《い》り口《ぐち》へ押《お》しもどす。

もっと知《し》りたい

肺胞《はいほう》は、洗剤《せんざい》に似《に》た物質《ぶっしつ》（表面活性物質《ひょうめんかっせいぶっしつ》）のおかげで泡《あわ》のようにふくらんでいる。

10 血液《けつえき》の中《なか》には“赤《あか》いお皿《さら》”がいっぱい!?

私《わたし》たちの体《からだ》を流《なが》れる血液《けつえき》は、「血球《けっきゅう》」とよばれる細胞《さいぼう》と、「血漿《けっしょう》」という黄《き》色《いろ》っぽい液体《えきたい》でできています。

血球《けっきゅう》のうちの9割《わり》以上《いじょう》を占《し》めるのが、「赤血球《せっけっきゅう》」です。左《ひだり》の写真《しゃしん》を見《み》てみましょう。真《ま》ん中《なか》がへこんだお皿《さら》のような形《かたち》をした細胞《さいぼう》が赤血球《せっけっきゅう》です。

赤血球《せっけっきゅう》にはヘモグロビンとよばれる物質《ぶっしつ》がふくまれています。ヘモグロビンが、肺《はい》（↓98ページ）で酸素《さんそ》と結《むす》びつくので、酸素《さんそ》を運《はこ》ぶことができます。

実《じつ》は、赤血球《せっけっきゅう》は細胞《さいぼう》なのに核《かく》（↓28ページ）がありません。これはほかの細胞《さいぼう》にはない特徴《とくちょう》です。さらに、小胞《しょうほう》体《たい》（↓32ページ）や、ミトコンドリア（↓36ページ）ももっていません。

いろいろなものをもたないかわりに、赤血球《せっけっきゅう》は柔軟《じゅうなん》に形《かたち》をかえることができます。だから、細《ほそ》くまがりくねった血管《けっかん》も通《とお》り抜《ぬ》けることができ、体《からだ》のすみずみまで酸素《さんそ》を運《はこ》ぶことができるというわけです。

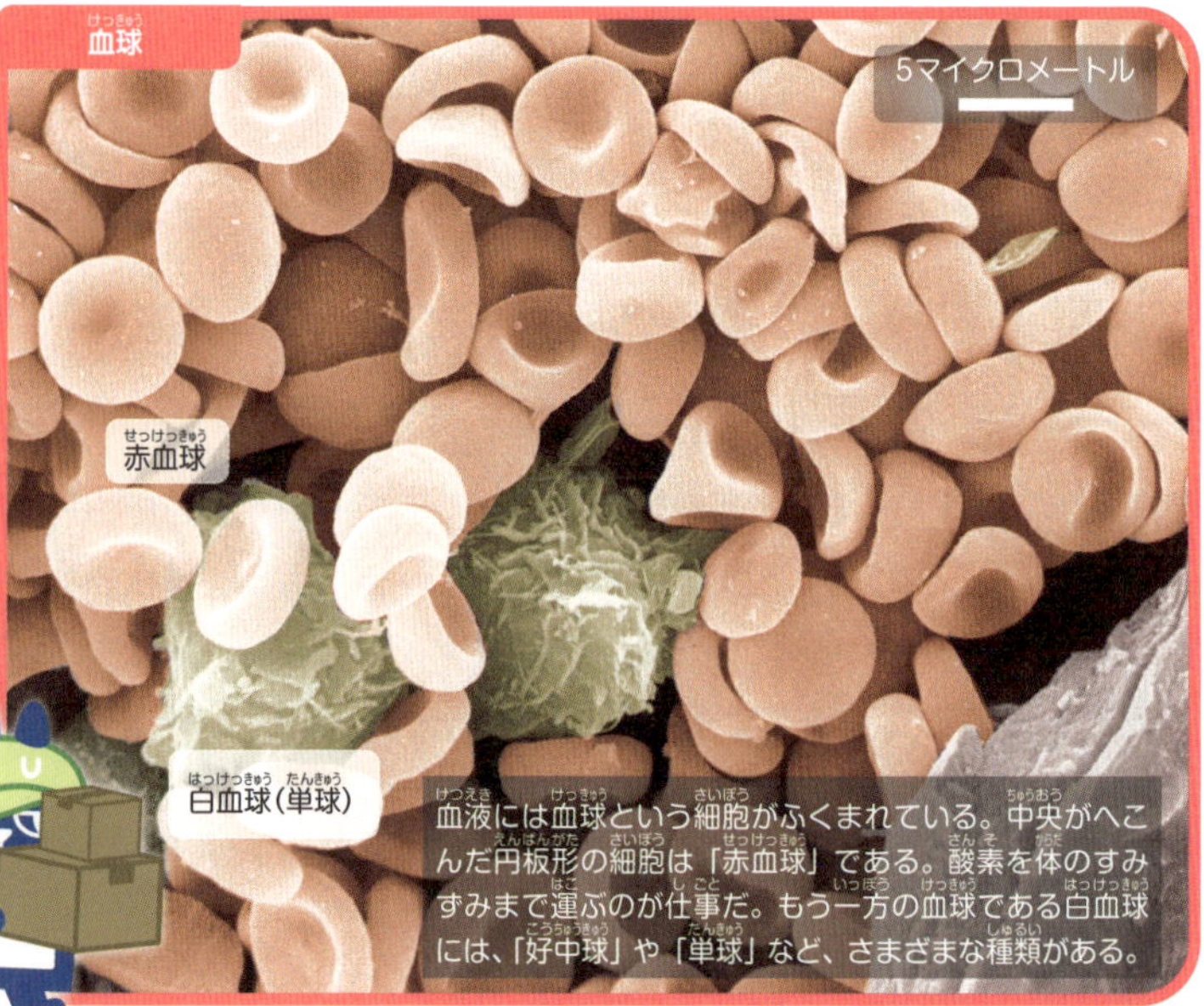
血球《けっきゅう》
5マイクロメートル
赤血球《せっけっきゅう》
白血球《はっけっきゅう》(単球《たんきゅう》)

血液《けつえき》には血球《けっきゅう》という細胞《さいぼう》がふくまれている。中央《ちゅうおう》がへこんだ円板形《えんばんがた》の細胞《さいぼう》は「赤血球《せっけっきゅう》」である。酸素《さんそ》を体《からだ》のすみずみまで運《はこ》ぶのが仕事《しごと》だ。もう一方《いっぽう》の血球《けっきゅう》である白血球《はっけっきゅう》には、「好中球《こうちゅうきゅう》」や「単球《たんきゅう》」など、さまざまな種類《しゅるい》がある。

運《はこ》ぶぜ～

赤血球《せっけっきゅう》はどうして赤《あか》い？

赤血球《せっけっきゅう》にふくまれている「ヘモグロビン」は、タンパク質《しつ》と鉄《てつ》（ヘム鉄《てつ》）が結《むす》びついてできた物質《ぶっしつ》です。鉄《てつ》は酸素《さんそ》と結《むす》びつくと赤《あか》くなる性質《せいしつ》があります。そのため、酸素《さんそ》を運《はこ》んでいるときの赤血球《せっけっきゅう》は鮮《あざ》やかな赤色《あかいろ》になります。逆《ぎゃく》に、酸素《さんそ》を運《はこ》びおえて二酸化炭素《にさんかたんそ》を運《はこ》んでいる赤血球《せっけっきゅう》は暗《くら》い赤色《あかいろ》になります。

ヘモグロビンは、酸素《さんそ》の多《おお》いところでは酸素《さんそ》と結《むす》びついて、酸素《さんそ》が少《すく》ないところでは酸素《さんそ》をはなすんだよ

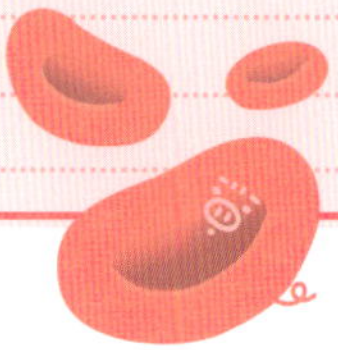

もっと知《し》りたい

赤血球《せっけっきゅう》の寿命《じゅみょう》は120日程度《にちていど》。最後《さいご》は脾臓《ひぞう》や肝臓《かんぞう》でマクロファージに食《た》べられる。

11 細《ほそ》い血管《けっかん》も細胞《さいぼう》でできている

左《ひだり》ページの上段《じょうだん》の写真《しゃしん》は、「細動脈《さいどうみゃく》」です。動脈《どうみゃく》とは、心臓《しんぞう》から全身《ぜんしん》へ向《む》かう血管《けっかん》で、その細《ほそ》い部分《ぶぶん》を細動脈《さいどうみゃく》といいます。

細動脈《さいどうみゃく》のまわりに輪《わ》っかのように巻《ま》きついているのが「平滑筋細胞《へいかつきんさいぼう》」です。平滑筋細胞《へいかつきんさいぼう》とは、血管《けっかん》を収縮《しゅうしゅく》させる筋肉《きんにく》です。この細胞《さいぼう》のおかげで、細動《さいどう》脈《みゃく》では血液《けつえき》の流《なが》れ具合《ぐあい》を調節《ちょうせつ》できます。

左《ひだり》ページの下段《げだん》の写真《しゃしん》は、毛細血管《もうさいけっかん》です。毛細血管《もうさいけっかん》とは、動脈《どうみゃく》と静脈《じょうみゃく》（心《しん》臓《ぞう》へもどっていく血管《けっかん》）の間《あいだ》をつなぐ、最《もっと》も細《ほそ》い血管《けっかん》です。動脈《どうみゃく》とちがって平《へい》滑筋細胞《かつきんさいぼう》はついていない“はだかの”血管《けっかん》ですが、かわりにところどころに周皮細胞《しゅうひさいぼう》（ペリサイト）がからみついています。

周皮細胞《しゅうひさいぼう》は、平滑筋細胞《へいかつきんさいぼう》のように、血管《けっかん》の収縮《しゅうしゅく》に関係《かんけい》しているようですが、そのほかに血管《けっかん》の増殖《ぞうしょく》をおさえるなどの機能《きのう》があることがわかってきています。

血管自体《けっかんじたい》が収縮《しゅうしゅく》して
血液《けつえき》の流《なが》れを調節《ちょうせつ》
しているんだよ

ドキドキ

小腸《しょうちょう》の細動脈《さいどうみゃく》。動脈《どうみゃく》などの血管《けっかん》では、内皮細胞《ないひさいぼう》（血管《けっかん》の内壁《ないへき》の細胞《さいぼう》）を平滑筋《へいかつきん》や外膜《がいまく》などがおおっている。細動脈《さいどうみゃく》では、平滑《へいかつ》筋細胞《きんさいぼう》（オレンジ色《いろ》の部分《ぶぶん》）が血管《けっかん》をリング状《じょう》にとりまいていることが多《おお》い。血管《けっかん》の奥《おく》にリンパ液《えき》（→104ページ）が流《なが》れるリンパ管《かん》も見《み》えている。

細《ほそ》い動脈《どうみゃく》

リンパ管《かん》
細動脈《さいどうみゃく》
平滑筋細胞《へいかつきんさいぼう》（オレンジ色《いろ》）

毛細血管《もうさいけっかん》

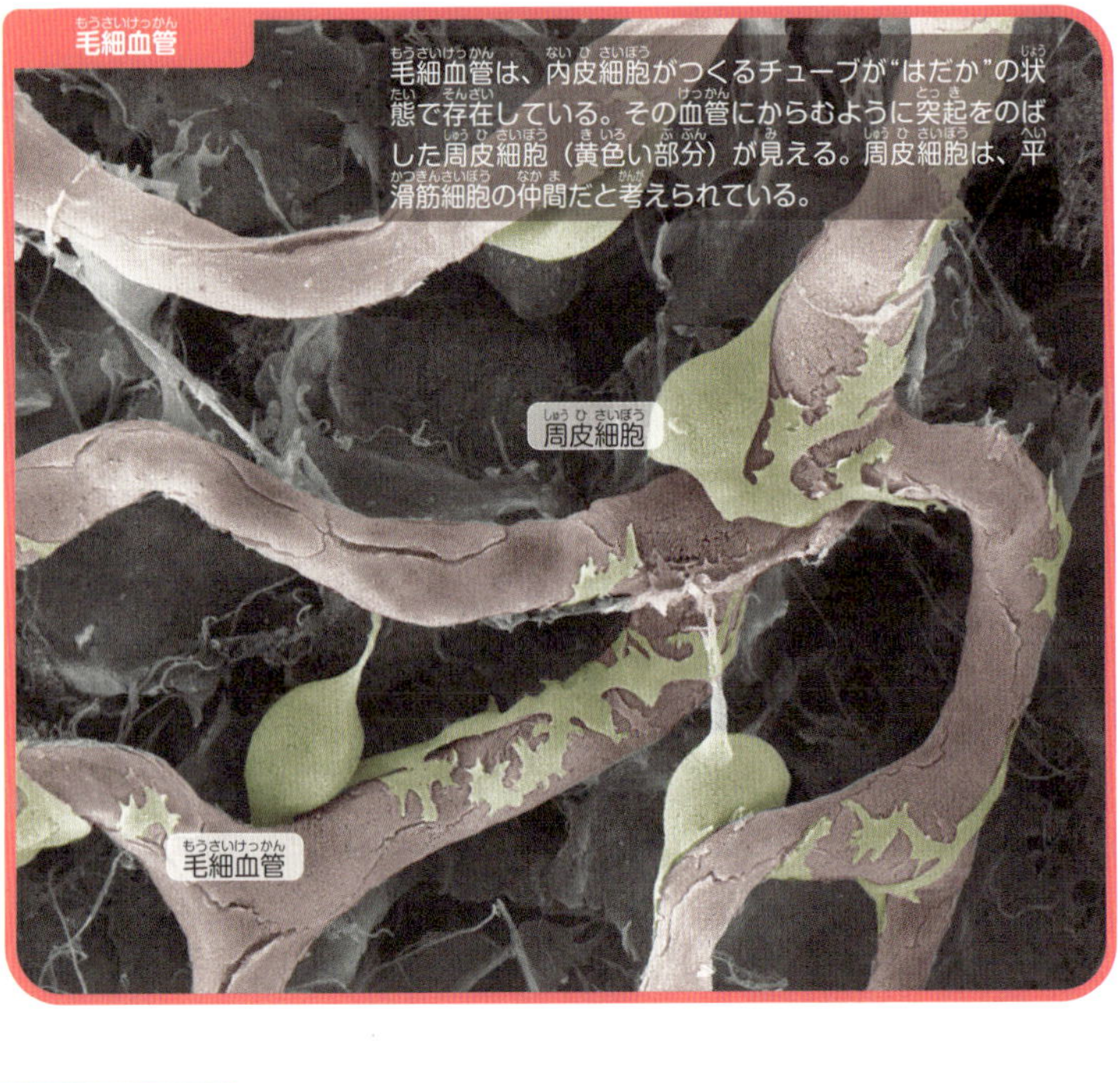
周皮細胞《しゅうひさいぼう》
毛細血管《もうさいけっかん》

毛細血管《もうさいけっかん》は、内皮細胞《ないひさいぼう》がつくるチューブが“はだか”の状《じょう》態《たい》で存在《そんざい》している。その血管《けっかん》にからむように突起《とっき》をのばした周皮細胞《しゅうひさいぼう》（黄色《きいろ》い部分《ぶぶん》）が見《み》える。周皮細胞《しゅうひさいぼう》は、平《へい》滑筋細胞《かつきんさいぼう》の仲間《なかま》だと考《かんが》えられている。

もっと知《し》りたい

平滑筋細胞《へいかつきんさいぼう》は、気管《きかん》、胃《い》、腸《ちょう》などの臓器《ぞうき》の内壁《ないへき》にもある。

12 細菌《さいきん》や異物《いぶつ》をやっつけるハンターたちのすみか

左《ひだり》ページの写真《しゃしん》は、首《くび》やわきの下《した》、足《あし》のつけ根《ね》などにある「リンパ節《せつ》」の内部《ないぶ》を写《うつ》したものです。

リンパ節《せつ》は、体中《からだじゅう》を流《なが》れるリンパ液《えき》をろ過《か》する装置《そうち》です。リンパ液《えき》は、毛《もう》細血管《さいけっかん》（↓102ページ）からしみ出《だ》した血漿《けっしょう》(↓100ページ)に、老廃物《ろうはいぶつ》や余計《よけい》な水分《すいぶん》が加《くわ》わったものです。リンパ液《えき》には、外《そと》から入《はい》ってきた病原体《びょうげんたい》などの異物《いぶつ》が混《ま》じることもあり、リンパ液《えき》とともにリンパ節《せつ》へ運《はこ》ばれます。

リンパ節《せつ》では、マクロファージやリンパ球《きゅう》などの白血球《はっけっきゅう》（↓134ページ）が待《ま》ちかまえています。マクロファージは、異物《いぶつ》を取《と》り込《こ》んで消化《しょうか》してしまいます。そして、自分《じぶん》が食《た》べた異《い》物《ぶつ》の情報《じょうほう》をリンパ球《きゅう》に伝《つた》えます。

情報《じょうほう》を得《え》たリンパ球《きゅう》は「抗体《こうたい》」を放《ほう》出《しゅつ》して異物《いぶつ》を無毒化《むどくか》したり、直接攻撃《ちょくせつこうげき》したりします。このような細胞《さいぼう》の連係《れんけい》プレーによって、私《わたし》たちの体《からだ》は日々《ひび》守《まも》られているのです。

リンパ節《せつ》
リンパ球《きゅう》
細網細胞《さいもうさいぼう》
（リンパ球《きゅう》やマクロファージの足場《あしば》となる）
マクロファージ
10マイクロメートル

私《わたし》たちの体《からだ》にはリンパ管《かん》がはりめぐらされており、リンパ液《えき》が流《なが》れている。リンパ液《えき》には体《からだ》に入《はい》ってきた異物《いぶつ》が混《ま》じっており、リンパ節《せつ》で撃退《げきたい》される。リンパ節《せつ》の中《なか》は、細網細胞《さいもうさいぼう》という細胞《さいぼう》が網《あみ》目《め》のように走《はし》り、そこをリンパ球《きゅう》やマクロファージが移動《いどう》して異物《いぶつ》を攻撃《こうげき》する

リンパ管《かん》の流《なが》れが滞《とどこお》ると体《からだ》がむくんだりするぞ
マッサージや運動《うんどう》が大事《だいじ》だぜ

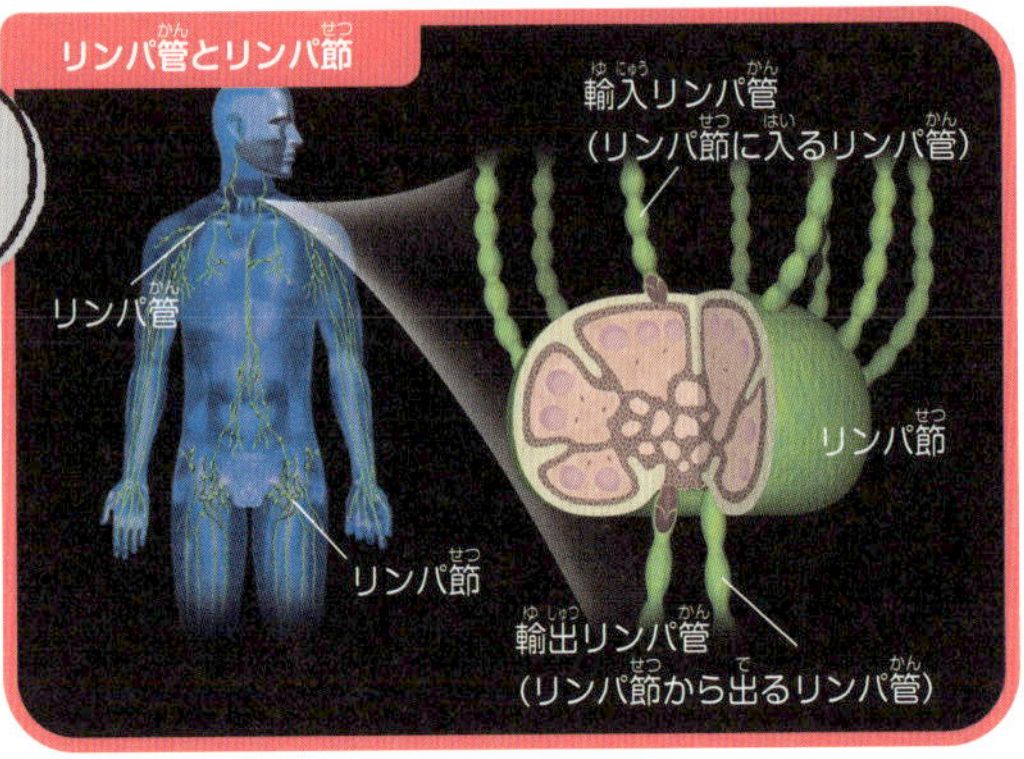
リンパ管《かん》とリンパ節《せつ》
輸入《ゆにゅう》リンパ管《かん》
（リンパ節《せつ》に入《はい》るリンパ管《かん》）
リンパ管《かん》
リンパ節《せつ》
リンパ節《せつ》
輸出《ゆしゅつ》リンパ管《かん》
（リンパ節《せつ》から出《で》るリンパ管《かん》）

もっと知《し》りたい

リンパ節《せつ》は、だいたい小豆《あずき》ぐらいのサイズ。

13 脳《のう》にぶら下《さ》がるホルモンの工場《こうじょう》

脳《のう》には「下垂体《かすいたい》」という器官《きかん》がぶら下《さ》がっています。下垂体《かすいたい》の前《まえ》の半分《はんぶん》(前葉《ぜんよう》)には、ホルモンをつくる細胞《さいぼう》がぎっしり詰《つ》まっています。その細胞《さいぼう》の内部《ないぶ》を写《うつ》したのが、左《ひだり》ページの写真《しゃしん》です。前葉《ぜんよう》の細胞《さいぼう》には、たくさんの粒《つぶ》(分泌顆粒《ぶんぴつかりゅう》)があります。粒《つぶ》の中《なか》に、ホルモンが詰《つ》め込《こ》まれています。

ホルモンとは、血液《けつえき》と一緒《いっしょ》に体内《たいない》をめぐり、特定《とくてい》の臓器《ぞうき》や器官《きかん》のはたらきを調節《ちょうせつ》する物質《ぶっしつ》をさす言葉《ことば》です。

前葉《ぜんよう》からは、「刺激《しげき》ホルモン」とよばれる数種類《すうしゅるい》のホルモンが分泌《ぶんぴつ》されていて、体《からだ》のはなれたところにある別《べつ》のホルモン工場《こうじょう》を刺激《しげき》してはたらきをコントロールしています。つまり下垂体《かすいたい》は、ホルモンの司令塔《しれいとう》なのです。

このほか、前葉《ぜんよう》は「成長《せいちょう》ホルモン」も分泌《ぶんぴつ》しています。その名《な》のとおり、体《からだ》の成長《せいちょう》をうながすホルモンです。みなさんの体《からだ》がどんどん大《おお》きくなるのは、下垂体《かすいたい》のおかげなのです。

下垂体《かすいたい》は小《ちい》さな粒《つぶ》でいっぱい

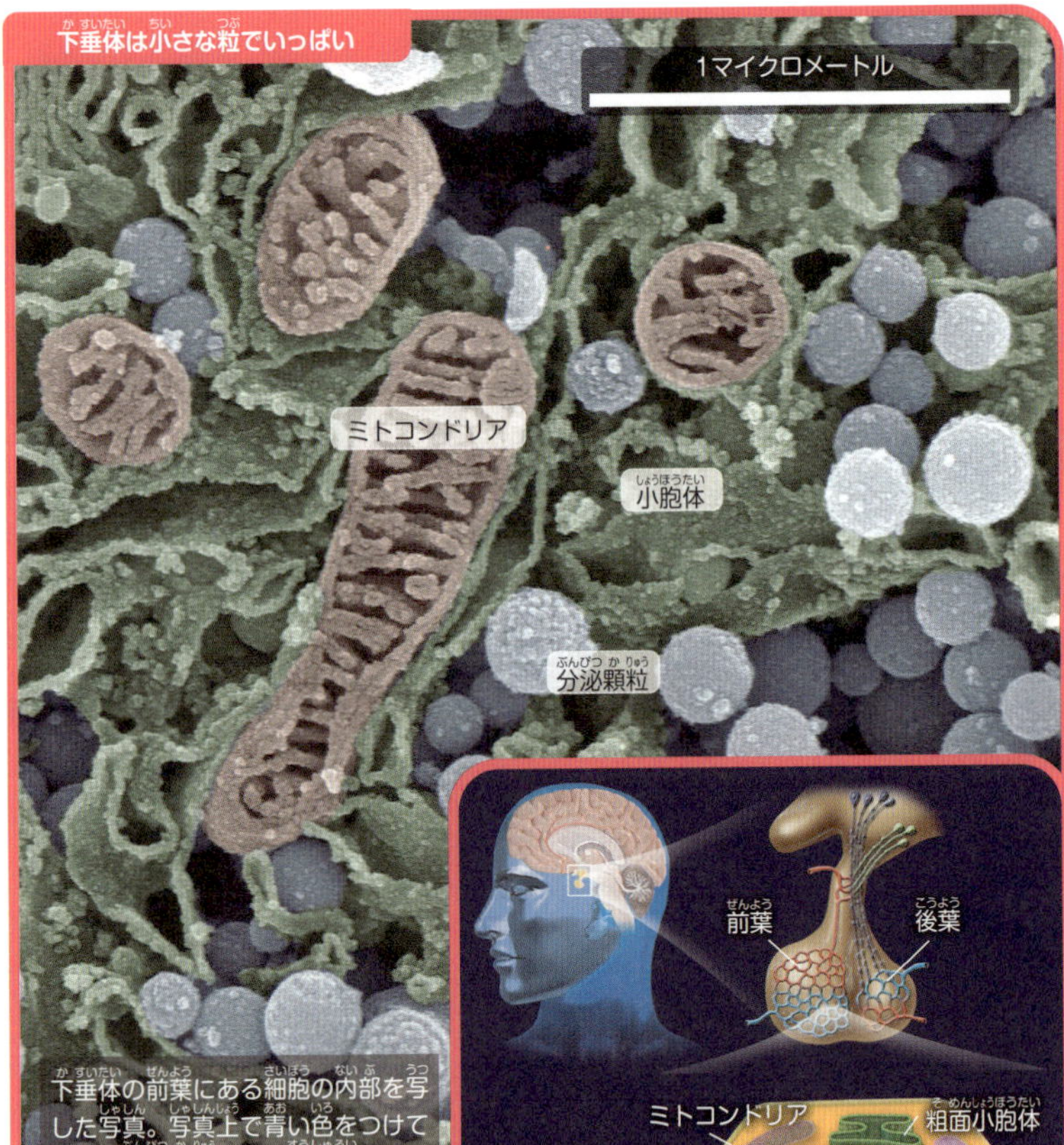
1マイクロメートル
ミトコンドリア
小胞体《しょうほうたい》
分泌顆粒《ぶんぴつかりゅう》

下垂体《かすいたい》の前葉《ぜんよう》にある細胞《さいぼう》の内部《ないぶ》を写《うつ》した写真《しゃしん》。写真上《しゃしんじょう》で青《あお》い色《いろ》をつけてある「分泌顆粒《ぶんぴつかりゅう》」には数種類《すうしゅるい》のホルモンが詰《つ》め込《こ》まれている。

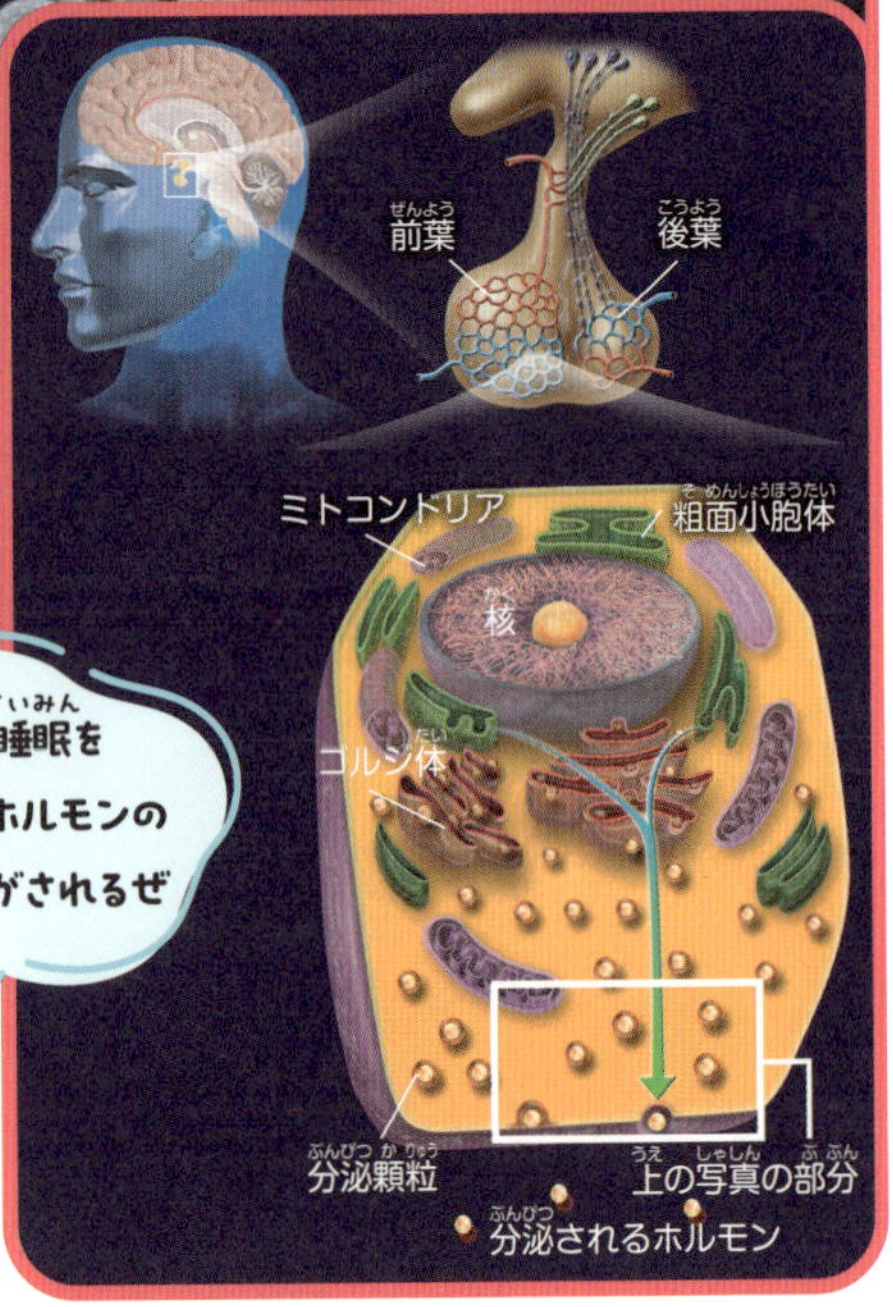
前葉《ぜんよう》
後葉《こうよう》
ミトコンドリア
粗面小胞体《そめんしょうほうたい》
核《かく》
ゴルジ体《たい》
分泌顆粒《ぶんぴつかりゅう》
上《うえ》の写真《しゃしん》の部分《ぶぶん》
分泌《ぶんぴつ》されるホルモン

しっかり睡眠《すいみん》をとると成長《せいちょう》ホルモンの分泌《ぶんぴつ》がうながされるぜ

もっと知《し》りたい

成長期《せいちょうき》に成長《せいちょう》ホルモンが不足《ふそく》すると小人症《こびとしょう》、多《おお》すぎると巨人症《きょじんしょう》が引《ひ》きおこされる。

14 「胃《い》」の細胞《さいぼう》は強《つよ》い酸性《さんせい》の物質《ぶっしつ》をつくる

胃《い》は、よくのび縮《ちぢ》みする筋肉《きんにく》の壁《かべ》でできた袋《ふくろ》です。空腹《くうふく》のときはしぼんで細長《ほそなが》くなっていますが、食《た》べ物《もの》が入《はい》ってくるとのびて大《おお》きくなります。

胃《い》の内側《うちがわ》の表面《ひょうめん》をおおう胃粘膜《いねんまく》には、縦穴《たてあな》がたくさんほられています。「胃腺《いせん》」とよばれるこの縦穴《たてあな》からは、強《つよ》い酸性《さんせい》の胃液《いえき》が分泌《ぶんぴつ》されます。これは、胃腺《いせん》の中《なか》にある「壁細胞《へきさいぼう》」が、塩酸《えんさん》という強《つよ》い酸性《さんせい》の物質《ぶっしつ》をつくっているためです。胃《い》に入《はい》ってきた食《た》べ物《もの》は、胃酸《いさん》によって殺菌《さっきん》されます。

また、胃液《いえき》にはタンパク質《しつ》を分解《ぶんかい》する「ペプシン」という酵素《こうそ》も入《はい》っています。普通《ふつう》の酵素《こうそ》は、強《つよ》い酸性《さんせい》の環境《かんきょう》では性質《せいしつ》がかわってはたらかなくなりますが、ペプシンは強《つよ》い酸性《さんせい》の中《なか》でこそ機能《きのう》を発揮《はっき》するようにできています。

こうしたしくみにより、食《た》べ物《もの》にふくまれたタンパク質《しつ》が分解《ぶんかい》されてドロドロになり、少《すこ》しずつ小腸《しょうちょう》へと送《おく》り出《だ》されていくのです。

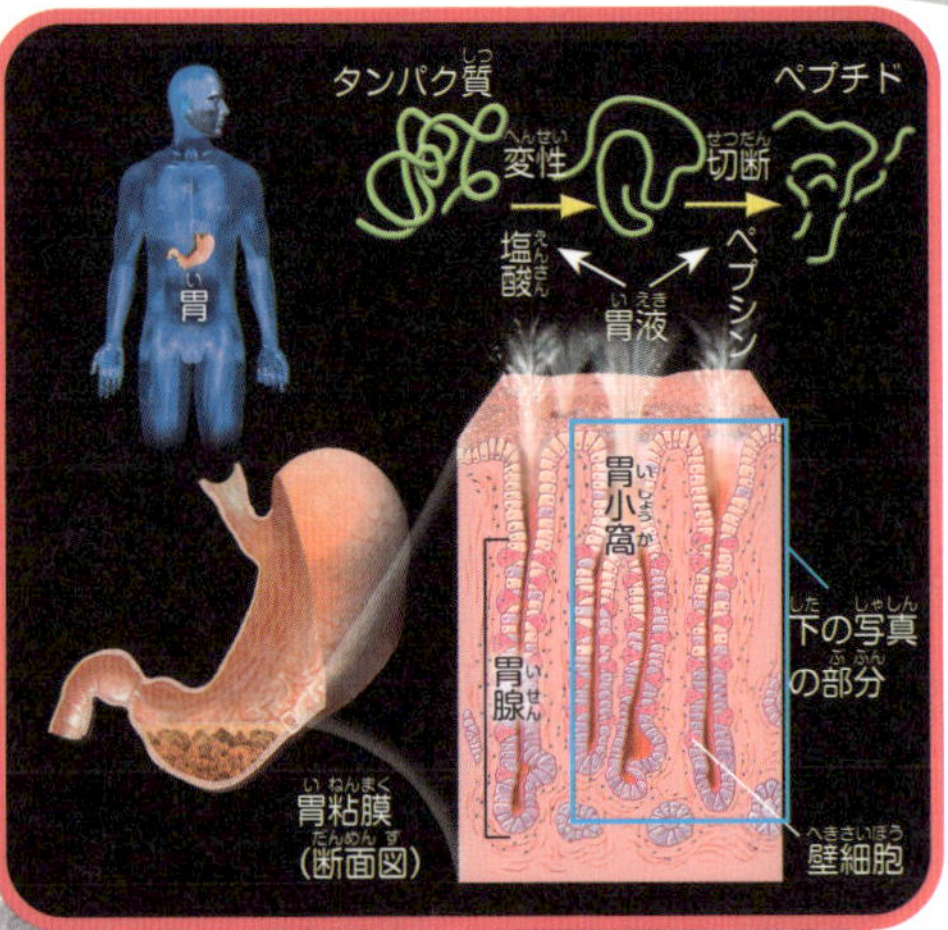
タンパク質《しつ》
変性《へんせい》
切断《せつだん》
ペプチド
塩酸《えんさん》
ペプシン
胃液《いえき》
胃《い》
胃小窩《いしょうか》
下《した》の写真《しゃしん》の部分《ぶぶん》
胃腺《いせん》
胃粘膜《いねんまく》
(断面図《だんめんず》)
壁細胞《へきさいぼう》

胃《い》の構造《こうぞう》

胃《い》の内側《うちがわ》は、胃液《いえき》を出《だ》す粘膜《ねんまく》でおおわれている。胃液《いえき》は、「胃腺《いせん》」という場所《ばしょ》にある「壁細胞《へきさいぼう》」がつくっている。胃液《いえき》は強《つよ》い酸性《さんせい》でタンパク質《しつ》を消化《しょうか》しやすい形《かたち》にかえ、さらに、ペプシンという酵素《こうそ》で消《しょう》化《か》する。その結果《けっか》、タンパク質《しつ》はペプチドという成分《せいぶん》になる。

胃腺《いせん》と壁細胞《へきさいぼう》

胃腺《いせん》
壁細胞《へきさいぼう》
胃酸《いさん》は出《で》すぎると
胃《い》の粘膜《ねんまく》をあらして
おなかが痛《いた》くなっちゃうよ
食《た》べすぎや
ストレスには
要注意《ようちゅうい》!
0.1ミリメートル

胃《い》の粘膜《ねんまく》の断面《だんめん》を写《うつ》した写真《しゃしん》。縦《たて》に長《なが》い柱《はしら》のように見《み》えているのが胃腺《いせん》で、赤《あか》く色《いろ》をつけてあるのが壁細胞《へきさいぼう》。

もっと知《し》りたい

胃液《いえき》は、成人《せいじん》で1日《にち》に1.5〜2.5リットルも分泌《ぶんぴつ》される。

15 細胞《さいぼう》の"毛《け》"で栄養《えいよう》を吸収《きゅうしゅう》する「小腸《しょうちょう》」

小腸《しょうちょう》の内側《うちがわ》には、小《ちい》さなひだがたくさんあります。このひだを拡大《かくだい》すると、2ミリメートルにも満《み》たない出《で》っぱりがびっしりとついています。

この小《ちい》さな出《で》っぱりは「絨毛《じゅうもう》」とよばれています。絨毛《じゅうもう》があることによって、小腸《しょうちょう》の内側《うちがわ》の壁《かべ》はデコボコになり、表面積《ひょうめんせき》がふえます。そのおかげで、より効率《こうりつ》よく栄養素《えいようそ》を吸収《きゅうしゅう》することができるのです。

絨毛《じゅうもう》の表面《ひょうめん》をさらに拡大《かくだい》すると、密《みっ》集《しゅう》する「微絨毛《びじゅうもう》」が見《み》えてきます。

微絨毛《びじゅうもう》とは、栄養素《えいようそ》を吸収《きゅうしゅう》する「吸《きゅう》収上皮細胞《しゅうじょうひさいぼう》」がもつ、長《なが》さ1マイクロメートル（1000分《ぶん》の1ミリメートル）ほどの出《で》っぱりです。微絨毛《びじゅうもう》にはさまざまな消化酵素《しょうかこうそ》が埋《う》め込《こ》まれています。

これらのはたらきによって、炭水化《たんすいか》物《ぶつ》やタンパク質《しつ》は、単糖《たんとう》やアミノ酸《さん》へと分解《ぶんかい》されます。こうして、私《わたし》たちが食《た》べたものは体内《たいない》へ吸収《きゅうしゅう》されます。

小腸《しょうちょう》の構造《こうぞう》

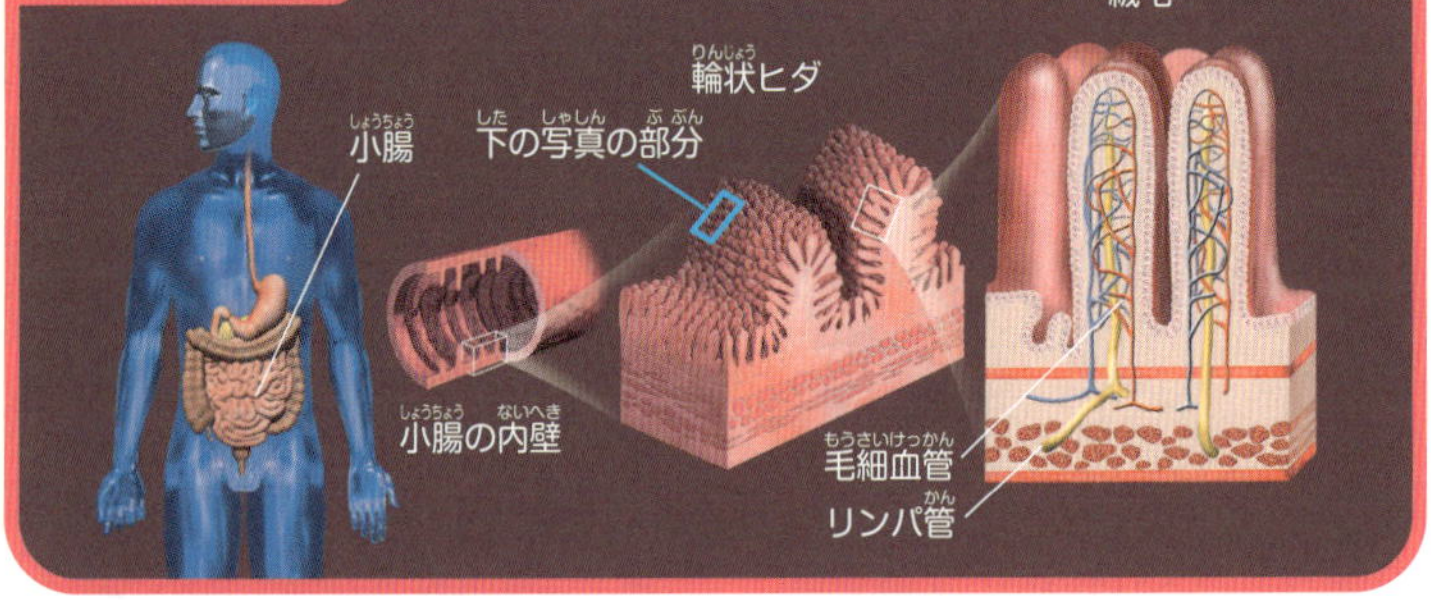

小腸《しょうちょう》
下《した》の写真《しゃしん》の部分《ぶぶん》
輪状《りんじょう》ヒダ
絨毛《じゅうもう》
小腸《しょうちょう》の内壁《ないへき》
毛細血管《もうさいけっかん》
リンパ管《かん》

小腸《しょうちょう》の内側《うちがわ》には小《ち》さなひだ（輪状《りんじょう》ひだ）がある。ひだの表面《ひょうめん》は、「絨毛《じゅうもう》」という細《こま》かい突起《とっき》におおわれている。絨毛《じゅうもう》の中《なか》には血《けっ》管《かん》やリンパ管《かん》が通《とお》っている。

絨毛《じゅうもう》と微絨毛《びじゅうもう》

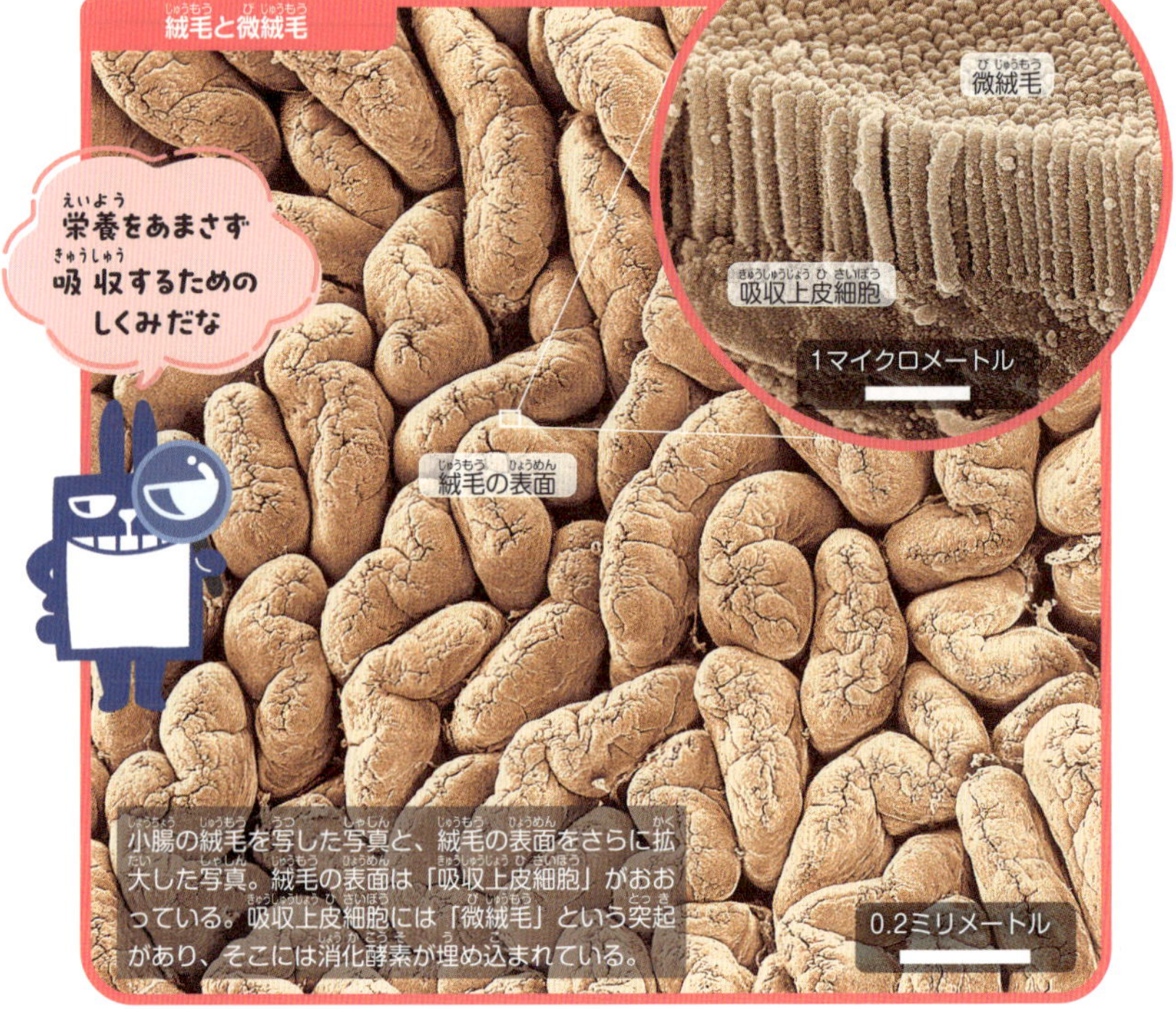

微絨毛《びじゅうもう》
吸収上皮細胞《きゅうしゅうじょうひさいぼう》
1マイクロメートル
絨毛《じゅうもう》の表面《ひょうめん》
0.2ミリメートル
栄養《えいよう》をあまさず
吸収《きゅうしゅう》するための
しくみだな

小腸《しょうちょう》の絨毛《じゅうもう》を写《うつ》した写真《しゃしん》と、絨毛《じゅうもう》の表面《ひょうめん》をさらに拡《かく》大《だい》した写真《しゃしん》。絨毛《じゅうもう》の表面《ひょうめん》は「吸収上皮細胞《きゅうしゅうじょうひさいぼう》」がおおっている。吸収上皮細胞《きゅうしゅうじょうひさいぼう》には「微絨毛《びじゅうもう》」という突起《とっき》があり、そこには消化酵素《しょうかこうそ》が埋《う》め込《こ》まれている。

もっと知《し》りたい

成人《せいじん》の小腸《しょうちょう》は、ふだんは2〜3メートルだが、のばすと6メートルほどになる。

やすみじかん

「腸《ちょう》」は最《もっと》も歴史《れきし》が長《なが》い器官《きかん》

私《わたし》たちの体《からだ》の中《なか》で、最《もっと》も古《ふる》い歴史《れきし》をもつ器《き》官《かん》の1つが「腸《ちょう》」です。

腸《ちょう》の最《もっと》も原始的《げんしてき》な姿《すがた》は「ヒドラ」という生《い》き物《もの》に見《み》ることができます。ヒドラとは、5ミリメートルほどの筒《つつ》のような形《かたち》をした、シンプルな構造《こうぞう》の生《い》き物《もの》です。

腸《ちょう》は、食《た》べ物《もの》が入《はい》ってくると、その成分《せいぶん》に合《あ》った酵素《こうそ》を分泌《ぶんぴつ》して消化《しょうか》を行《おこな》います。これは、腸《ちょう》に“センサー”のような細胞《さいぼう》があるおかげです。この細胞《さいぼう》が食《た》べ物《もの》の成分《せいぶん》を見《み》分《わ》け、まわりに「この消化《しょうか》酵素《こうそ》を出《だ》しなさい」といった指令《しれい》を出《だ》すのです。

“センサー細胞《さいぼう》”を中心《ちゅうしん》とした腸《ちょう》のしくみは、昆虫《こんちゅう》やイカ・タコ・ミミズの腸《ちょう》にも同《おな》じように見《み》ることができます。つまり、私《わたし》たちヒトも、昆虫《こんちゅう》も、イカ・タコ・ミミズも、ヒドラのよ

進化《しんか》ってすごい!

うな腸《ちょう》をもった生《い》き物《もの》から進化《しんか》したと考《かんが》えられるのです。なんだかふしぎですね。

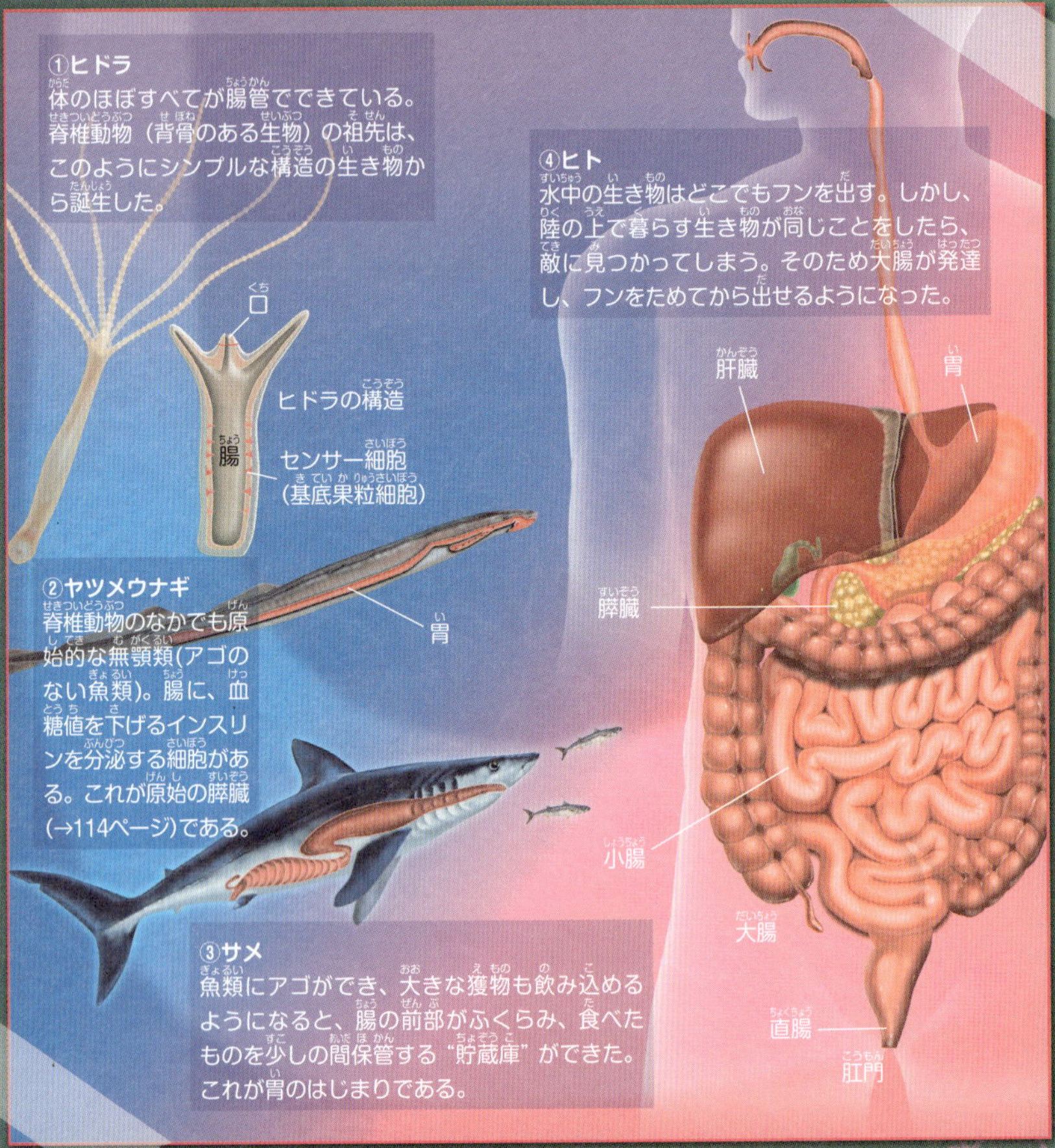
①ヒドラ
体《からだ》のほぼすべてが腸管《ちょうかん》でできている。脊椎動物《せきついどうぶつ》（背骨《せぼね》のある生物《せいぶつ》）の祖先《そせん》は、このようにシンプルな構造《こうぞう》の生《い》き物《もの》から誕生《たんじょう》した。
口《くち》
ヒドラの構造《こうぞう》
腸《ちょう》
センサー細胞《さいぼう》
（基底果粒細胞《きていかりゅうさいぼう》）
②ヤツメウナギ
脊椎動物《せきついどうぶつ》のなかでも原《げん》始的《してき》な無顎類《むがくるい》（アゴのない魚類《ぎょるい》）。腸《ちょう》に、血《けっ》糖値《とうち》を下《さ》げるインスリンを分泌《ぶんぴつ》する細胞《さいぼう》がある。これが原始《げんし》の膵臓《すいぞう》（→114ページ）である。
胃《い》
③サメ
魚類《ぎょるい》にアゴができ、大《おお》きな獲物《えもの》も飲《の》み込《こ》めるようになると、腸《ちょう》の前部《ぜんぶ》がふくらみ、食《た》べたものを少《すこ》しの間《あいだ》保管《ほかん》する“貯蔵庫《ちょぞうこ》”ができた。これが胃《い》のはじまりである。
④ヒト
水中《すいちゅう》の生《い》き物《もの》はどこでもフンを出《だ》す。しかし、陸《りく》の上《うえ》で暮《く》らす生《い》き物《もの》が同《おな》じことをしたら、敵《てき》に見《み》つかってしまう。そのため大腸《だいちょう》が発達《はったつ》し、フンをためてから出《だ》せるようになった。
肝臓《かんぞう》
胃《い》
膵臓《すいぞう》
小腸《しょうちょう》
大腸《だいちょう》
直腸《ちょくちょう》
肛門《こうもん》

腸《ちょう》の進化《しんか》の流《なが》れを、ヒドラ、ヤツメウナギ、サメ、ヒトを例《れい》に紹介《しょうかい》している。

16 膵臓《すいぞう》の〝島《しま》〟がはたらかなくなると糖尿病《とうにょうびょう》になる

左《ひだり》のページの写真《しゃしん》は、膵臓《すいぞう》でホルモンを分泌《ぶんぴつ》する器官《きかん》「ランゲルハンス島《とう》」です。体《からだ》の一部《いちぶ》なのに「島《しま》」という名前《なまえ》なのはおもしろいですね。膵臓《すいぞう》には、2つの重要《じゅうよう》な仕事《しごと》があります。

1つは、消化液《しょうかえき》である「膵液《すいえき》」をつくって小腸《しょうちょう》へ分泌《ぶんぴつ》することです。膵液《すいえき》は弱《じゃく》アルカリ性《せい》なので、胃《い》から食《た》べ物《もの》と一緒《いっしょ》に流《なが》れてくる強《つよ》い酸性《さんせい》の胃液《いえき》を中和《ちゅうわ》することができます。また、膵液《すいえき》にふくまれる消化酵素《しょうかこうそ》により、炭水化《たんすいか》物《ぶつ》やタンパク質《しつ》、脂質《ししつ》を分解《ぶんかい》します。

もう1つの仕事《しごと》は、ランゲルハンス島《とう》が分泌《ぶんぴつ》するホルモンで、血糖値《けっとうち》を調《ちょう》節《せつ》することです。血糖値《けっとうち》が高《たか》くなると、ランゲルハンス島《とう》は、血糖値《けっとうち》を下《さ》げる「インスリン」を分泌《ぶんぴつ》します。逆《ぎゃく》に血糖値《けっとうち》が低《ひく》いときには、血糖値《けっとうち》を上《あ》げる「グルカゴン」を分泌《ぶんぴつ》します。

さまざまな理由《りゆう》でインスリンのはたらきが弱《よわ》まり、血糖値《けっとうち》が高《たか》い状態《じょうたい》がつづくと「糖尿病《とうにょうびょう》」になってしまいます。

膵臓《すいぞう》のランゲルハンス島《とう》

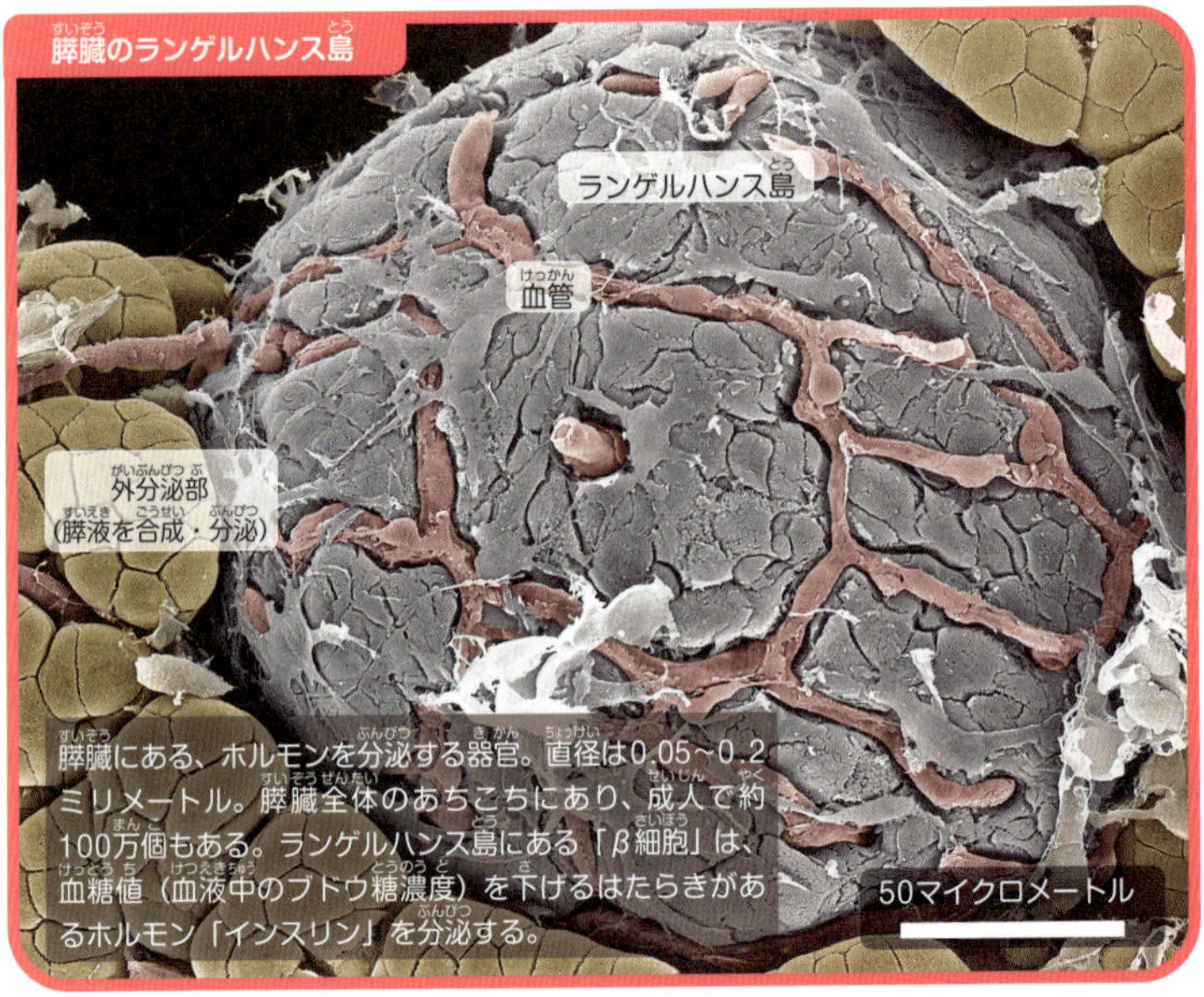
ランゲルハンス島《とう》
血管《けっかん》
外分泌部《がいぶんぴつぶ》
（膵液《すいえき》を合成《ごうせい》・分泌《ぶんぴつ》）
50マイクロメートル

膵臓《すいぞう》にある、ホルモンを分泌《ぶんぴつ》する器官《きかん》。直径《ちょっけい》は0.05~0.2ミリメートル。膵臓全体《すいぞうぜんたい》のあちこちにあり、成人《せいじん》で約《やく》100万《まん》個もある。ランゲルハンス島《とう》にある「β細胞《さいぼう》」は、血糖値《けっとうち》（血液中《けつえきちゅう》のブドウ糖濃度《とうのうど》）を下《さ》げるはたらきがあるホルモン「インスリン」を分泌《ぶんぴつ》する。

糖尿病《とうにょうびょう》ってどんな病気《びょうき》？

血液《けつえき》には、食《た》べ物《もの》を消化《しょうか》して取《と》り込《こ》まれたブドウ糖《とう》がふくまれていて、筋肉《きんにく》などを動《うご》かすエネルギーとして使《つか》われます。ブドウ糖《とう》がうまく使《つか》われず、血糖値《けっとうち》が高《たか》い状態《じょうたい》がつづくのが糖尿病《とうにょうびょう》です。糖尿病《とうにょうびょう》になると、目《め》や腎臓《じんぞう》のはたらきが失《うしな》われてしまう危険《きけん》があります。また、心臓《しんぞう》や血管《けっかん》の病気《びょうき》にもかかりやすくなります。

糖尿病《とうにょうびょう》には次《つぎ》の2種類《しゅるい》があります。

1型糖尿病《がたとうにょうびょう》…膵臓《すいぞう》でインスリンをつくれないことが原因《げんいん》。
2型糖尿病《がたとうにょうびょう》…インスリンが不足《ふそく》している、またはうまくはたらかないことが原因《げんいん》。

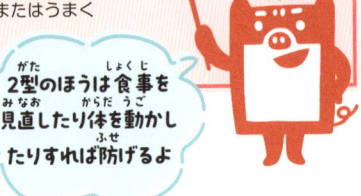

健康《けんこう》がいちばんだよ
2型《がた》のほうは食事《しょくじ》を見直《みなお》したり体《からだ》を動《うご》かしたりすれば防《ふせ》げるよ

もっと知《し》りたい

ランゲルハンス島《とう》の「島《しま》」は、顕微鏡《けんびきょう》で観察《かんさつ》すると海《うみ》の小島《こじま》に見《み》えることに由来《ゆらい》。

17 いつも大《おお》いそがしな「肝臓《かんぞう》」の細胞《さいぼう》

肝臓《かんぞう》は、ヒトの体《からだ》でいちばん大《おお》きな臓器《ぞうき》で、右《みぎ》の肋骨《ろっこつ》の内側《うちがわ》にあります。肝臓《かんぞう》には、体《からだ》に入《はい》った有害《ゆうがい》な物質《ぶっしつ》を解《げ》毒《どく》したり、栄養《えいよう》をため込《こ》んで必要《ひつよう》なときのエネルギー源《げん》にしたり、脂肪《しぼう》を消《しょう》化《か》するための胆汁《たんじゅう》をつくったりするなど、たくさんの役割《やくわり》があります。

左《ひだり》のページの写真《しゃしん》は、肝臓《かんぞう》を拡大《かくだい》したものです。「肝細胞《かんさいぼう》(写真《しゃしん》の茶色《ちゃいろ》の部《ぶ》分《ぶん》)」と、それにはさまれた何本《なんぼん》もの毛細血管《もうさいけっかん》(写真《しゃしん》の青色《あおいろ》の部分《ぶぶん》)が見《み》えます。

肝細胞《かんさいぼう》に接《せっ》する毛細血管《もうさいけっかん》の壁《かべ》には、たくさんの穴《あな》があいているので、肝細《かんさい》胞《ぼう》は血液《けつえき》に触《ふ》れることができます。そこで、血液《けつえき》にふくまれるさまざまな物《ぶっ》質《しつ》を取《と》り込《こ》んで処理《しょり》したり、必要《ひつよう》に応《おう》じて血液《けつえき》に物質《ぶっしつ》を放出《ほうしゅつ》したりします。

また、肝細胞《かんさいぼう》の表面《ひょうめん》には「毛細胆《もうさいたん》管《かん》」という細《ほそ》い溝《みぞ》があります。これは、肝細胞《かんさいぼう》がつくった胆汁《たんじゅう》を、胆《たん》のうへ運《はこ》ぶルートです。

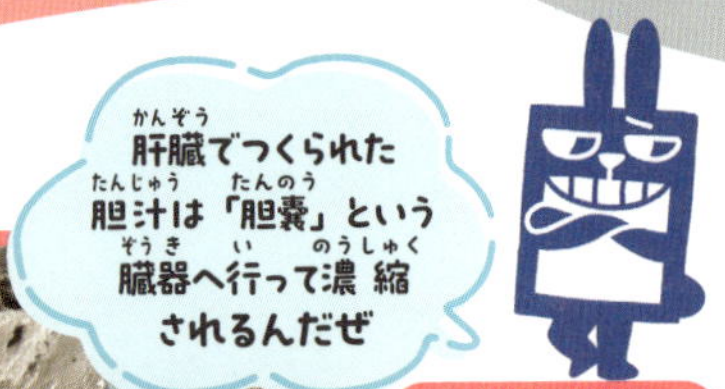
肝臓《かんぞう》でつくられた胆汁《たんじゅう》は「胆嚢《たんのう》」という臓器《ぞうき》へ行《い》って濃縮《のうしゅく》されるんだぜ

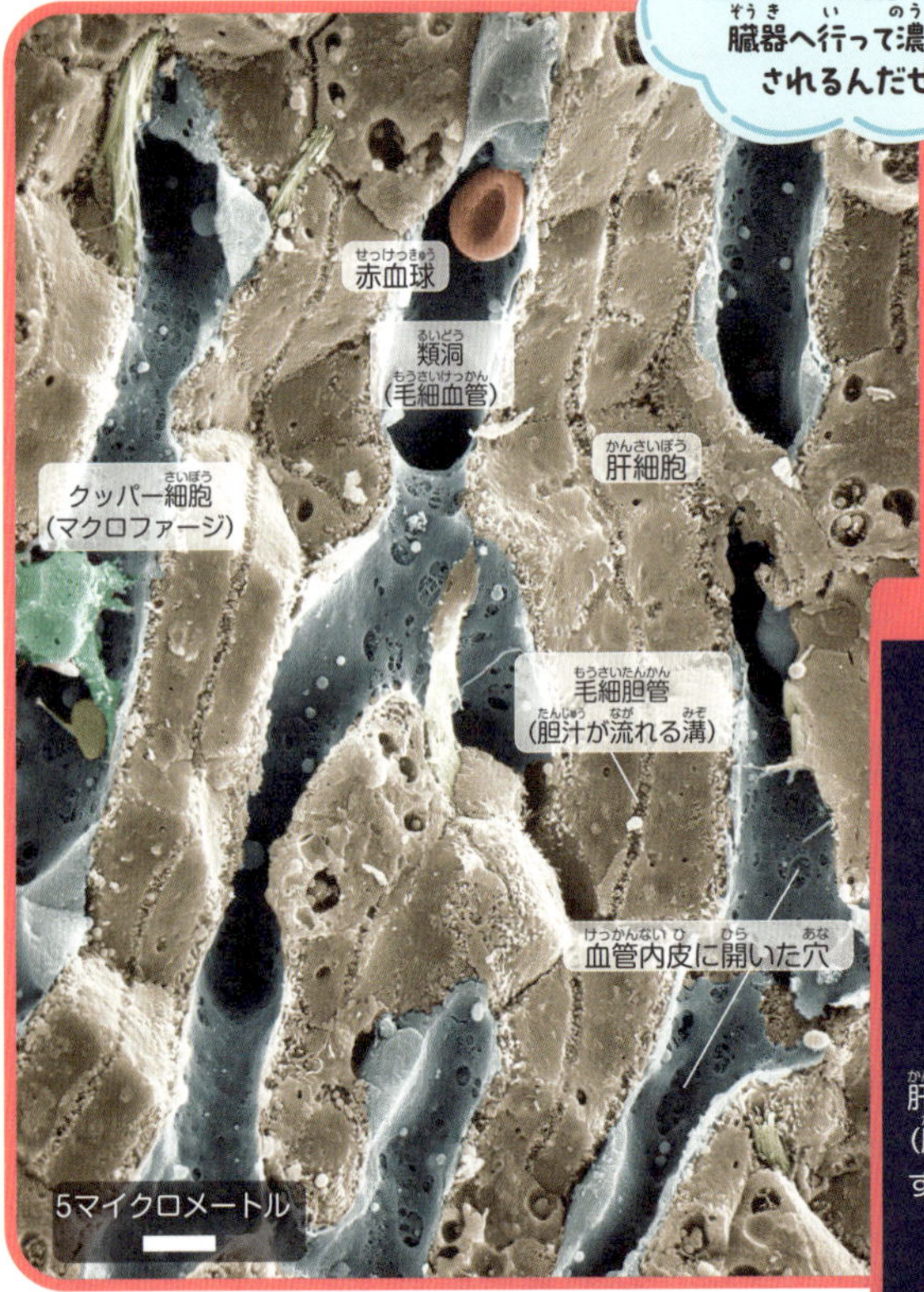
赤血球《せっけっきゅう》
類洞《るいどう》
（毛細血管《もうさいけっかん》）
肝細胞《かんさいぼう》
クッパー細胞《さいぼう》
（マクロファージ）
毛細胆管《もうさいたんかん》
（胆汁《たんじゅう》が流《なが》れる溝《みぞ》）
血管内皮《けっかんないひ》に開《ひら》いた穴《あな》
5マイクロメートル

肝臓《かんぞう》の細胞《さいぼう》

平行《へいこう》に走《はし》る血管《けっかん》（青色《あおいろ》の部分《ぶぶん》）に面《めん》して、肝細胞《かんさいぼう》（茶色《ちゃいろ》の部分《ぶぶん》）が列《れつ》をつくっている。血管《けっかん》には穴《あな》があいており、そこから血液中《けつえきちゅう》の血漿《けっしょう》（液体《えきたい》）がしみ出《だ》してきて、肝細胞《かんさいぼう》と成分《せいぶん》のやり取《と》りをする。

肝臓《かんぞう》の構造《こうぞう》

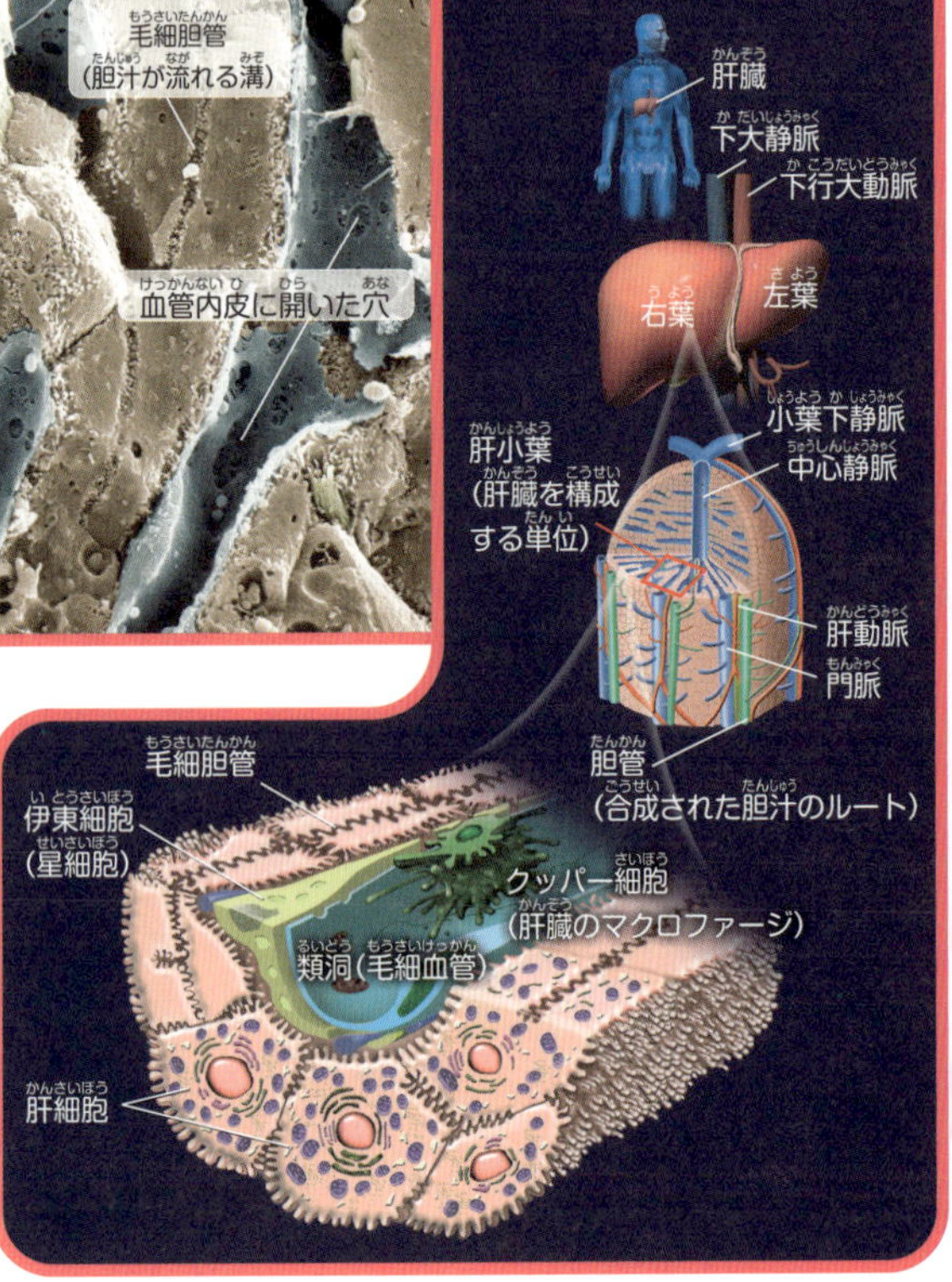
肝臓《かんぞう》
下大静脈《かだいじょうみゃく》
下行大動脈《かこうだいどうみゃく》
右葉《うよう》
左葉《さよう》
小葉下静脈《しょうようかじょうみゃく》
中心静脈《ちゅうしんじょうみゃく》
肝小葉《かんしょうよう》
（肝臓《かんぞう》を構成《こうせい》する単位《たんい》）
肝動脈《かんどうみゃく》
門脈《もんみゃく》
胆管《たんかん》
（合成《ごうせい》された胆汁《たんじゅう》のルート）
毛細胆管《もうさいたんかん》
伊東細胞《いとうさいぼう》
（星細胞《せいさいぼう》）
クッパー細胞《さいぼう》
（肝臓《かんぞう》のマクロファージ）
類洞《るいどう》（毛細血管《もうさいけっかん》）
肝細胞《かんさいぼう》

肝臓《かんぞう》ではたらく細胞《さいぼう》たち

肝細胞《かんさいぼう》は、糖《とう》をため込《こ》んだり、胆《たん》汁《じゅう》を合成《ごうせい》したり、お酒《さけ》などにふくまれるアルコールを分解《ぶんかい》したりする。肝細胞《かんさいぼう》は50万《まん》個《こ》ほど集《あつ》まって、直径《ちょっけい》1ミリメートル程度《ていど》の「肝小葉《かんしょうよう》」という集合体《しゅうごうたい》をつくる。また、肝臓《かんぞう》の毛細血管《もうさいけっかん》には、異物《いぶつ》や古《ふる》くなった赤血球《せっけっきゅう》を食《た》べて分解《ぶんかい》するクッパー細胞《さいぼう》、ビタミンAを貯蔵《ちょぞう》する伊東細胞《いとうさいぼう》などがある。

もっと知《し》りたい

肝臓《かんぞう》は病気《びょうき》になってもなかなか症状《しょうじょう》があらわれず、“沈黙《ちんもく》の臓器《ぞうき》”ともよばれる。

18 おしっこをつくる細胞《さいぼう》がある「腎臓《じんぞう》」

腎臓《じんぞう》には、血液《けつえき》をろ過《か》してきれいにし、老廃物《ろうはいぶつ》をおしっことともに外《そと》に出《だ》すはたらきがあります。

腎臓《じんぞう》の中《なか》には「腎小体《じんしょうたい》」というろ過《か》装置《そうち》がたくさんあります。この装置《そうち》は、毛細血管《もうさいけっかん》がかたまりになった「糸球体《しきゅうたい》」と、それを包《つつ》む「ボウマン嚢《のう》」という袋《ふくろ》でできています。

糸球体《しきゅうたい》では、血液《けつえき》の液体成分《えきたいせいぶん》(血漿《けっしょう》)だけがろ過《か》されて、ボウマン嚢《のう》にしみ出《だ》してきます。これが、おしっこの原料《げんりょう》となる「原尿《げんにょう》」です。原尿《げんにょう》は「尿細管《にょうさいかん》」へ送《おく》られ、糖《とう》やアミノ酸《さん》など体《からだ》に必要《ひつよう》な成分《せいぶん》が再吸収《さいきゅうしゅう》されます。そして、アンモニアなどの老廃物《ろうはいぶつ》が濃縮《のうしゅく》され、おしっこが完成《かんせい》します。

糸球体《しきゅうたい》は、一度《いちど》こわれてしまうと元《もと》にもどりません。腎臓《じんぞう》が機能《きのう》を失《うしな》う「腎不全《じんふぜん》」におちいってしまった場合《ばあい》には、人工透析《じんこうとうせき》といって、定期的《ていきてき》に機械《きかい》で血液《けつえき》をきれいにする必要《ひつよう》があります。

腎臓《じんぞう》の足細胞《あしさいぼう》

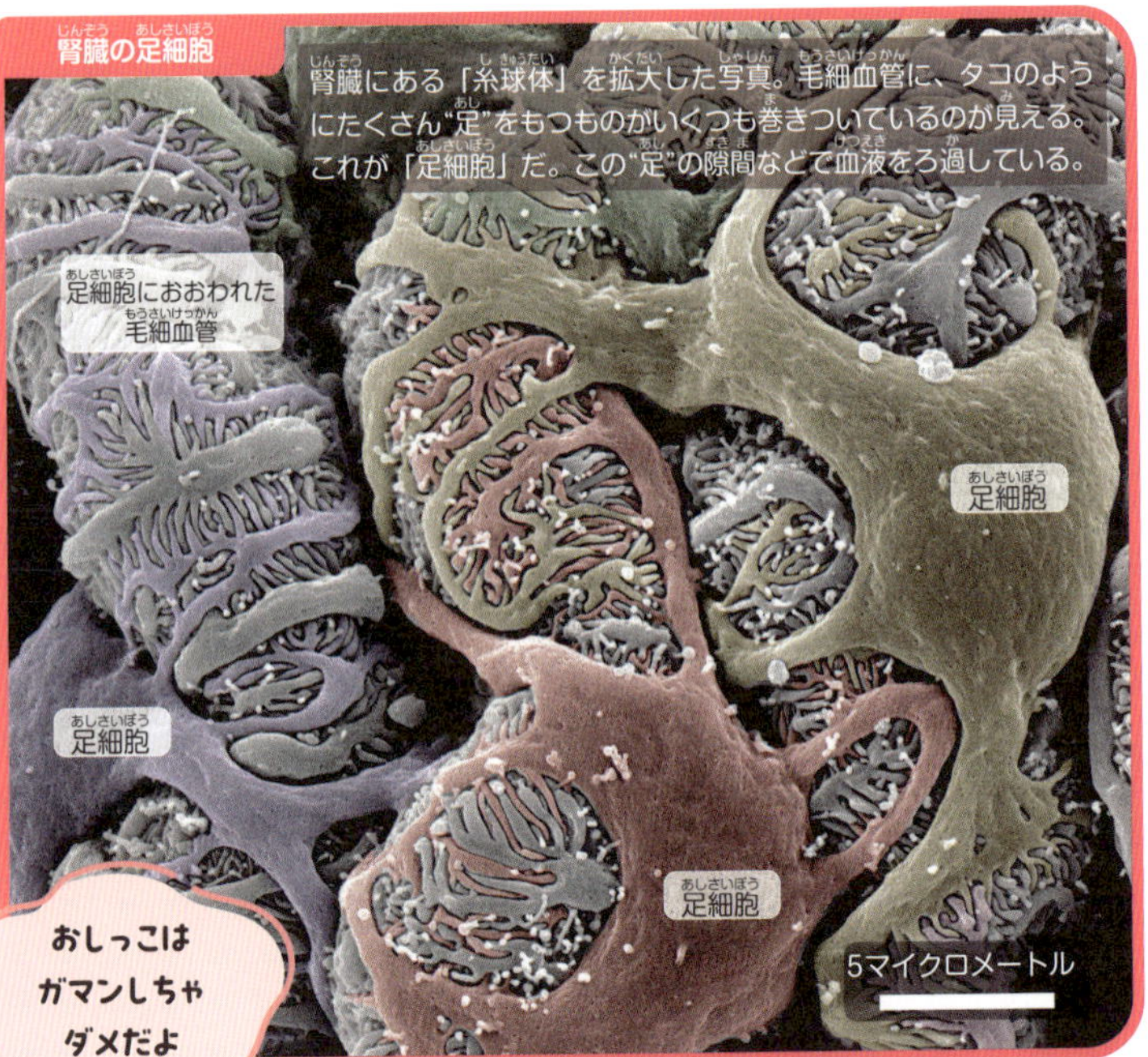
足細胞《あしさいぼう》におおわれた毛細血管《もうさいけっかん》
足細胞《あしさいぼう》
足細胞《あしさいぼう》
足細胞《あしさいぼう》
5マイクロメートル

腎臓《じんぞう》にある「糸球体《しきゅうたい》」を拡大《かくだい》した写真《しゃしん》。毛細血管《もうさいけっかん》に、タコのようにたくさん“足《あし》”をもつものがいくつも巻《ま》きついているのが見《み》える。これが「足細胞《あしさいぼう》」だ。この“足《あし》”の隙間《すきま》などで血液《けつえき》をろ過《か》している。

おしっこは
ガマンしちゃ
ダメだよ

腎臓《じんぞう》は胸《むね》の下《した》の背中側《せなかがわ》に左《さ》右《ゆう》1つずつある。腎臓《じんぞう》には、腎小体《じんしょうたい》という血液《けつえき》をろ過《か》するしくみがある。腎小体《じんしょうたい》には、毛細血管《もうさいけっかん》のかたまりである「糸球体《しきゅうたい》」があり、そのまわりを「尿細管《にょうさいかん》」が取《と》りまいている。

腎臓《じんぞう》の構造《こうぞう》

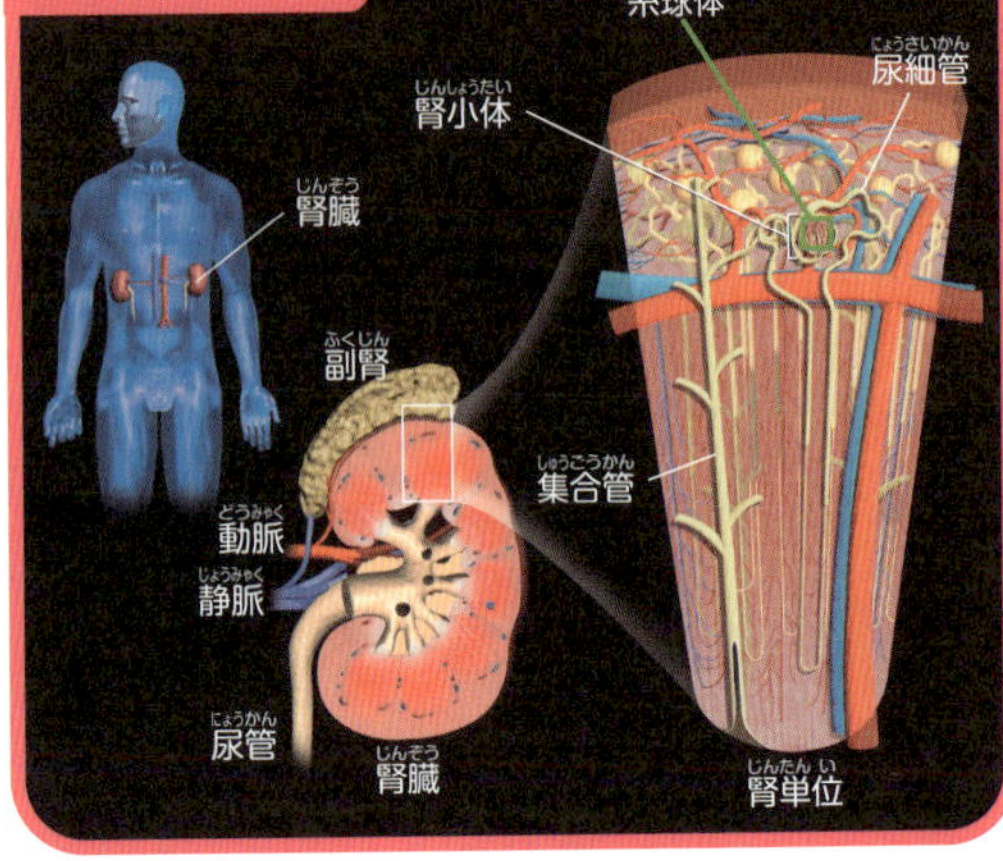
糸球体《しきゅうたい》
尿細管《にょうさいかん》
腎小体《じんしょうたい》
腎臓《じんぞう》
副腎《ふくじん》
集合管《しゅうごうかん》
動脈《どうみゃく》
静脈《じょうみゃく》
尿管《にょうかん》
腎臓《じんぞう》
腎単位《じんたんい》

もっと知《し》りたい

腎臓《じんぞう》は、血圧《けつあつ》を調節《ちょうせつ》するホルモンや、赤血球《せっけっきゅう》をつくるホルモンも分泌《ぶんぴつ》している。

19 光《ひかり》を感《かん》じることができる「目《め》」の細胞《さいぼう》

私《わたし》たちがものを見《み》ることができるのは、目《め》の細胞《さいぼう》が光《ひかり》を感《かん》じ取《と》っているからです。眼球《がんきゅう》の奥《おく》にある網膜《もうまく》には、光《ひかり》を感《かん》じる2種類《しゅるい》の「視細胞《しさいぼう》」があります。1つは「明《あか》るい・暗《くら》い」を感知《かんち》する「桿体細胞《かんたいさいぼう》」で、もう1つは色《いろ》を認《にん》識《しき》する「錐体細胞《すいたいさいぼう》」です。

どちらの視細胞《しさいぼう》も、丸《まる》い細胞体《さいぼうたい》から、細長《ほそなが》い出《で》っぱりが長《なが》くのびた形《かたち》をしています。出《で》っぱりのうち、細胞体《さいぼうたい》に近《ちか》い部分《ぶぶん》は「内節《ないせつ》」、そこから生《は》えたように見《み》える部分《ぶぶん》は「外節《がいせつ》」とよばれています。このうち、外節《がいせつ》が光《ひかり》を感《かん》じる部分《ぶぶん》にあたります。

左《ひだり》ページの内節《ないせつ》と外節《がいせつ》の境目《さかいめ》を写《うつ》した写真《しゃしん》では、外節《がいせつ》の細胞膜《さいぼうまく》の一部《いちぶ》がはがれ、内側《うちがわ》に円板《えんばん》を重《かさ》ねたような構造《こうぞう》が見《み》えています。この円板《えんばん》は、細胞膜《さいぼうまく》がくびれてできたもので、光《ひかり》で構造《こうぞう》が変化《へんか》するタンパク質《しつ》（視物質《しぶっしつ》）がふくまれています。そのため、光《ひかり》を感知《かんち》することができるのです。

目《め》の構造《こうぞう》

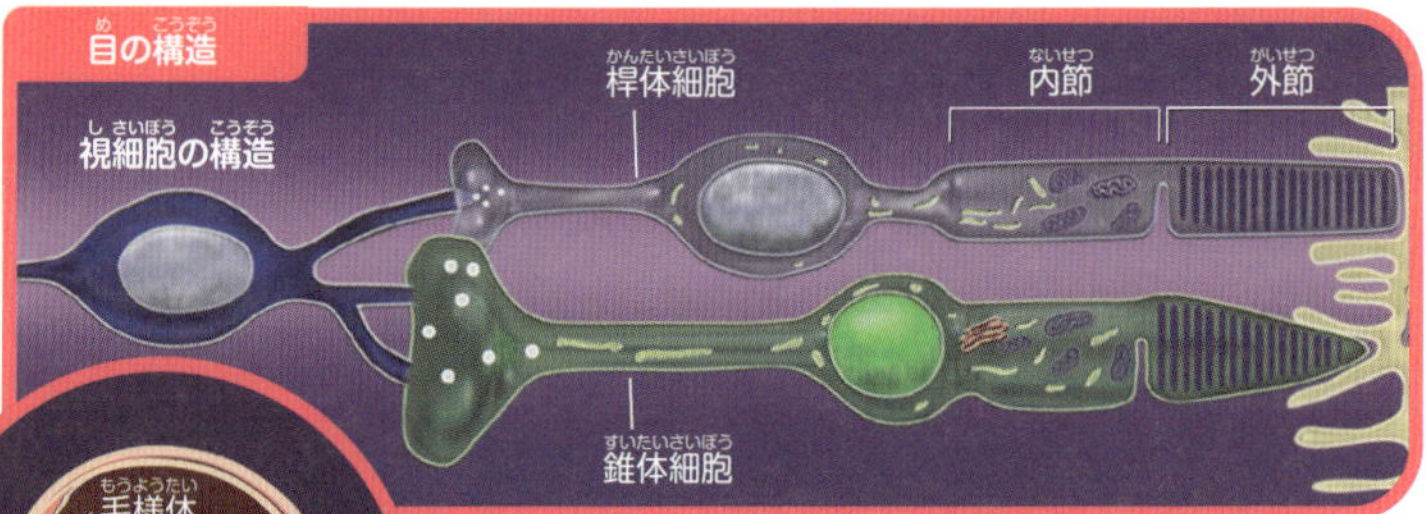
視細胞《しさいぼう》の構造《こうぞう》
桿体細胞《かんたいさいぼう》
内節《ないせつ》
外節《がいせつ》
錐体細胞《すいたいさいぼう》

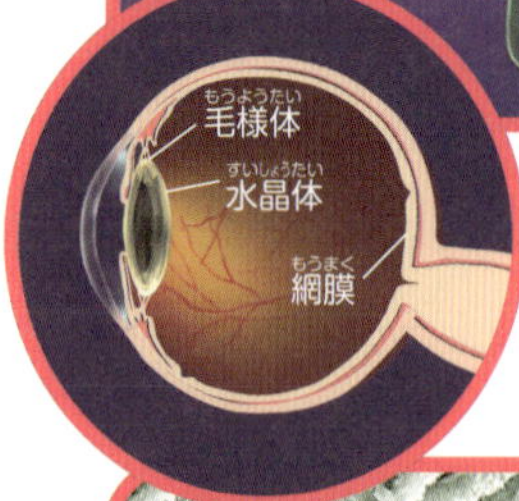
毛様体《もうようたい》
水晶体《すいしょうたい》
網膜《もうまく》

光《ひかり》が目《め》に入《はい》ると、毛様体《もうようたい》という筋肉《きんにく》が水晶体《すいしょうたい》（レンズ）の厚《あつ》さを調節《ちょうせつ》し、眼球《がんきゅう》の奥《おく》にある「網膜《もうまく》」にピントを当《あ》てる。網膜《もうまく》には、明暗《めいあん》を感知《かんち》する「桿体細胞《かんたいさいぼう》」と色《いろ》を認識《にんしき》する「錐体細胞《すいたいさいぼう》」の2種《しゅ》類《るい》の「視細胞《しさいぼう》」がある。視細胞《しさいぼう》は、丸《まる》い細胞体《さいぼうたい》から、内節《ないせつ》と外節《がいせつ》が長《なが》くのびた構造《こうぞう》になっている。

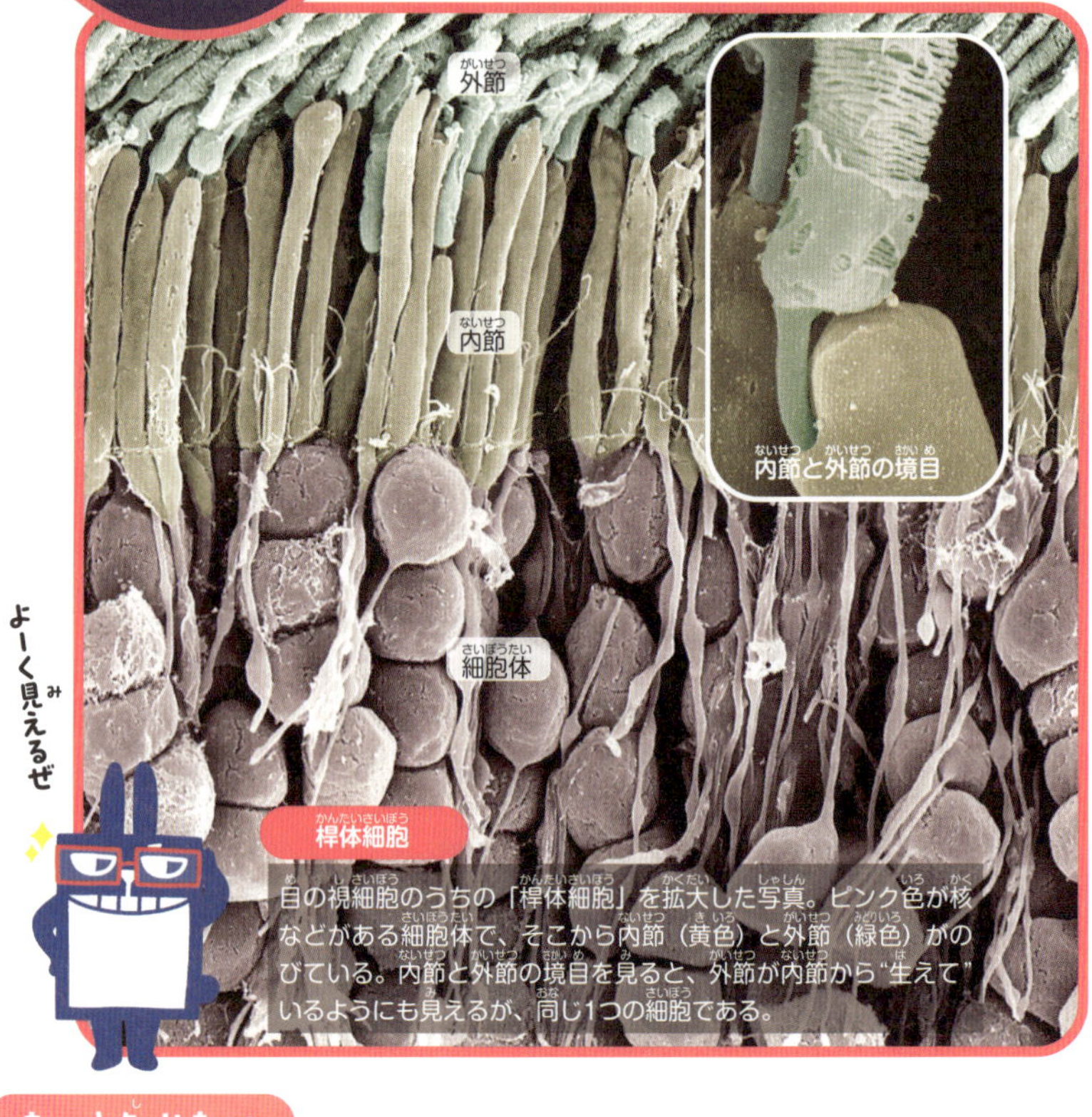
外節《がいせつ》
内節《ないせつ》
細胞体《さいぼうたい》
内節《ないせつ》と外節《がいせつ》の境目《さかいめ》
桿体細胞《かんたいさいぼう》
よーく見《み》えるぜ

目《め》の視細胞《しさいぼう》のうちの「桿体細胞《かんたいさいぼう》」を拡大《かくだい》した写真《しゃしん》。ピンク色《いろ》が核《かく》などがある細胞体《さいぼうたい》で、そこから内節《ないせつ》（黄色《きいろ》）と外節《がいせつ》（緑色《みどりいろ》）がのびている。内節《ないせつ》と外節《がいせつ》の境目《さかいめ》を見《み》ると、外節《がいせつ》が内節《ないせつ》から“生《は》えて”いるようにも見《み》えるが、同《おな》じ1つの細胞《さいぼう》である。

もっと知《し》りたい

錐体細胞《すいたいさいぼう》には、赤《あか》・黄《き》・緑《みどり》の光《ひかり》に反応《はんのう》する3種類《しゅるい》の視物質《しぶっしつ》がある。

20

「耳《みみ》」の細胞《さいぼう》は音《おと》を電気信号《でんきしんごう》にかえる

私《わたし》たちが音《おと》を聴《き》くことができるのは、耳《みみ》の細胞《さいぼう》が音《おと》を電気信号《でんきしんごう》に変換《へんかん》し、脳《のう》の神経《しんけい》に伝《つた》えるからです。

そもそも音《おと》の正体《しょうたい》は、空気《くうき》の振動《しんどう》です。空気《くうき》の振動《しんどう》は、まず鼓膜《こまく》をふるわせます。鼓膜《こまく》の振動《しんどう》は、その奥《おく》にある「耳小骨《じしょうこつ》」という小《ちい》さな3つの骨《ほね》を伝《つた》わりながら増幅《ぞうふく》され、さらにその奥《おく》にある「蝸牛管《かぎゅうかん》」に伝《つた》えられます。

蝸牛管《かぎゅうかん》の中《なか》はリンパ液《えき》で満《み》たされています。耳小骨《じしょうこつ》の振動《しんどう》は、このリンパ液《えき》の振動《しんどう》にかえられて、蝸牛管《かぎゅうかん》の中《なか》にある有毛細胞《ゆうもうさいぼう》をゆらします。

有毛細胞《ゆうもうさいぼう》の頭《あたま》の部分《ぶぶん》には、「聴毛《ちょうもう》（感覚毛《かんかくもう》）」が生《は》えています。左《ひだり》のページの写真《しゃしん》を見《み》てみましょう。上下逆《じょうげぎゃく》のV字《じ》をえがいてならぶ毛《け》が聴毛《ちょうもう》です。

有毛細胞《ゆうもうさいぼう》がゆらされると、聴毛《ちょうもう》がかたむきます。それをきっかけに有毛細胞《ゆうもうさいぼう》が電気信号《でんきしんごう》を生《う》み出《だ》し、脳《のう》に伝《つた》わります。こうして、私《わたし》たちは音《おと》を聴《き》いて認識《にんしき》することができるのです。

耳《みみ》の構造《こうぞう》

音《おと》の振動《しんどう》は、鼓膜《こまく》、耳小《じしょう》骨《こつ》、蝸牛管《かぎゅうかん》の順《じゅん》に伝《つた》わる。蝸牛管《かぎゅうかん》の中《なか》にある有毛細胞《ゆうもうさいぼう》の「聴毛《ちょうもう》」がかたむくと、有毛細胞内《ゆうもうさいぼうない》が興奮《こうふん》し、となりあう神経細胞《しんけいさいぼう》の突起《とっき》へ化《か》学物質《がくぶっしつ》(グルタミン酸《さん》)を放《ほう》出《しゅつ》する。それを受《う》け取《と》った神経細胞《しんけいさいぼう》は、電気信号《でんきしんごう》を脳《のう》へと伝《つた》える。

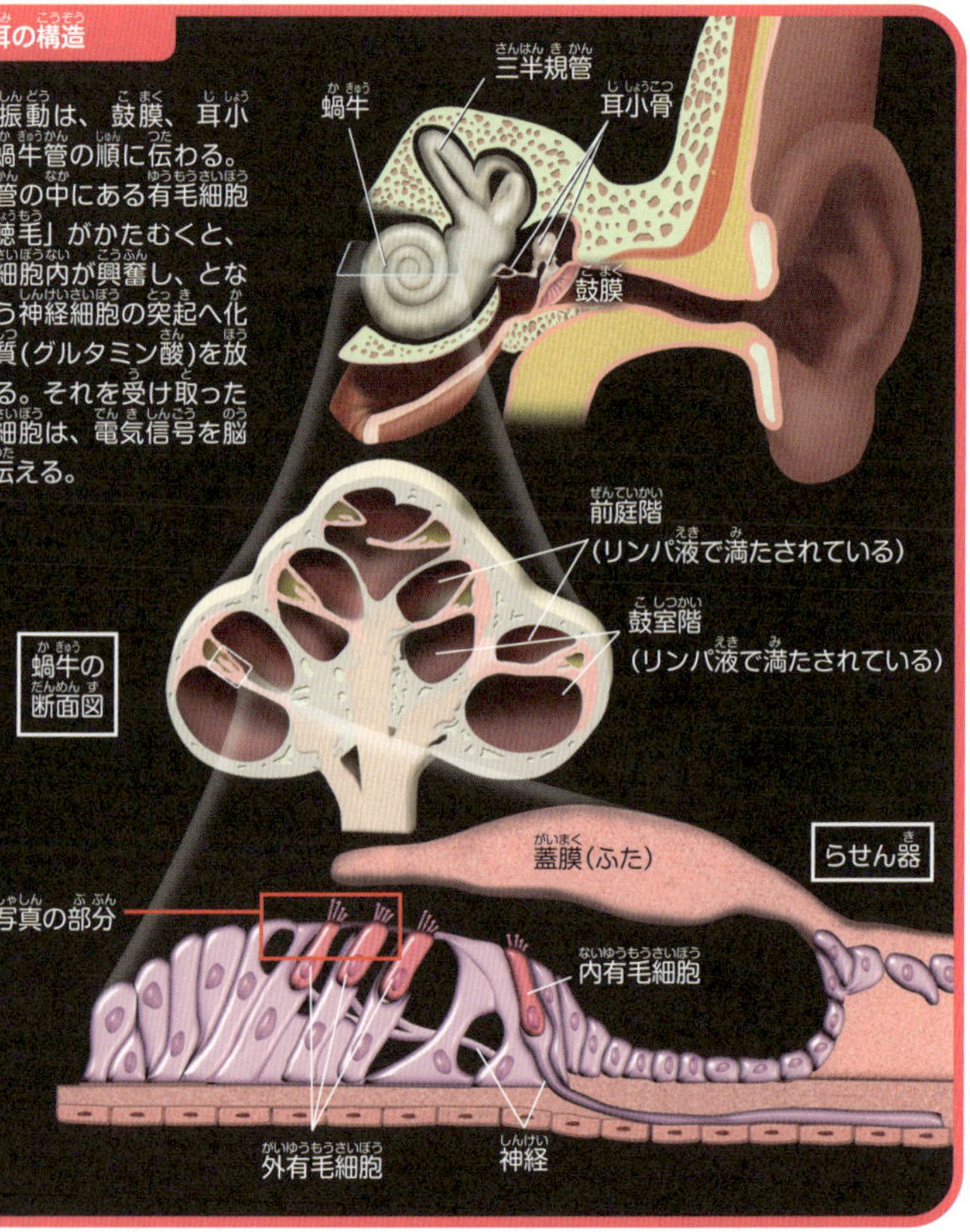
三半規管《さんはんきかん》
蝸牛《かぎゅう》
耳小骨《じしょうこつ》
鼓膜《こまく》
前庭階《ぜんていかい》
(リンパ液《えき》で満《み》たされている)
鼓室階《こしつかい》
(リンパ液《えき》で満《み》たされている)
蝸牛《かぎゅう》の断面図《だんめんず》
蓋膜《がいまく》(ふた)
らせん器《き》
下《した》の写真《しゃしん》の部分《ぶぶん》
内有毛細胞《ないゆうもうさいぼう》
外有毛細胞《がいゆうもうさいぼう》
神経《しんけい》

耳《みみ》の有毛細胞《ゆうもうさいぼう》

ブラシみたーい

外有毛細胞《がいゆうもうさいぼう》
聴毛《ちょうもう》
外有毛細胞《がいゆうもうさいぼう》

蝸牛管《かぎゅうかん》の中《なか》を拡大《かくだい》した写真《しゃしん》。有毛細胞《ゆうもうさいぼう》の上《うえ》に逆《ぎゃく》V字形《じがた》に生《は》えている毛《け》のようなものが「聴毛《ちょうもう》」だ。

もっと知《し》りたい

蝸牛管《かぎゅうかん》の「蝸牛《かぎゅう》」とは「カタツムリ」のこと。

やすみじかん

体《からだ》のかたむきを感《かん》じる細胞《さいぼう》は耳《みみ》にある

体《からだ》のかたむきを感《かん》じる「平衡感覚《へいこうかんかく》」は、耳《みみ》の奥《おく》にある「平衡斑《へいこうはん》」という装置《そうち》がになっています。

平衡斑《へいこうはん》にはたくさんの感覚細胞《かんかくさいぼう》があり、その上《うえ》にカルシウムでできた砂《すな》（平衡砂《へいこうさ》）がのっています。体《からだ》がかたむくと、この砂《すな》が動《うご》くことで感覚細胞《かんかくさいぼう》が刺激《しげき》され、「体《からだ》がかたむいた」という情報《じょうほう》を脳《のう》へ伝《つた》えます。

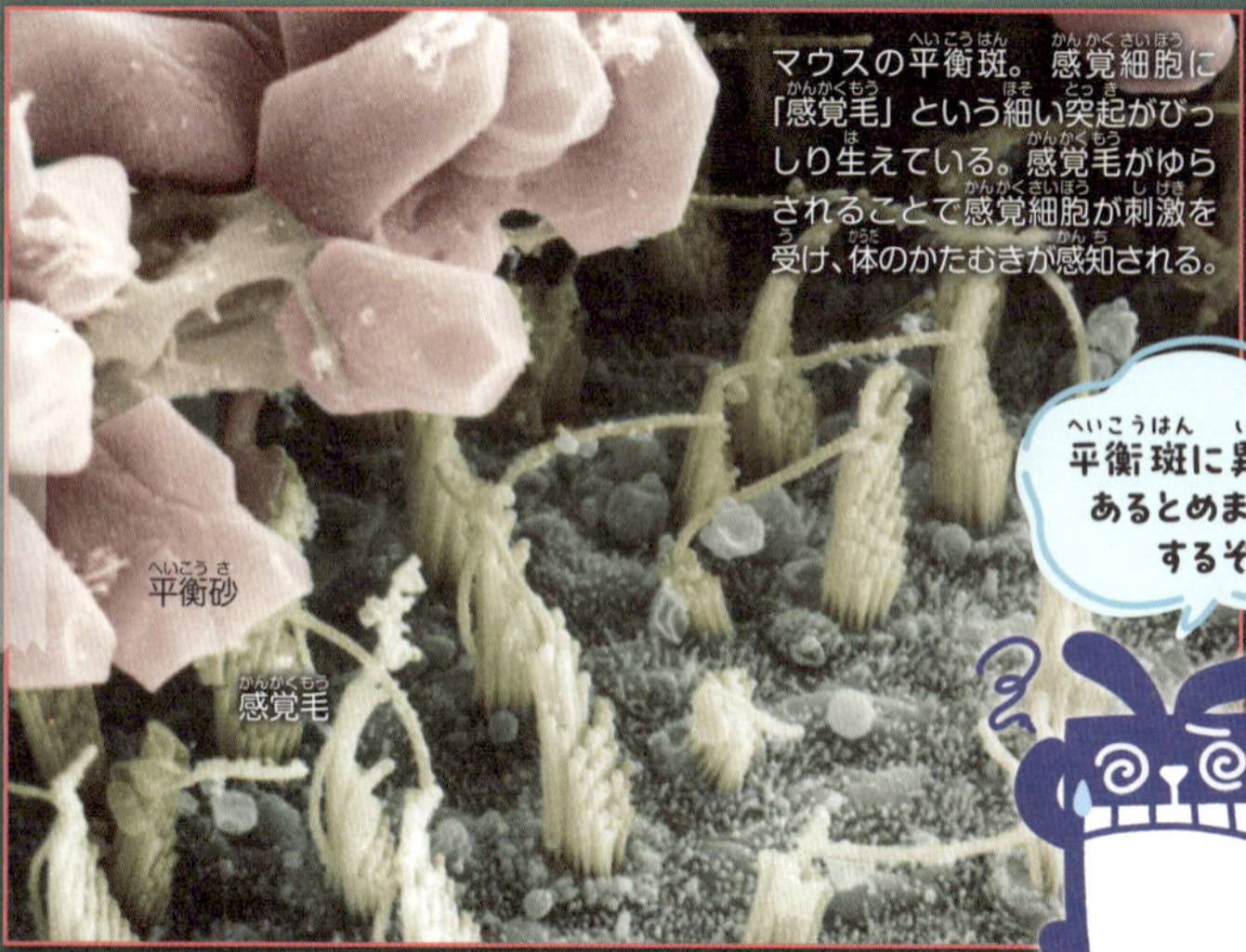

平衡砂《へいこうさ》
感覚毛《かんかくもう》

マウスの平衡斑《へいこうはん》。感覚細胞《かんかくさいぼう》に「感覚毛《かんかくもう》」という細《ほそ》い突起《とっき》がびっしり生《は》えている。感覚毛《かんかくもう》がゆらされることで感覚細胞《かんかくさいぼう》が刺激《しげき》を受《う》け、体《からだ》のかたむきが感知《かんち》される。

平衡斑《へいこうはん》に異常《いじょう》があるとめまいがするぞ

4 じかんめ

体《からだ》を守《まも》る細胞《さいぼう》

私《わたし》たちの体《からだ》には、毎日《まいにち》のように細菌《さいきん》やウイルスのような病原体《びょうげんたい》が侵入《しんにゅう》してきています。でも、体《からだ》には病原体《びょうげんたい》をやっつける役割《やくわり》をもった細胞《さいぼう》たちがいて、おたがいに協力《きょうりょく》し合《あ》いながら体《からだ》を守《まも》ってくれています。そんな細胞《さいぼう》たちの勇姿《ゆうし》を見《み》てみましょう！

01 ヒトの体《からだ》にはたくさんの細菌《さいきん》がすんでいる

細胞《さいぼう》の話《はなし》をする前《まえ》に、まず「細菌《さいきん》」について紹介《しょうかい》したいと思《おも》います。1じかんめにも少《すこ》し出《で》てきましたが、細菌《さいきん》は1つの細胞《さいぼう》でできた生《い》き物《もの》です。

実《じつ》は、私《わたし》たちの体《からだ》には数百兆個《すうひゃくちょうこ》もの細《さい》菌《きん》が暮《く》らしています。このような細《さい》菌《きん》は「常在菌《じょうざいきん》」とよばれています。

「菌《きん》」というと「ばい菌《きん》」など体《からだ》に悪《わる》いイメージがあるかもしれませんね。たしかに病原体《びょうげんたい》になる細菌《さいきん》もたくさんいますが、体《からだ》にまったく害《がい》のない細菌《さいきん》もいるのです。

どんな常在菌《じょうざいきん》がどのくらいすんでいるかは、1人《ひとり》1人《ひとり》ちがいます。これは、食《た》べるもののちがいが関係《かんけい》しているようです。

たとえば、むかしからのりやワカメなどの海藻《かいそう》を食《た》べてきた日本《にほん》では、海《かい》藻《そう》の成分《せいぶん》を分解《ぶんかい》できる細菌《さいきん》をおなかの中《なか》にもつ人《ひと》がたくさんいます。一方《いっぽう》で、ヨーロッパの人《ひと》のおなかには、こうした細菌《さいきん》はあまりいないそうです。

ヒトの体《からだ》でくらす細菌《さいきん》

ヒトの体《からだ》の、どこにどのような常在菌《じょうざいきん》がいるのかを示《しめ》した。常《じょう》在菌《ざいきん》が最《もっと》も多《おお》いのは大腸《だいちょう》、その次《つぎ》が口《くち》の中《なか》である。心臓《しんぞう》と血管《けっかん》系《けい》は、通常《つうじょう》は無菌《むきん》だ。脳《のう》と脊髄《せきずい》にも常在菌《じょうざいきん》はいない。

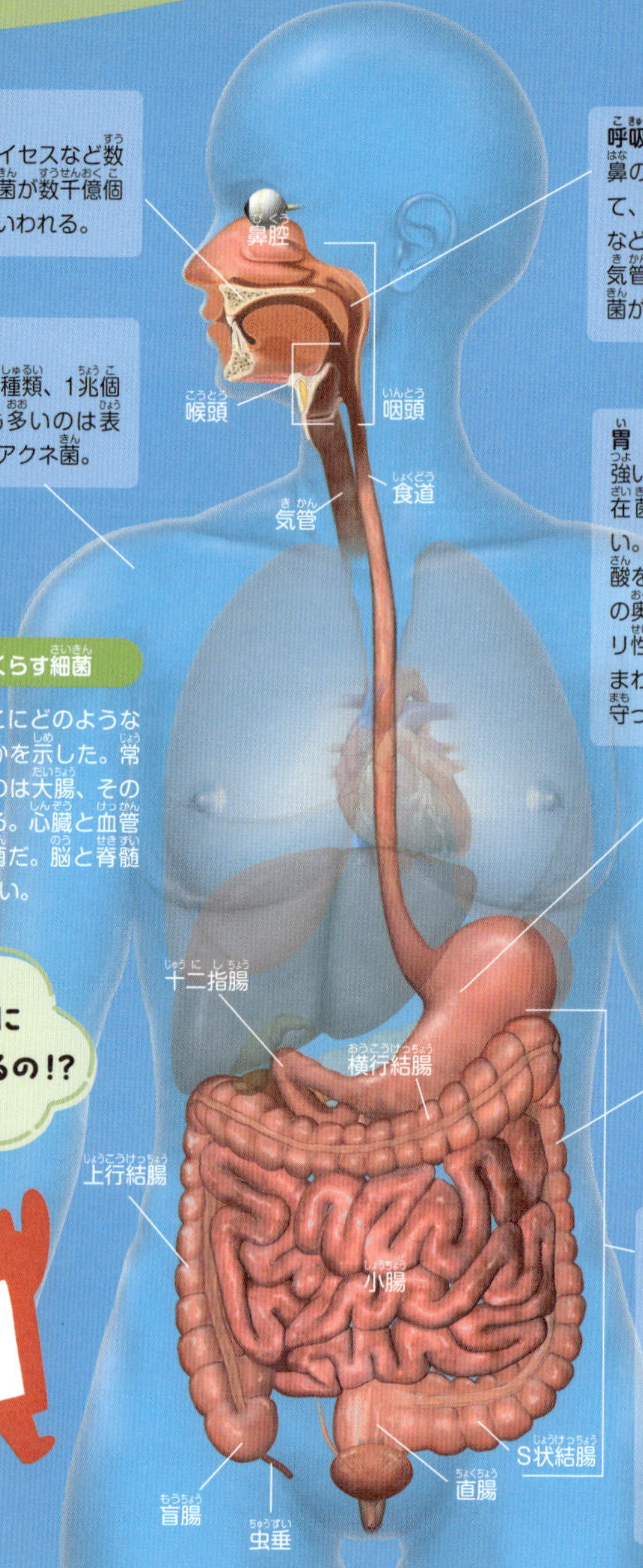

鼻腔《びくう》
喉頭《こうとう》
咽頭《いんとう》
食道《しょくどう》
気管《きかん》
十二指腸《じゅうにしちょう》
横行結腸《おうこうけっちょう》
下行結腸《かこうけっちょう》
上行結腸《じょうこうけっちょう》
小腸《しょうちょう》
S状結腸《じょうけっちょう》
直腸《ちょくちょう》
盲腸《もうちょう》
虫垂《ちゅうすい》

口《くち》
アクチノマイセスなど数《すう》百種《ひゃくしゅ》の常在菌《じょうざいきん》が数千億《すうせんおく》個《こ》ほどいるといわれる。

呼吸器系《こきゅうきけい》
鼻《はな》の穴《あな》から喉《のど》にかけて、表皮《ひょうひ》ブドウ球菌《きゅうきん》などがいる。気管《きかん》・気管支《きかんし》・肺《はい》には常在《じょうざい》菌《きん》がいない。

皮膚《ひふ》
常在菌《じょうざいきん》が約《やく》150種類《しゅるい》、1兆個《ちょうこ》ほどいる。最《もっと》も多《おお》いのは表《ひょう》皮《ひ》ブドウ球菌《きゅうきん》とアクネ菌《きん》。

胃《い》
強《つよ》い酸性《さんせい》の環境《かんきょう》で常《じょう》在菌《ざいきん》は比較的《ひかくてき》少《すく》ない。ピロリ菌《きん》は、胃《い》酸《さん》を避《さ》けられる粘膜《ねんまく》の奥《おく》にいて、アルカリ性《せい》の物質《ぶっしつ》で自身《じしん》のまわりを囲《かこ》んで身《み》を守《まも》って暮《く》らしている。

腸《ちょう》
十二指腸《じゅうにしちょう》、小腸《しょうちょう》、大《だい》腸《ちょう》に生息《せいそく》する細菌《さいきん》を「腸内細菌《ちょうないさいきん》」とよぶ。十二指腸《じゅうにしちょう》から直腸《ちょくちょう》へ進《すす》むにつれて数《かず》と種《しゅ》類《るい》がふえていき、大《だい》腸《ちょう》では100兆個以上《ちょうこいじょう》も暮《く》らすといわれる。

そんなに
たくさんいるの!?

もっと知《し》りたい

常在菌《じょうざいきん》は、胎児《たいじ》の体《からだ》にはおらず、多《おお》くは生《う》まれるときに母親《ははおや》からもらい受《う》ける。

02

体《からだ》にすむ細菌《さいきん》たちが私《わたし》たちの体《からだ》を守《まも》ってくれる

前《まえ》のページで紹介《しょうかい》した常在菌《じょうざいきん》は、基《き》本的《ほんてき》には体《からだ》に害《がい》のない細菌《さいきん》です。それどころか、私《わたし》たちの体《からだ》を病原菌《びょうげんきん》（病気《びょうき》のもとになる細菌《さいきん》）から守《まも》ってくれることもあります。

たとえば、病原菌《びょうげんきん》が最《もっと》もくっつきやすい場所《ばしょ》の1つである皮膚《ひふ》にも、常在《じょうざい》菌《きん》がくらしています。常在菌《じょうざいきん》が皮膚《ひふ》の皮脂《ひし》や汗《あせ》を食《た》べて分解《ぶんかい》すると、脂肪酸《しぼうさん》などの物質《ぶっしつ》ができて、皮膚《ひふ》が弱酸性《じゃくさんせい》に保《たも》たれます。ほとんどの病原菌《びょうげんきん》は、酸《さん》性《せい》の環境《かんきょう》を嫌《きら》うので、皮膚《ひふ》に病原菌《びょうげんきん》がつきにくくなるのです。

そして、病原菌《びょうげんきん》が最《もっと》も侵入《しんにゅう》しやすいのは口《くち》です。口《くち》の中《なか》は温《あたた》かく、食《た》べかすなど病原菌《びょうげんきん》の栄養《えいよう》となるものがたくさんあるからです。でも、口《くち》の中《なか》にはすでにアクチノマイセスなどの常在菌《じょうざいきん》がすみ着《つ》いています。だから、病原菌《びょうげんきん》がやってきてもすむ場所《ばしょ》や食《た》べ物《もの》がなく、外《そと》からやってきた病原菌《びょうげんきん》は定着《ていちゃく》しにくいのです。

皮膚《ひふ》

「皮脂腺《ひしせん》」からは皮脂《ひし》が、「アポクリン汗腺《かんせん》」からは汗《あせ》が分泌《ぶんぴつ》される。これらにふくまれる脂質《ししつ》を皮膚《ひふ》の常在菌《じょうざいきん》が分解《ぶんかい》して、脂肪酸《しぼうさん》ができる。これが皮膚《ひふ》を弱酸性《じゃくさんせい》に保《たも》つので、病原菌《びょうげんきん》は定着《ていちゃく》しにくくなる。

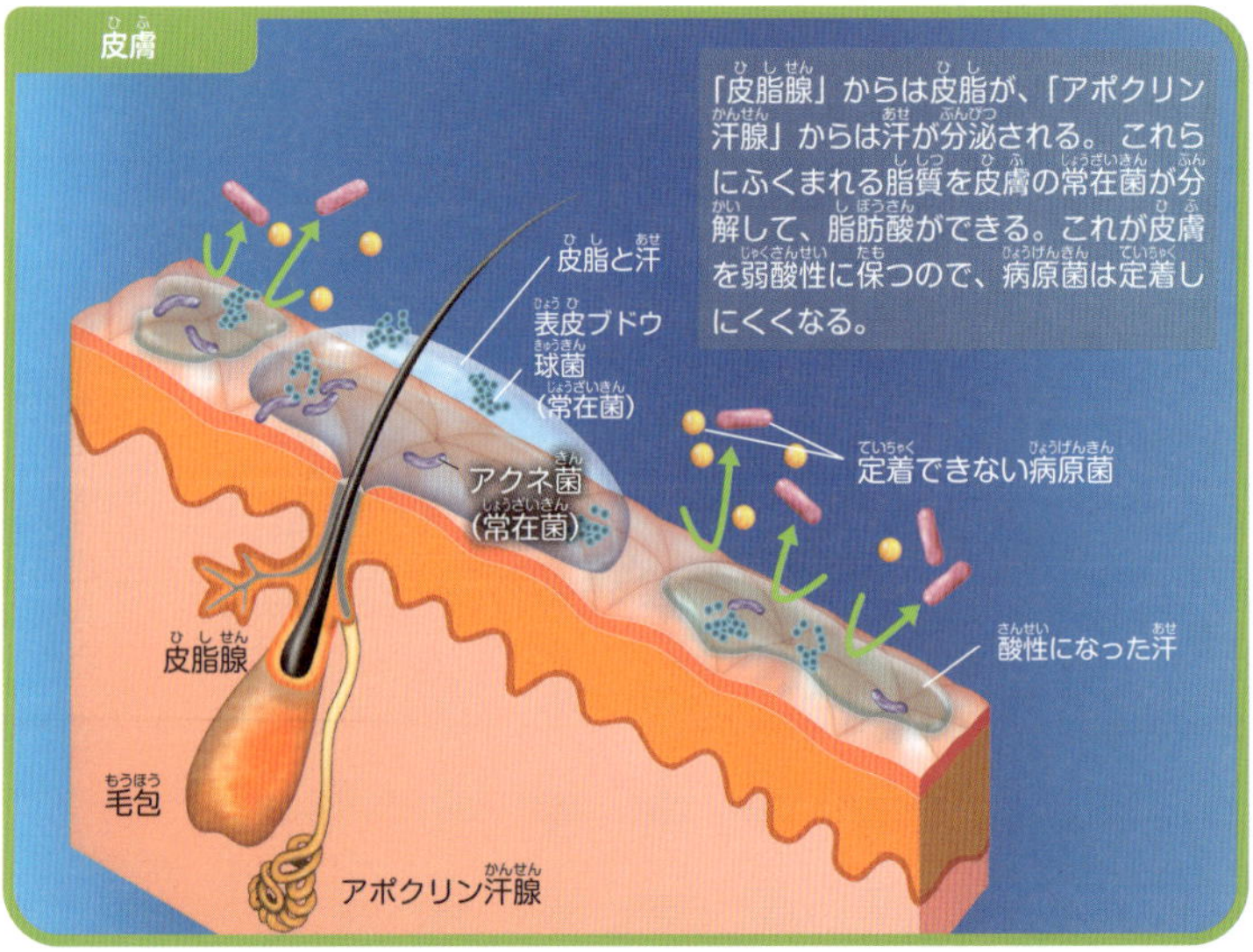
皮脂《ひし》と汗《あせ》
表皮《ひょうひ》ブドウ球菌《きゅうきん》（常在菌《じょうざいきん》）
アクネ菌《きん》（常在菌《じょうざいきん》）
定着《ていちゃく》できない病原菌《びょうげんきん》
酸性《さんせい》になった汗《あせ》
皮脂腺《ひしせん》
毛包《もうほう》
アポクリン汗腺《かんせん》

口《くち》

アクチノマイセスなどの大量《たいりょう》の常在菌《じょうざいきん》がすでに生息《せいそく》しやすい場所《ばしょ》を占拠《せんきょ》しているため、外《そと》から侵入《しんにゅう》してきた病原菌《びょうげんきん》は定着《ていちゃく》しづらい。

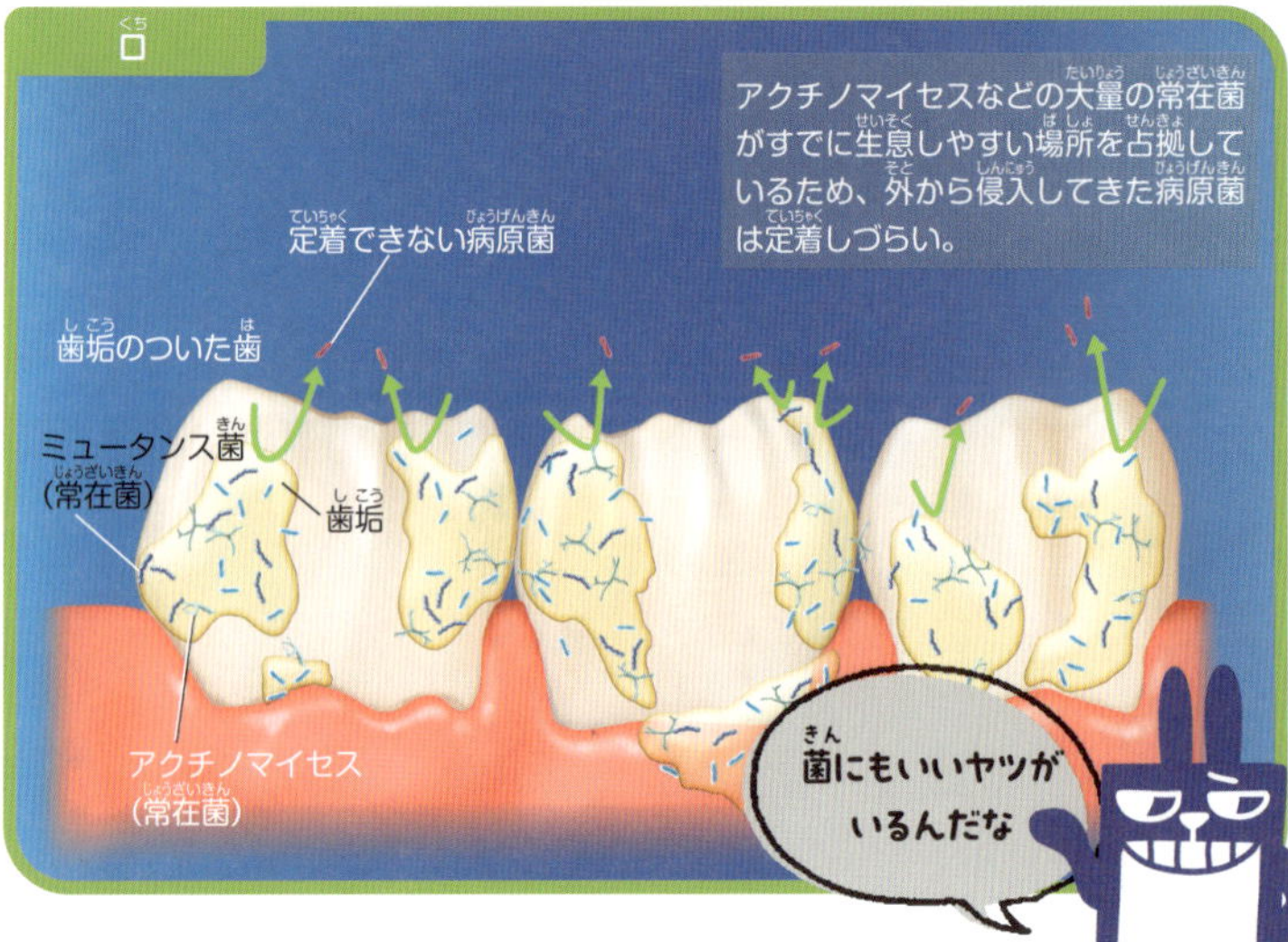
定着《ていちゃく》できない病原菌《びょうげんきん》
歯垢《しこう》のついた歯《は》
ミュータンス菌《きん》（常在菌《じょうざいきん》）
歯垢《しこう》
アクチノマイセス（常在菌《じょうざいきん》）
菌《きん》にもいいヤツがいるんだな

もっと知《し》りたい

ミュータンス菌《きん》は歯《は》にくっつく常在菌《じょうざいきん》で、歯磨《はみが》きを怠《おこた》ると虫歯《むしば》をつくる。

03 実《じつ》は健康《けんこう》を支《ささ》えている腸内《ちょうない》の細菌《さいきん》

大腸《だいちょう》には、大腸菌《だいちょうきん》や乳酸菌《にゅうさんきん》など、多《おお》くの常在菌《じょうざいきん》がすみついています。こうした細菌《さいきん》を「腸内細菌《ちょうないさいきん》」といいます。

大人《おとな》の場合《ばあい》、腸内細菌《ちょうないさいきん》は1000種《しゅ》類《るい》以上《いじょう》、100兆個《ちょうこ》をこえるといわれていて、腸内細菌《ちょうないさいきん》だけで1・5キログラムにもなるそうです。

腸内細菌《ちょうないさいきん》は、ヒトが消化《しょうか》できない食《しょく》物繊維《もつせんい》やタンパク質《しつ》の一部《いちぶ》を、ヒトが吸収《きゅうしゅう》できる成分《せいぶん》に分解《ぶんかい》してくれます。

腸内細菌《ちょうないさいきん》の集団《しゅうだん》を「腸内《ちょうない》フローラ（腸《ちょう》内細菌叢《ないさいきんそう》）」といい、おたがいに協力《きょうりょく》し合《あ》ってくらしています。

腸内細菌《ちょうないさいきん》には、肥満《ひまん》をおさえるはたらきをもつものもあります。たとえば、腸内細菌《ちょうないさいきん》が食物繊維《しょくもつせんい》を分解《ぶんかい》して、短鎖脂肪酸《たんさしぼうさん》（酢酸《さくさん》）という物質《ぶっしつ》がつくられると、白色脂肪細胞《はくしょくしぼうさいぼう》（↓92ページ）の表面《ひょうめん》にくっついて、脂肪《しぼう》の蓄積《ちくせき》がおさえられます。

短鎖脂肪酸《たんさしぼうさん》には、腸《ちょう》の運動《うんどう》をうながすはたらきもあります。

“食《た》べ残《のこ》し”の栄養素《えいようそ》を食《た》べる腸内細菌《ちょうないさいきん》

小腸《しょうちょう》までの間《あいだ》に消化《しょうか》・吸収《きゅうしゅう》しきれなかったタンパク質《しつ》（アミノ酸《さん》）や炭水化物《たんすいかぶつ》（単糖《たんとう》）が大腸《だいちょう》まで運《はこ》ばれてくると、腸内細菌《ちょうないさいきん》が取《と》り込《こ》む。また、ヒトの酵素《こうそ》では分解《ぶんかい》できない食物《しょくもつ》繊維《せんい》の一部《いちぶ》を、腸内細菌《ちょうないさいきん》が取《と》り込《こ》んで分解《ぶんかい》する。

タンパク質《しつ》を取《と》り込《こ》む腸内細菌《ちょうないさいきん》

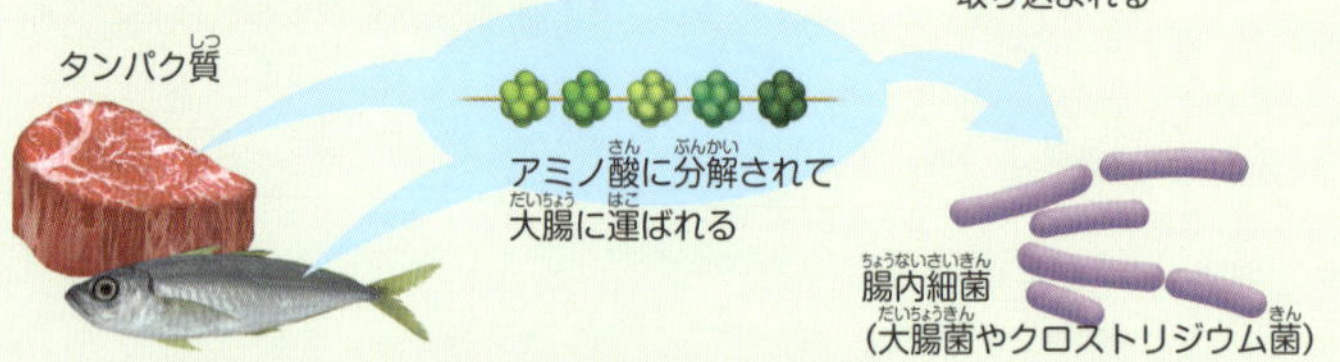
タンパク質《しつ》
アミノ酸《さん》に分解《ぶんかい》されて
大腸《だいちょう》に運《はこ》ばれる
腸内細菌《ちょうないさいきん》に
取《と》り込《こ》まれる
腸内細菌《ちょうないさいきん》
（大腸菌《だいちょうきん》やクロストリジウム菌《きん》）

炭水化物《たんすいかぶつ》や食物繊維《しょくもつせんい》を分解《ぶんかい》して取《と》り込《こ》む腸内細菌《ちょうないさいきん》

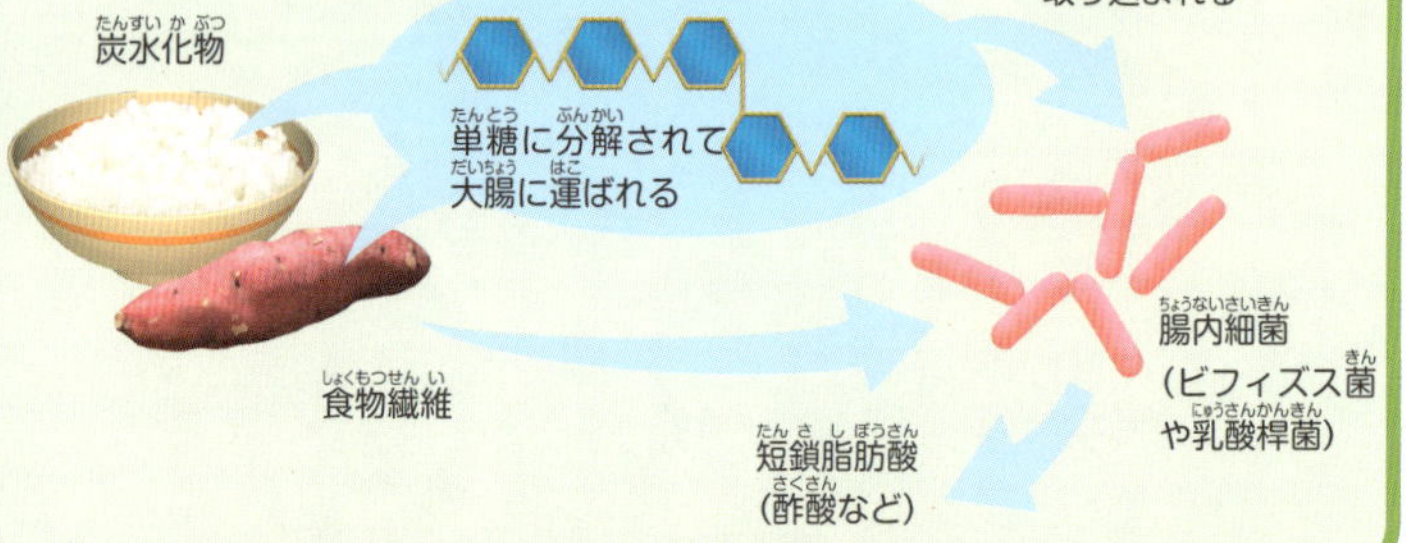
炭水化物《たんすいかぶつ》
単糖《たんとう》に分解《ぶんかい》されて
大腸《だいちょう》に運《はこ》ばれる
腸内細菌《ちょうないさいきん》に
取《と》り込《こ》まれる
食物繊維《しょくもつせんい》
腸内細菌《ちょうないさいきん》
（ビフィズス菌《きん》
や乳酸桿菌《にゅうさんかんきん》）
短鎖脂肪酸《たんさしぼうさん》
（酢酸《さくさん》など）

おなかの調子《ちょうし》を
ととのえてくれる
菌《きん》だぜ

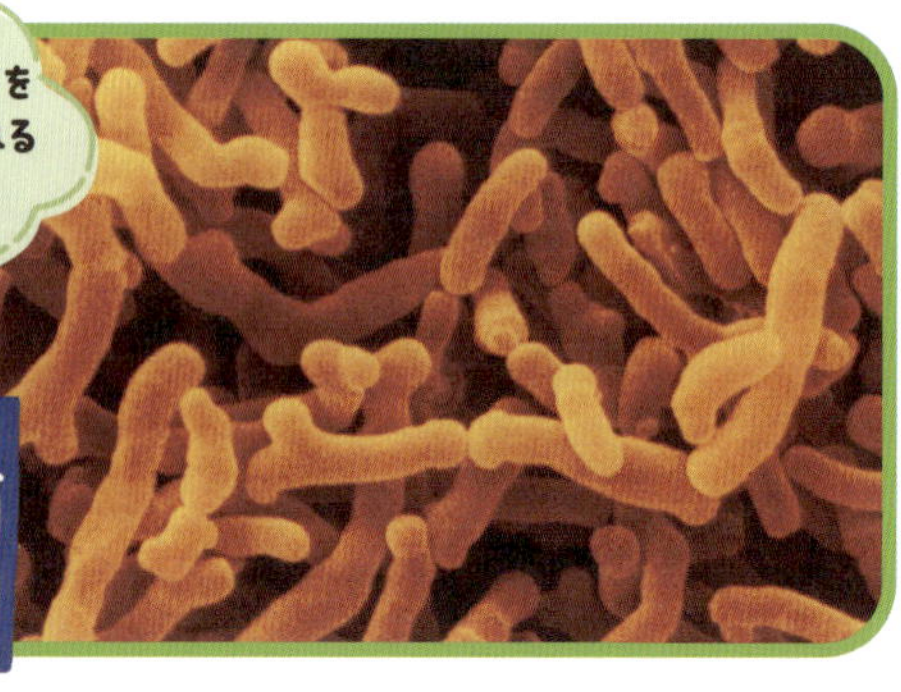

炭水化物《たんすいかぶつ》を分解《ぶんかい》する腸内細菌《ちょうないさいきん》の作用《さよう》

- 腸内《ちょうない》pHを酸性化《さんせいか》
- 腸《ちょう》の運動《うんどう》を活発化《かっぱつか》
- 腸《ちょう》の免疫《めんえき》を活性化《かっせいか》
- アレルギー抑制《よくせい》

左《ひだり》の画像《がぞう》は、走査電子《そうさでんし》顕微鏡《けんびきょう》で撮影《さつえい》したビフィズス菌《きん》。色《いろ》は人工的《じんこうてき》につけている。

もっと知《し》りたい

顕微鏡《けんびきょう》でのぞくと菌《きん》の集《あつ》まりが花畑《はなばたけ》(flora)に見《み》えるため“腸内《ちょうない》フローラ”という。

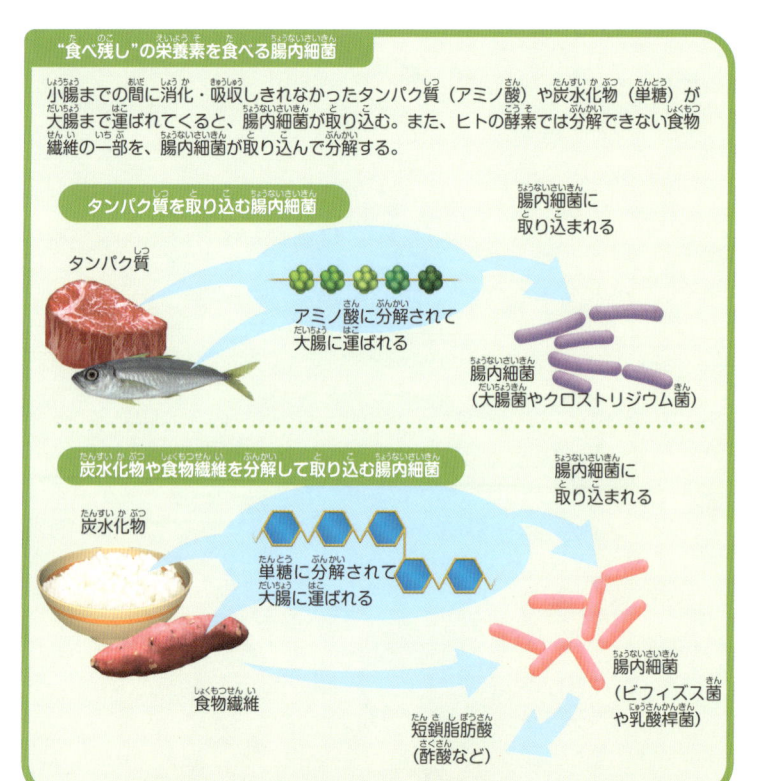

やすみじかん

おいしい「菌《きん》」の話《はなし》

みなさんは、お味噌汁《みそしる》や納豆《なっとう》は好《す》きですか？味噌《みそ》や醤油《しょうゆ》、納豆《なっとう》などは「発酵食品《はっこうしょくひん》」とよばれています。

発酵《はっこう》とは、細菌《さいきん》などの微生物《びせいぶつ》が、細胞《さいぼう》の中《なか》で糖《とう》やタンパク質《しつ》などを分解《ぶんかい》し、生《い》きていくためのエネルギーを得《え》ることです。このときにできた物質《ぶっしつ》は、細胞《さいぼう》の外《そと》へ排出《はいしゅつ》されます。実《じつ》は、この発酵《はっこう》によって排出《はいしゅつ》された物質《ぶっしつ》（発酵生産物《はっこうせいさんぶつ》）は私《わたし》たちの健康《けんこう》に役立《やくだ》つものが多《おお》いのです。

食《た》べ物《もの》は、発酵《はっこう》させると基本的《きほんてき》に長《なが》もちします。日本《にほん》では、むかしから食《た》べ物《もの》を保存《ほぞん》するためにたくさん発酵食品《はっこうしょくひん》がつくられてきました。

ちなみに「食《た》べ物《もの》が腐《くさ》る（腐敗《ふはい》）」のも微生《びせい》物《ぶつ》のはたらきが原因《げんいん》です。ヒトが食《た》べた場合《ばあい》に害《がい》がおこる場合《ばあい》は「腐敗《ふはい》」、害《がい》がない場合《ばあい》を

「発酵《はっこう》」といって区別《くべつ》しています。

発酵《はっこう》にかかわる微生物《びせいぶつ》は、細菌《さいきん》（納豆菌《なっとうきん》・乳酸菌《にゅうさんきん》など）、カビ（麹菌《こうじきん》・青《あお》カビなど）、酵《こう》母《ぼ》（パン酵母《こうぼ》・ビール酵母《こうぼ》など）の3種類《しゅるい》です。細菌《さいきん》やカビがおいしい食《た》べ物《もの》をつくってくれるなんて驚《おどろ》きですね！

しょうゆ
Soy Sauce

醤油《しょうゆ》をつくる醤油蔵《しょうゆぐら》のようす。醤油《しょうゆ》や味噌《みそ》などは、「麹《こうじ》」からつくられる。麹《こうじ》とは、原料《げんりょう》となる穀物《こくもつ》（米《こめ》・麦《むぎ》・豆《まめ》など）を蒸《む》したものに麹菌《こうじきん》を付着《ふちゃく》させて培養《ばいよう》したものだ。

味噌
味噌

菌《きん》のおかげでおいしい料理《りょうり》がつくれるんだね
納豆《なっとう》も味噌汁《みそしる》も大好《だいす》き

納豆《なっとう》は、天然《てんねん》のわらについた「納豆《なっとう》菌《きん》」でつくる。わらに蒸《む》した大豆《だいず》を入《い》れ、40℃くらいに保《たも》っておくと、増殖《ぞうしょく》した納豆菌《なっとうきん》が大豆《だいず》を分解《ぶんかい》してネバネバ物質《ぶっしつ》である「ポリグルタミン酸《さん》（PGA）」と「レバン」をつくる。

納豆
納豆

04 病原体《びょうげんたい》から体《からだ》を守《まも》るシステム

ここからは、体《からだ》を守《まも》ってくれる細胞《さいぼう》の話《はなし》をします。私《わたし》たちのまわりには、細菌《さいきん》やウイルスなどの病原体《びょうげんたい》があちこちにいて、いつでも口《くち》や鼻《はな》から侵入《しんにゅう》しようとしています。

でも大丈夫《だいじょうぶ》です！ 私《わたし》たちの体《からだ》には、白血球《はっけっきゅう》という血球《けっきゅう》（血液《けつえき》にふくまれる細胞《さいぼう》）が主力《しゅりょく》となった「免疫《めんえき》システム」があります。

白血球《はっけっきゅう》には、マクロファージや樹状《じゅじょう》細胞《さいぼう》、好中球《こうちゅうきゅう》といった「食細胞《しょくさいぼう》（貪食《どんしょく》細胞《さいぼう》）」と、NK（ナチュラルキラー）細胞《さいぼう》やT細胞《さいぼう》・B細胞《さいぼう》といった「リンパ球《きゅう》」があります。

白血球《はっけっきゅう》は、侵入者《しんにゅうしゃ》を発見《はっけん》すると、連《れん》携《けい》して攻撃《こうげき》をしかけます。

ヒトの免疫《めんえき》システムには、生《う》まれたときから備《そな》わっている「自然免疫《しぜんめんえき》（↓136ページ）」と、「獲得免疫《かくとくめんえき》（↓138ページ）という2重《じゅう》のしくみがあります。次《つぎ》のページからくわしく紹介《しょうかい》していきます。

自然免疫《しぜんめんえき》(→136ページ) ではたらく免疫細胞《めんえきさいぼう》

好中球《こうちゅうきゅう》

細菌《さいきん》

血液《けつえき》にのって全身《ぜんしん》をパトロールする。異物《いぶつ》(とくに細菌《さいきん》) が侵入《しんにゅう》すると血管外《けっかんがい》にしみ出《だ》して目的《もくてき》の場所《ばしょ》へ行《い》き、異物《いぶつ》を食《た》べて破壊《はかい》する。

マクロファージ

細菌《さいきん》

病原体《びょうげんたい》や細胞《さいぼう》の死骸《しがい》などを食《た》べる。

樹状細胞《じゅじょうさいぼう》

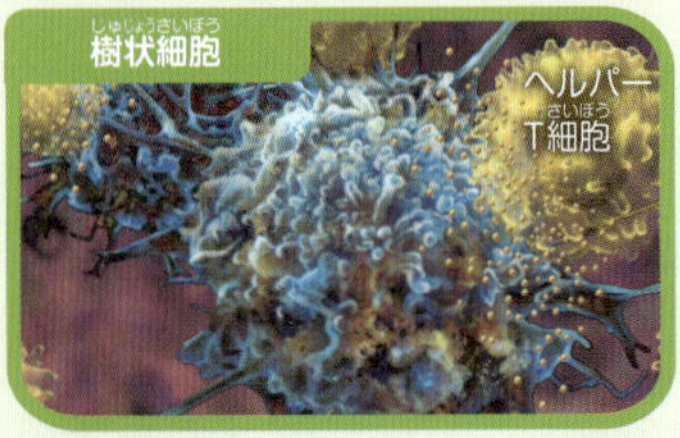
ヘルパーT細胞《さいぼう》

病原体《びょうげんたい》の一部《いちぶ》を取《と》り込《こ》み、ヘルパーT細胞《さいぼう》にその情報《じょうほう》を伝《つた》える。

ナチュラルキラー細胞《さいぼう》(NK細胞《さいぼう》)

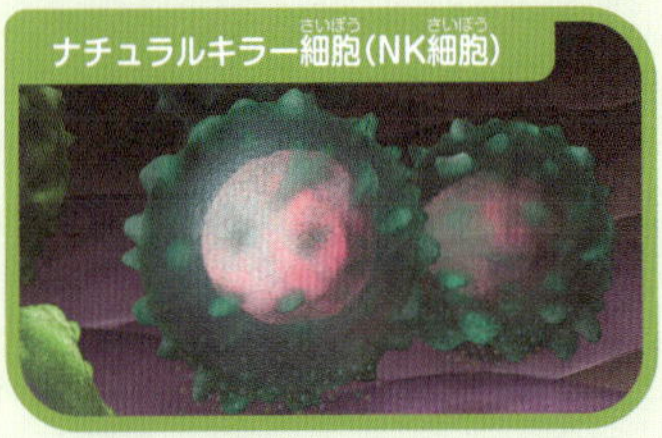

リンパ球《きゅう》の一種《いっしゅ》。全身《ぜんしん》をパトロールする。ウイルスに感染《かんせん》した細胞《さいぼう》やがん細胞《さいぼう》を攻撃《こうげき》する。

獲得免疫《かくとくめんえき》(→138ページ) ではたらく免疫細胞《めんえきさいぼう》

B細胞《さいぼう》

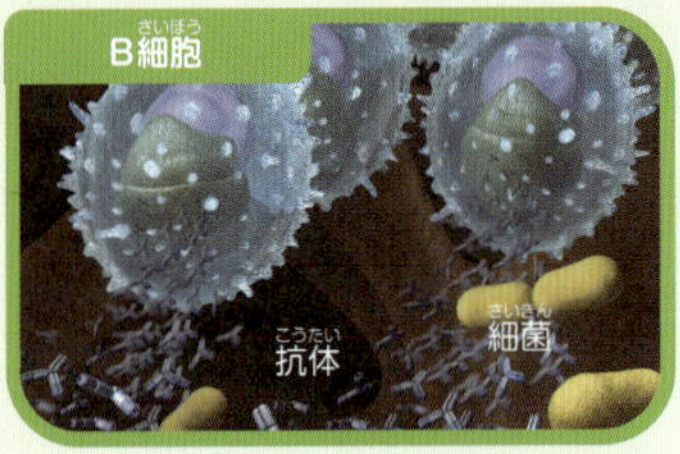
細菌《さいきん》
抗体《こうたい》

リンパ球《きゅう》の一種《いっしゅ》。病原体《びょうげんたい》に合《あ》わせた抗体《こうたい》(→138ページ)をつくって攻撃《こうげき》する。

ヘルパーT細胞《さいぼう》

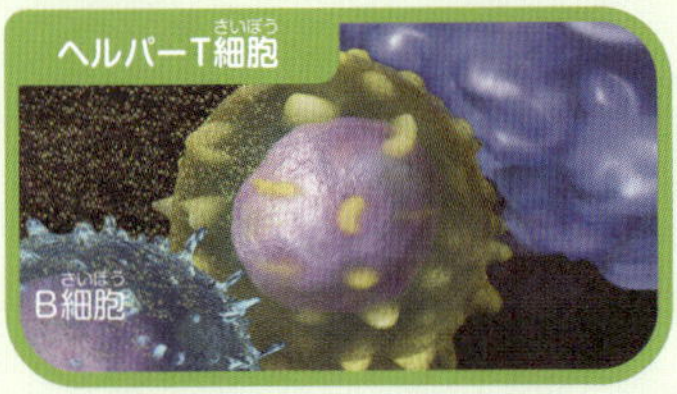
B細胞《さいぼう》

リンパ球《きゅう》のT細胞《さいぼう》の一種《いっしゅ》。樹状細胞《じゅじょうさいぼう》から受《う》け取《と》った情報《じょうほう》をもとにB細胞《さいぼう》に抗体《こうたい》をつくるよう指示《しじ》する。

キラーT細胞《さいぼう》

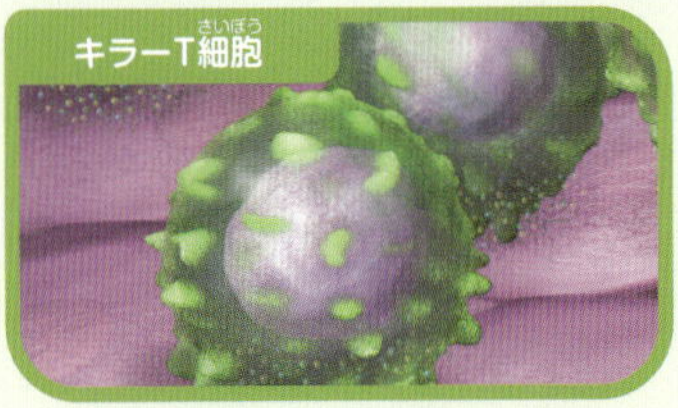

リンパ球《きゅう》のT細胞《さいぼう》の一種《いっしゅ》。病原体《びょうげんたい》に感染《かんせん》した細胞《さいぼう》やがん細胞《さいぼう》を見《み》つけてやっつける。

こんなにたくさんの細胞《さいぼう》が守《まも》ってくれているのか!

もっと知《し》りたい

ヒトの場合《ばあい》、免疫細胞《めんえきさいぼう》のほとんどは骨髄《こつずい》という場所《ばしょ》で生《う》まれる。

05

「白血球《はっけっきゅう》」は侵入者《しんにゅうしゃ》を食《た》べてしまう戦士《せんし》

体《からだ》を守《まも》る免疫《めんえき》システムは2重《じゅう》のしくみでできています。まずは1つ目《め》の「自然免疫《しぜんめんえき》」について紹介《しょうかい》します。

私《わたし》たちの体《からだ》の中《なか》では、好中球《こうちゅうきゅう》などの白血球《はっけっきゅう》が、血流《けつりゅう》にのって全身《ぜんしん》をパトロールしてくれています。皮膚《ひふ》や粘膜《ねんまく》から体内《たいない》に病原体《びょうげんたい》が侵入《しんにゅう》すると、まずこうした白血球《はっけっきゅう》たちが戦《たたか》いはじめます。

好中球《こうちゅうきゅう》やマクロファージといった白《はっ》血球《けっきゅう》は「食細胞《しょくさいぼう》（貪食細胞《どんしょくさいぼう》）」とよばれ、病原体《びょうげんたい》や異物《いぶつ》を食《た》べることで破壊《はかい》していきます。この免疫《めんえき》システムを「自然《しぜん》免疫《めんえき》」といいます。

風邪《かぜ》をひくと、のどがはれることがありますね。この「はれ」は「炎症《えんしょう》」ともいい、活発《かっぱつ》になった白血球《はっけっきゅう》たちがほかの免疫細胞《めんえきさいぼう》をよびよせたり、戦《たたか》いやすいように環境《かんきょう》を整《ととの》えたりすることでおこります。

のどが痛《いた》くなるのは困《こま》りますが、実《じつ》は白血球《はっけっきゅう》たちが病原体《びょうげんたい》と一生懸命戦《いっしょうけんめいたたか》っている証拠《しょうこ》でもあるのです。

侵入者《しんにゅうしゃ》が来《き》たら
最初《さいしょ》に戦《たたか》いはじめるのが
自然免疫系《しぜんめんえきけい》の細胞《さいぼう》
たちだよ

細菌《さいきん》と戦《たたか》う白血球《はっけっきゅう》たち

侵入《しんにゅう》した細菌《さいきん》と、マクロファージや好中球《こうちゅうきゅう》が戦《たたか》っているようす。マクロファージは細菌《さいきん》を食《た》べて消化《しょうか》する。細菌《さいきん》を食《た》べたマクロファージや樹状細胞《じゅじょうさいぼう》は、信号《しんごう》となる物質《ぶっしつ》(サイトカイン)を放出《ほうしゅつ》する。この物質《ぶっしつ》によって、好中球《こうちゅうきゅう》やリンパ球《きゅう》などがよびよせられ、病原体《びょうげんたい》との激《はげ》しい戦《たたか》いがはじまる。この状態《じょうたい》が「炎症《えんしょう》」のはじまりだ。

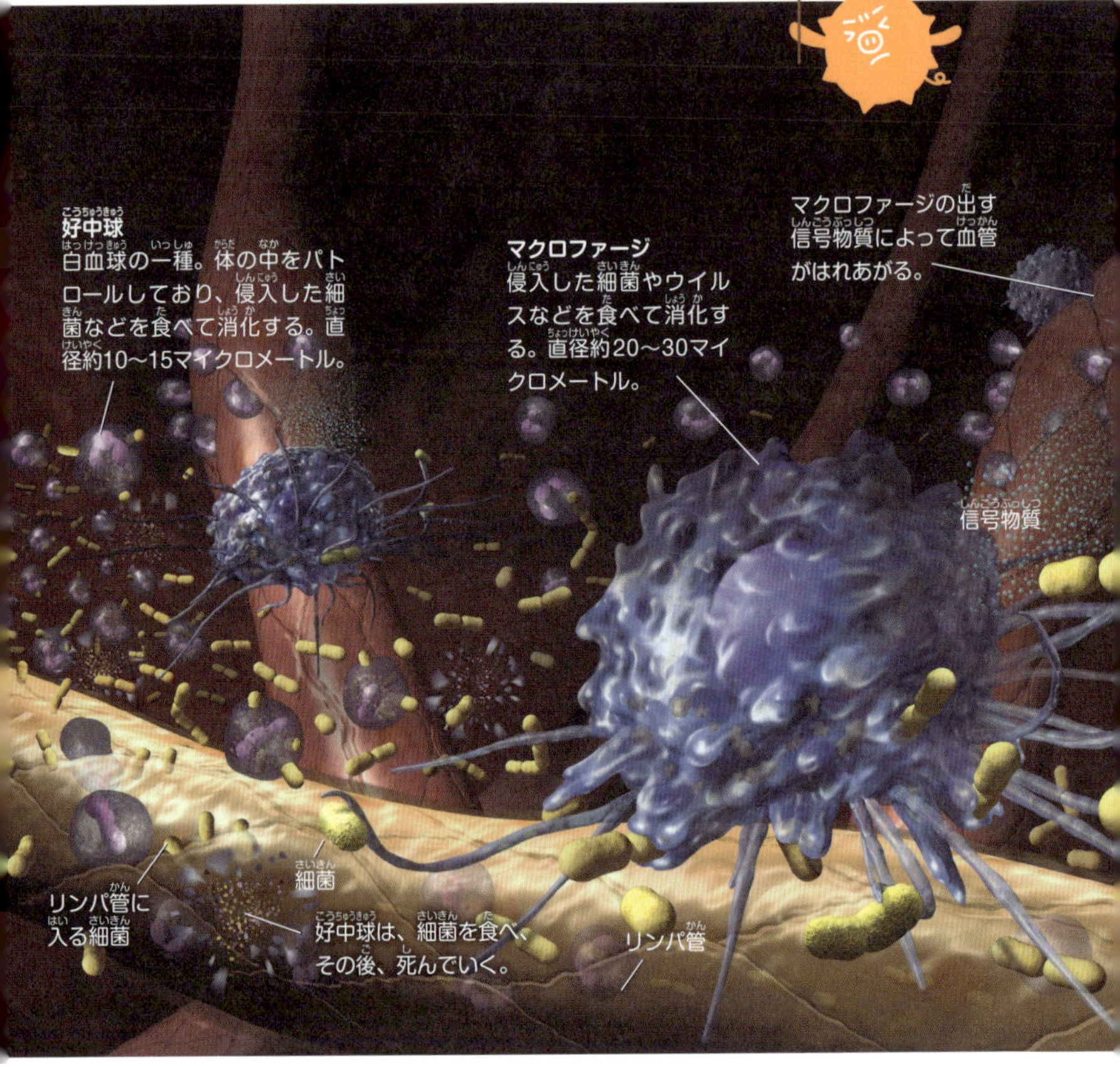
好中球《こうちゅうきゅう》
白血球《はっけっきゅう》の一種《いっしゅ》。体《からだ》の中《なか》をパトロールしており、侵入《しんにゅう》した細菌《さいきん》などを食《た》べて消化《しょうか》する。直径約《ちょっけいやく》10～15マイクロメートル。
マクロファージ
侵入《しんにゅう》した細菌《さいきん》やウイルスなどを食《た》べて消化《しょうか》する。直径約《ちょっけいやく》20～30マイクロメートル。
マクロファージの出《だ》す信号物質《しんごうぶっしつ》によって血管《けっかん》がはれあがる。
信号物質《しんごうぶっしつ》
細菌《さいきん》
リンパ管《かん》に入《はい》る細菌《さいきん》
好中球《こうちゅうきゅう》は、細菌《さいきん》を食《た》べ、その後《ご》、死《し》んでいく。
リンパ管《かん》

※1マイクロメートル=0.001ミリメートル

もっと知《し》りたい

ケガによる膿《うみ》は、病原体《びょうげんたい》を食《た》べて死《し》んでしまった白血球《はっけっきゅう》の死《し》がいでできている。

06 侵入者《しんにゅうしゃ》に合《あ》わせて攻撃《こうげき》をカスタマイズ

ここでは2つ目《め》の免疫《めんえき》システムである「獲得免疫《かくとくめんえき》」について紹介《しょうかい》します。

前《まえ》のページで紹介《しょうかい》した「自然免疫《しぜんめんえき》」をかわして生《い》き残《のこ》った病原体《びょうげんたい》は、その場《ば》で増殖《ぞうしょく》して、さらに体《からだ》へ攻撃《こうげき》をしかけようとします。

それを防《ふせ》ぐため、まず樹状細胞《じゅじょうさいぼう》が、病原体《びょうげんたい》の情報《じょうほう》をもってリンパ節《せつ》（↓104ページ）へ向《む》かいます。リンパ節《せつ》には、「リンパ球《きゅう》」とよばれる白血球《はっけっきゅう》たちが集《あつ》まっています。

リンパ球《きゅう》にはいろいろな種類《しゅるい》があります。たとえば「ヘルパーT細胞《さいぼう》」は、「B細胞《さいぼう》」に抗体《こうたい》をつくるよう指示《しじ》します。「抗体《こうたい》」とは、特定《とくてい》の病原体《びょうげんたい》に結《むす》びつき、その病原体《びょうげんたい》をやっつけることができる物質《ぶっしつ》です。

指示《しじ》を出《だ》されたB細胞《さいぼう》は増殖《ぞうしょく》し、抗《こう》体《たい》をつくる〝工場《こうじょう》〟である「プラズマ細胞《さいぼう》」へ変化《へんか》します。プラズマ細胞《さいぼう》は大量《たいりょう》に抗体《こうたい》をつくって放出《ほうしゅつ》し、病原体《びょうげんたい》を攻撃《こうげき》します。

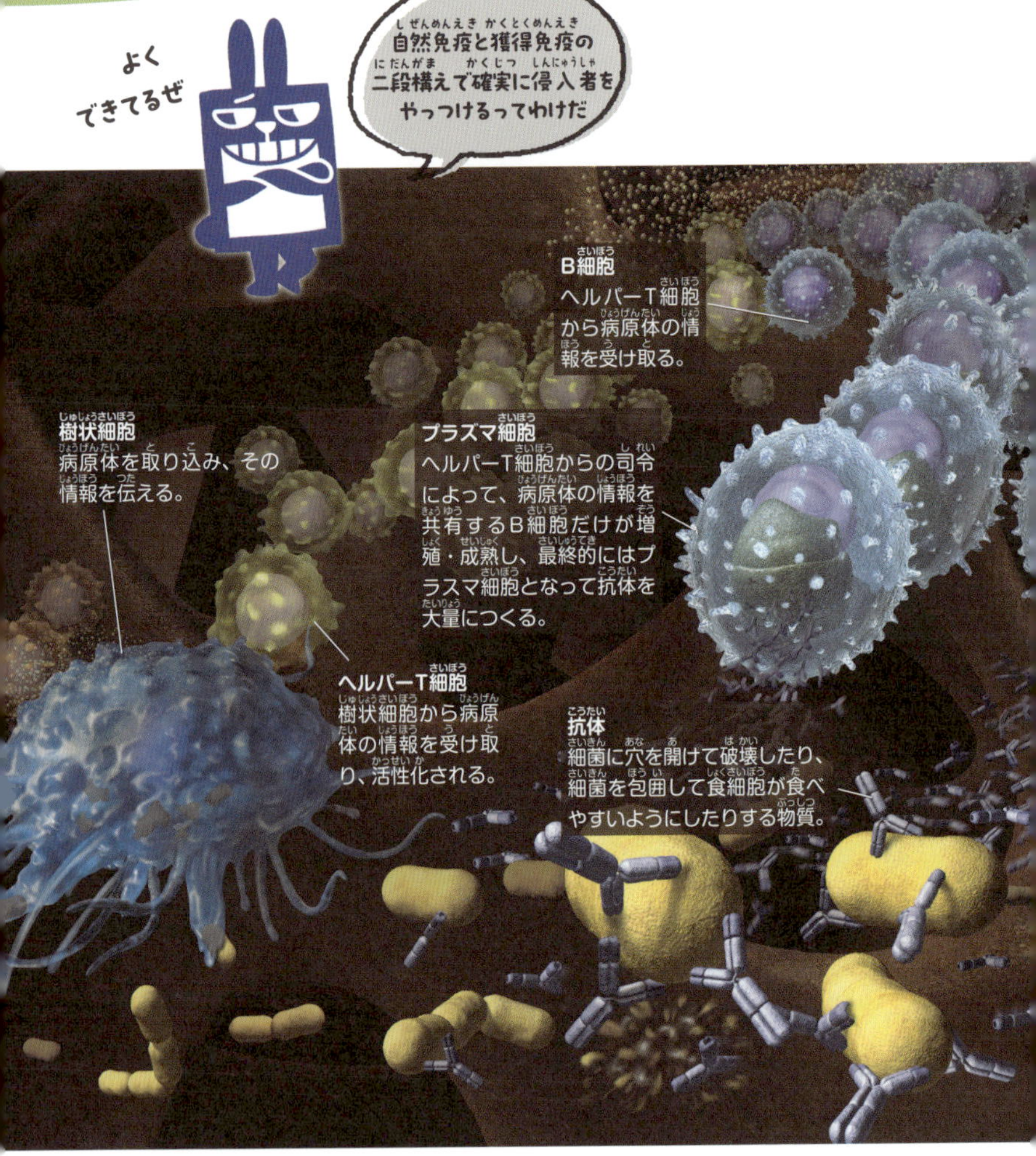
よく
できてるぜ
自然免疫《しぜんめんえき》と獲得免疫《かくとくめんえき》の
二段構《にだんがま》えで確実《かくじつ》に侵入者《しんにゅうしゃ》を
やっつけるってわけだ
B細胞《さいぼう》
ヘルパーT細胞《さいぼう》から病原体《びょうげんたい》の情《じょう》報《ほう》を受《う》け取《と》る。
樹状細胞《じゅじょうさいぼう》
病原体《びょうげんたい》を取《と》り込《こ》み、その情報《じょうほう》を伝《つた》える。
プラズマ細胞《さいぼう》
ヘルパーT細胞《さいぼう》からの司令《しれい》によって、病原体《びょうげんたい》の情報《じょうほう》を共有《きょうゆう》するB細胞《さいぼう》だけが増《ぞう》殖《しょく》・成熟《せいじゅく》し、最終的《さいしゅうてき》にはプラズマ細胞《さいぼう》となって抗体《こうたい》を大量《たいりょう》につくる。
ヘルパーT細胞《さいぼう》
樹状細胞《じゅじょうさいぼう》から病原《びょうげん》体《たい》の情報《じょうほう》を受《う》け取《と》り、活性化《かっせいか》される。
抗体《こうたい》
細菌《さいきん》に穴《あな》を開《あ》けて破壊《はかい》したり、細菌《さいきん》を包囲《ほうい》して食細胞《しょくさいぼう》が食《た》べやすいようにしたりする物質《ぶっしつ》。

獲得免疫《かくとくめんえき》のしくみ

侵入者《しんにゅうしゃ》と戦《たたか》っていた樹状細胞《じゅじょうさいぼう》が、病原体《びょうげんたい》の情報《じょうほう》をもってリンパ節《せつ》にやってくる。情報《じょうほう》を受《う》け取《と》ったヘルパーT細胞《さいぼう》は増殖《ぞうしょく》し、同《おな》じ病原体《びょうげんたい》の情報《じょうほう》をもっているB細胞《さいぼう》に抗体《こうたい》をつくるように命令《めいれい》する。すると、B細胞《さいぼう》はプラズマ細胞《さいぼう》になり、抗体《こうたい》を大量《たいりょう》に生産《せいさん》する。自然免疫《しぜんめんえき》の戦《たたか》いによって情報《じょうほう》を得《え》られたからこそ、“必殺兵器《ひっさつへいき》”である抗体《こうたい》がつくられるのだ。

もっと知《し》りたい

ヒトの体《からだ》にリンパ節《せつ》は300～600個《こ》ある。

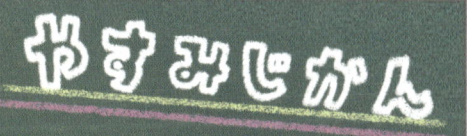

やすみじかん

免疫細胞《めんえきさいぼう》がみずからのクローンをふやす

ウイルス、細菌《さいきん》、寄生虫《きせいちゅう》など、私《わたし》たちを攻《こう》撃《げき》する病原体《びょうげんたい》の種類《しゅるい》は数《かぞ》えきれないくらいたくさんあります。

それでもやっつけることができるのは、数《かぞ》えきれないほどの抗体《こうたい》（→138ページ）をつくることができるよう、生《う》まれながらに1兆種類《ちょうしゅるい》にもおよぶB細胞《さいぼう》をもっているからです。

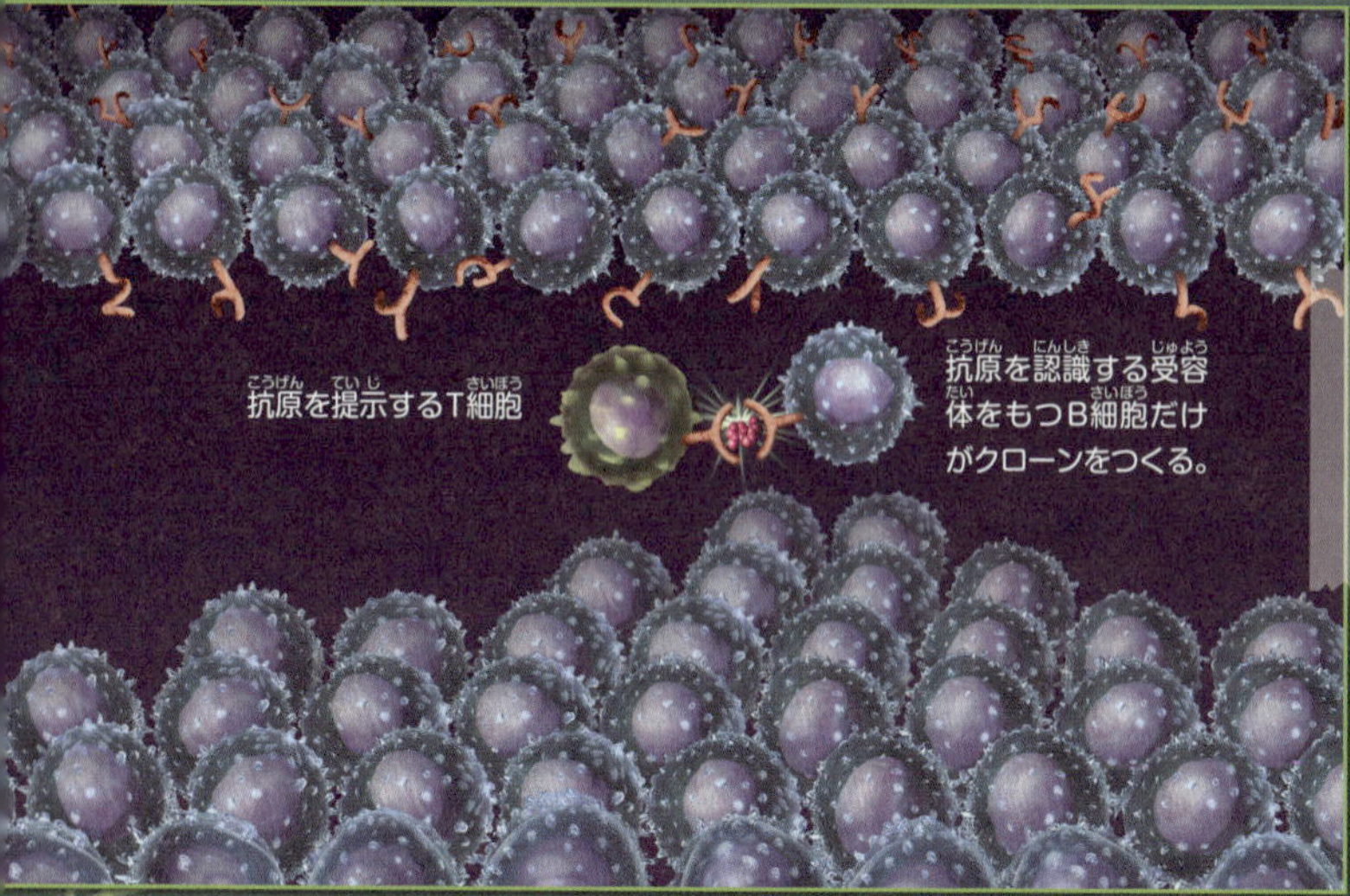

獲得免疫《かくとくめんえき》では、侵入《しんにゅう》してきた病原体《びょうげんたい》に合《あ》った抗体《こうたい》をもつB細胞《さいぼう》だけが選《えら》ばれて、自分《じぶん》の「クローン」をつくることで爆発的《ばくはつてき》に数《かず》がふえ、猛攻撃《もうこうげき》できるようになります。これを「クローン選択《せんたく》」といいます。

T細胞《さいぼう》やB細胞《さいぼう》の一部《いちぶ》は、攻撃《こうげき》が終《お》わると、その病原体《びょうげんたい》の情報《じょうほう》をおぼえた「記憶細胞《きおくさいぼう》」として体内《たいない》にたくわえられます。そうすることで、同《おな》じ病原体《びょうげんたい》が侵入《しんにゅう》したときにいち早《はや》く攻撃《こうげき》を開始《かいし》できます。

「クローン選択説《せんたくせつ》」は、オーストラリアの免疫学者《めんえきがくしゃ》マクファーレン・バーネット(1899〜1985)が提唱《ていしょう》した。1つのB細胞《さいぼう》は、1種類《しゅるい》の病原体《びょうげんたい》（抗原《こうげん》）と結《むす》びつくことができる受容体《じゅようたい》をもっている。そして、侵入《しんにゅう》してきた病原体《びょうげんたい》を認識《にんしき》したB細胞《さいぼう》だけがクローンをつくる。それによって、その病原体《びょうげんたい》に対《たい》する抗体《こうたい》を大量《たいりょう》につくることができるようになる。

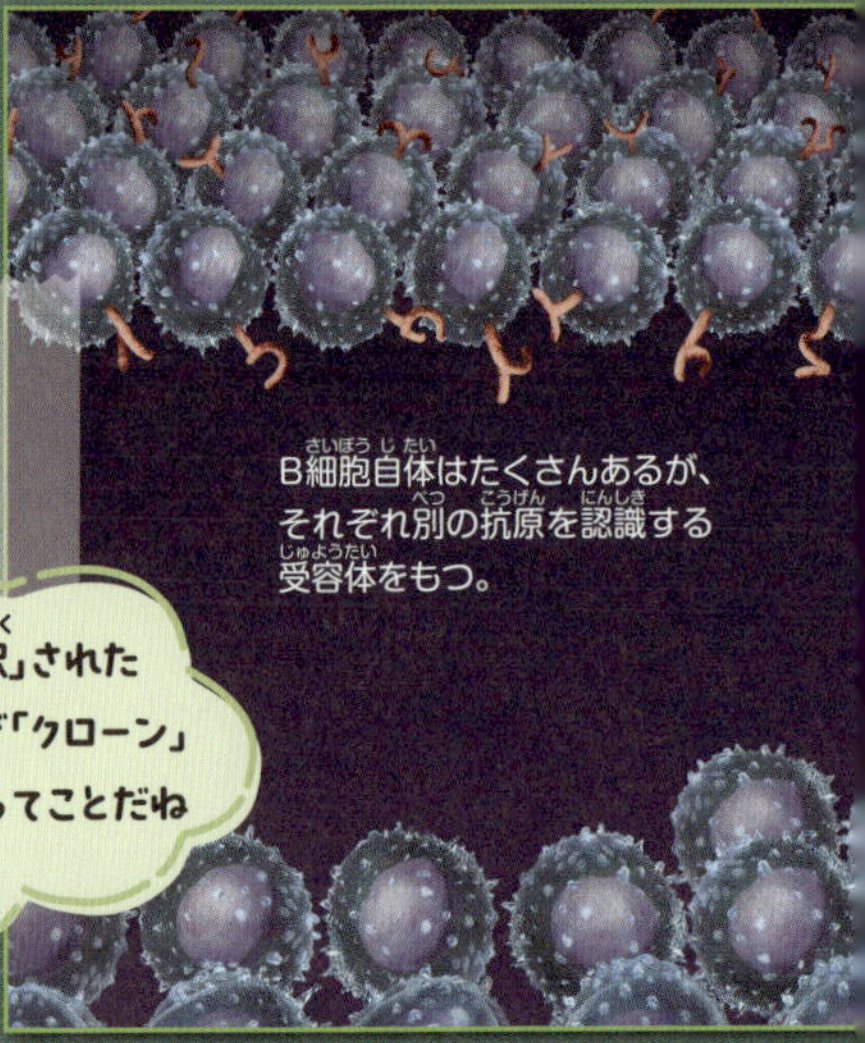

B細胞自体《さいぼうじたい》はたくさんあるが、それぞれ別《べつ》の抗原《こうげん》を認識《にんしき》する受容体《じゅようたい》をもつ。

07 特定《とくてい》の病原体《びょうげんたい》をねらい撃《う》ちする抗体《こうたい》

138ページで紹介《しょうかい》したように、獲《かく》得免疫《とくめんえき》では、プラズマ細胞《さいぼう》が病原体《びょうげんたい》に合《あ》わせた「抗体《こうたい》」を大量《たいりょう》につくることで、効率《こうりつ》よく病原体《びょうげんたい》を攻撃《こうげき》することができます。

抗体《こうたい》は、〝かぎ〟にたとえることができます。かぎにピッタリ合《あ》う〝かぎ穴《あな》〟がある病原体《びょうげんたい》にとりつくことで、その病原体《びょうげんたい》をやっつけることができるのです。この抗体《こうたい》に対応《たいおう》する〝かぎ穴《あな》〟をもつ病原体《びょうげんたい》のことを「抗原《こうげん》」といいます。

ヒトの抗体《こうたい》には5つの種類《しゅるい》があり、それぞれちがった構造《こうぞう》や役割《やくわり》をもっています。ヒトの血液《けつえき》にいちばん多《おお》くふくまれているのは「IgG」という抗《こう》体《たい》で、抗体全体《こうたいぜんたい》のおよそ75％を占《し》めているそうです。

ちなみにIgGは、母親《ははおや》からおなかの中《なか》にいる赤《あか》ちゃんにうつることができ、まだ病原体《びょうげんたい》とあまり戦《たたか》ったことのない赤《あか》ちゃんの体《からだ》を守《まも》ってくれます。

攻撃《こうげき》する抗体《こうたい》

抗原《こうげん》(細菌《さいきん》)と結《むす》びつく抗体《こうたい》をえがいたイメージ。プラズマ細胞《さいぼう》から放出《ほうしゅつ》され、先端部分《せんたんぶぶん》で抗原《こうげん》と結合《けつごう》している。なお、抗体《こうたい》は「免疫《めんえき》グロブリン(Immunoglobulin：Ig)」ともよばれる。

抗体《こうたい》
L鎖《さ》
(うすい色《いろ》でえがいた部分《ぶぶん》)
H鎖《さ》
(濃《こ》い色《いろ》でえがいた部分《ぶぶん》)
可変部《かへんぶ》
定常部《ていじょうぶ》
抗原《こうげん》(細菌《さいきん》)
プラズマ細胞《さいぼう》
いけー！
やっつけろー！

5種類《しゅるい》の抗体《こうたい》

抗体《こうたい》は、基本的《きほんてき》に2本《ほん》の長《なが》い鎖《くさり》と2本《ほん》の短《みじか》い鎖《くさり》からできている。ヒトの抗体《こうたい》は5種類《しゅるい》ある。

免疫《めんえき》グロブリンA(IgA)
血液中《けつえきちゅう》だけでなく、母乳《ぼにゅう》やつば、腸内《ちょうない》などにもある。

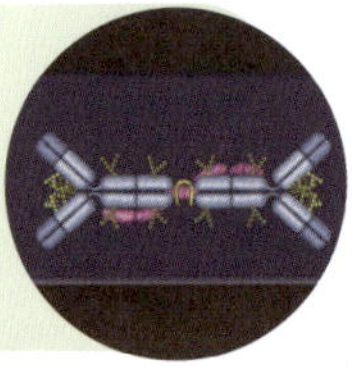

免疫《めんえき》グロブリンM(IgM)
はじめての侵入者《しんにゅうしゃ》に対《たい》してつくられる抗体《こうたい》。

免疫《めんえき》グロブリンG(IgG)
ヒトの抗体《こうたい》の7割《わり》を占《し》め、血液中《けつえきちゅう》に最《もっと》も多《おお》くある。一般的《いっぱんてき》な病原体《びょうげんたい》への攻撃《こうげき》で活躍《かつやく》する。

免疫《めんえき》グロブリンD(IgD)
B細胞《さいぼう》の表面《ひょうめん》にある。

免疫《めんえき》グロブリンE(IgE)
アレルギー炎症《えんしょう》をおこす物質《ぶっしつ》の分泌《ぶんぴつ》などをうながす。

もっと知《し》りたい

IgDは、喉《のど》や気道《きどう》の免疫防御《めんえきぼうぎょ》に関《かか》わることが最近《さいきん》わかってきた。

08 “バラバラの設計図《せっけいず》”がいろいろな抗体《こうたい》をつくる

1じかんめや2じかんめで何度《なんど》か紹介《しょうかい》しましたが、すべてのタンパク質《しつ》は、細胞《さいぼう》のDNAにある遺《い》伝子《でんし》、つまり“設計図《せっけいず》”にしたがってつくられています。抗体《こうたい》もタンパク質《しつ》でできていますが、抗体《こうたい》の“設計図《せっけいず》”に少《すこ》しひみつがあるようです。

抗体《こうたい》は、数《かぞ》え切《き》れないほどの種《しゅ》類《るい》があるウイルスや細菌《さいきん》などの侵《しん》入者《にゅうしゃ》に反応《はんのう》できなければなりませ

抗体《こうたい》がつくられるしくみ

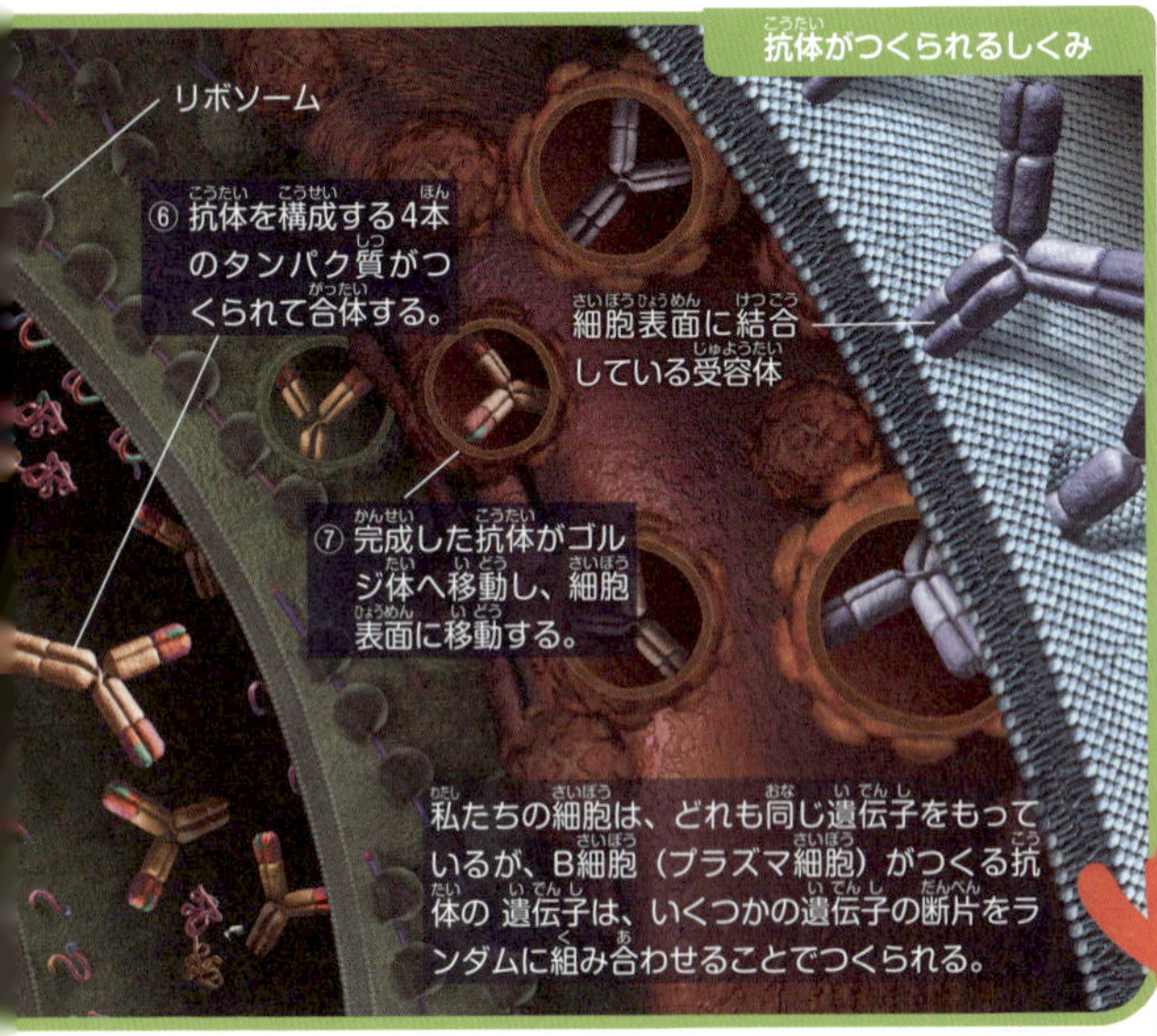
リボソーム
⑥ 抗体《こうたい》を構成《こうせい》する4本《ほん》のタンパク質《しつ》がつくられて合体《がったい》する。
細胞表面《さいぼうひょうめん》に結合《けつごう》している受容体《じゅようたい》
⑦ 完成《かんせい》した抗体《こうたい》がゴルジ体《たい》へ移動《いどう》し、細胞《さいぼう》表面《ひょうめん》に移動《いどう》する。
私《わたし》たちの細胞《さいぼう》は、どれも同《おな》じ遺伝子《いでんし》をもっているが、B細胞《さいぼう》（プラズマ細胞《さいぼう》）がつくる抗《こう》体《たい》の 遺伝子《いでんし》は、いくつかの遺伝子《いでんし》の断片《だんぺん》をランダムに組《く》み合《あ》わせることでつくられる。

たくさんできたね!

ん。そうなると、〝設計図《せっけいず》〟がいくらあっても足《た》りないことになってしまいます。

だから、抗体《こうたい》の〝設計図《せっけいず》〟は、あえてバラバラになった状態《じょうたい》で親《おや》から子《こ》へ引《ひ》きつがれるようになっています。このバラバラの遺伝情《いでんじょう》報《ほう》が自由《じゆう》に組《く》み合《あ》わさることで、1000兆種類《ちょうしゅるい》をこえる抗体《こうたい》を生《う》み出《だ》すことができるというのです。

このしくみを解明《かいめい》した日本《にほん》の研《けん》究者《きゅうしゃ》の利根川進《とねがわすすむ》さんは、1987年《ねん》にノーベル生理学《せいりがく》・医学賞《いがくしょう》を受《じゅ》賞《しょう》しています。

① V・D・Jの3つの遺伝子《いでんし》の中《なか》からランダムに1つずつ選《えら》ばれ、DNAが切《き》り出《だ》される。選《えら》ばれた断片《だんぺん》どうしは結合《けつごう》する。
④ 抗体《こうたい》になる遺伝《いでん》子《し》だけをもったmRNA（→30ページ）ができる。
⑤ mRNAの情報《じょうほう》をリボソームが読《よ》み取《と》り、小胞体《しょうほうたい》の中《なか》で抗体《こうたい》をつくりはじめる。
② 遺伝子《いでんし》をふくむDNAがmRNAにコピーされる。
③ コピーのうち必《ひつ》要《よう》のない部分《ぶぶん》が切《き》り取《と》られる。
J遺伝子断片《いでんしだんぺん》
D遺伝子断片《いでんしだんぺん》
V遺伝子断片《いでんしだんぺん》

もっと知《し》りたい

毒性《どくせい》を弱《よわ》めた抗原《こうげん》を体《からだ》に入《い》れ、B細胞《さいぼう》に抗体《こうたい》をつくらせるのがワクチンである。

09 感染《かんせん》した細胞《さいぼう》は自分《じぶん》をやっつけてもらう

ウイルスに感染《かんせん》した細胞《さいぼう》をそのままにしておくと、ウイルスの増殖《ぞうしょく》に利用《りよう》されてしまいます。ウイルスを駆除《くじょ》するためには、感染《かんせん》してしまった細胞《さいぼう》を敵《てき》と同《おな》じようにやっつける必要《ひつよう》があります。

そのため、細胞《さいぼう》には〝敵《てき》〟か〝自分《じぶん》〟かを見分《みわ》けるしくみがあります。

赤血球《せっけっきゅう》以外《いがい》のすべての細胞《さいぼう》の表面《ひょうめん》には、MHCクラスⅠという物質《ぶっしつ》がついています。この物質《ぶっしつ》は、人《ひと》によって少《すこ》しずつ構造《こうぞう》がことなっています。T細胞《さいぼう》（獲得免疫《かくとくめんえき》ではたらく白血球《はっけっきゅう》）は、このMHCクラスⅠをTCRというアンテナで認識《にんしき》して、〝敵《てき》〟か〝自分《じぶん》〟かを見分《みわ》けています。

ウイルスに感染《かんせん》した細胞《さいぼう》は、そのウイルスのかけらを、MHCクラスⅠと一緒《いっしょ》に細胞《さいぼう》の表面《ひょうめん》にかかげます。そのため、T細胞《さいぼう》は「この細胞《さいぼう》は自分《じぶん》のだけどウイルスに感染《かんせん》したのだな」とわかるのです。

病原体《びょうげんたい》の情報《じょうほう》をT細胞《さいぼう》に伝達《でんたつ》するしくみ

ウイルスに感染《かんせん》した細胞《さいぼう》は、ウイルスのタンパク質《しつ》を分解《ぶんかい》してペプチドという物質《ぶっしつ》をつくり、MHCクラスⅠと一緒《いっしょ》にかかげる。それをキラーT細胞《さいぼう》が認識《にんしき》すると、その細胞《さいぼう》はキラーT細胞《さいぼう》にやっつけられる。

⑧ キラーT細胞《さいぼう》の抗原受容体《こうげんじゅようたい》（TCR）がウイルスペプチドを認識《にんしき》すると、感染細胞《かんせんさいぼう》の膜《まく》に穴《あな》を開《あ》け、穴《あな》からタンパク質《しつ》を注入《ちゅうにゅう》することで、感染細胞《かんせんさいぼう》をやっつける。
② ウイルスの遺伝子情報《いでんしじょうほう》をもつRNAから、タンパク質《しつ》がつくられる。
キラーT細胞《さいぼう》
TCR
ウイルス
感染細胞《かんせんさいぼう》
③ 感染細胞内《かんせんさいぼうない》にあるタンパク質《しつ》がウイルスのタンパク質《しつ》を分解《ぶんかい》し、ペプチドにする。
④ ウイルスペプチドは小胞《しょうほう》体内《たいない》に送《おく》られる。
ウイルスペプチド
⑤ 小胞体内《しょうほうたいない》でつくられたMHCクラスⅠがウイルスペプチドをキャッチする。
MHCクラスⅠ
① ウイルスの遺伝子《いでんし》がRNAに写《うつ》し取《と》られる。
⑥ ウイルスペプチドをキャッチしたMHCクラスⅠがゴルジ体《たい》へ移動《いどう》する。
ウイルスの遺伝子《いでんし》
⑦ ゴルジ体《たい》から感染細胞表面《かんせんさいぼうひょうめん》へ、ウイルスペプチドを結合《けつごう》したMHCクラスⅠが移動《いどう》する。

自分《じぶん》をやっつけて
もらわなきゃならない
なんて大変《たいへん》だな…

もっと知《し》りたい

キラーT細胞《さいぼう》は、細胞《さいぼう》にアポトーシス（→48ページ）をおこさせる毒《どく》をもつ。

10 細胞《さいぼう》の連携《れんけい》プレーに必要《ひつよう》な目《め》じるし

前《まえ》のページで紹介《しょうかい》したMHCクラスⅠの仲間《なかま》にMHCクラスⅡという物質《ぶっしつ》があります。これは、樹状細胞《じゅじょうさいぼう》やB細《さい》胞《ぼう》など一部《いちぶ》の細胞《さいぼう》だけがもつ物質《ぶっしつ》で、侵入者《しんにゅうしゃ》である抗原《こうげん》（病原体《びょうげんたい》）の情報《じょうほう》を、ほかの細胞《さいぼう》に知《し》らせるはたらきがあります。

樹状細胞《じゅじょうさいぼう》などは、病原体《びょうげんたい》を食《た》べて細《さい》胞内《ぼうない》に取《と》り込《こ》み、破壊《はかい》します。すると、こわれた病原体《びょうげんたい》の一部《いちぶ》(抗原《こうげん》)をMHCクラスⅡが受《う》け取《と》って、細胞《さいぼう》の表面《ひょうめん》まで運《はこ》んでかかげます。

この抗原《こうげん》の情報《じょうほう》をTCRというアンテナで認識《にんしき》したヘルパーT細胞《さいぼう》は、抗《こう》原《げん》に応《おう》じた抗体《こうたい》をつくることができるB細胞《さいぼう》を探《さが》します。

B細胞《さいぼう》のほうでは、MHCクラスⅡを使《つか》って「自分《じぶん》はこの抗原《こうげん》に対応《たいおう》した抗体《こうたい》をつくることができる」という目《め》じるしを立《た》てます。この目《め》じるしがあるB細胞《さいぼう》を、ヘルパーT細胞《さいぼう》は活性化《かっせいか》し、抗体《こうたい》をつくっていくのです。

B細胞《さいぼう》は抗原《こうげん》を目《め》じるしとしてかかげる

B細胞《さいぼう》は、抗原《こうげん》を取《と》り込《こ》んで分解《ぶんかい》し、MHCクラスⅡに結合《けつごう》させてかかげる。これを「抗原提示《こうげんていじ》」という。ヘルパーT細胞《さいぼう》は、樹状細胞《じゅじょうさいぼう》が出《だ》していた抗原《こうげん》と同《おな》じ抗《こう》原《げん》をかかげているB細胞《さいぼう》をさがす。ヘルパーT細胞《さいぼう》がB細胞《さいぼう》のかかげる抗原《こうげん》の情《じょう》報《ほう》を見《み》つけると、そのB細胞《さいぼう》を活性化《かっせいか》させる「サイトカイン」という物質《ぶっしつ》を出《だ》す。

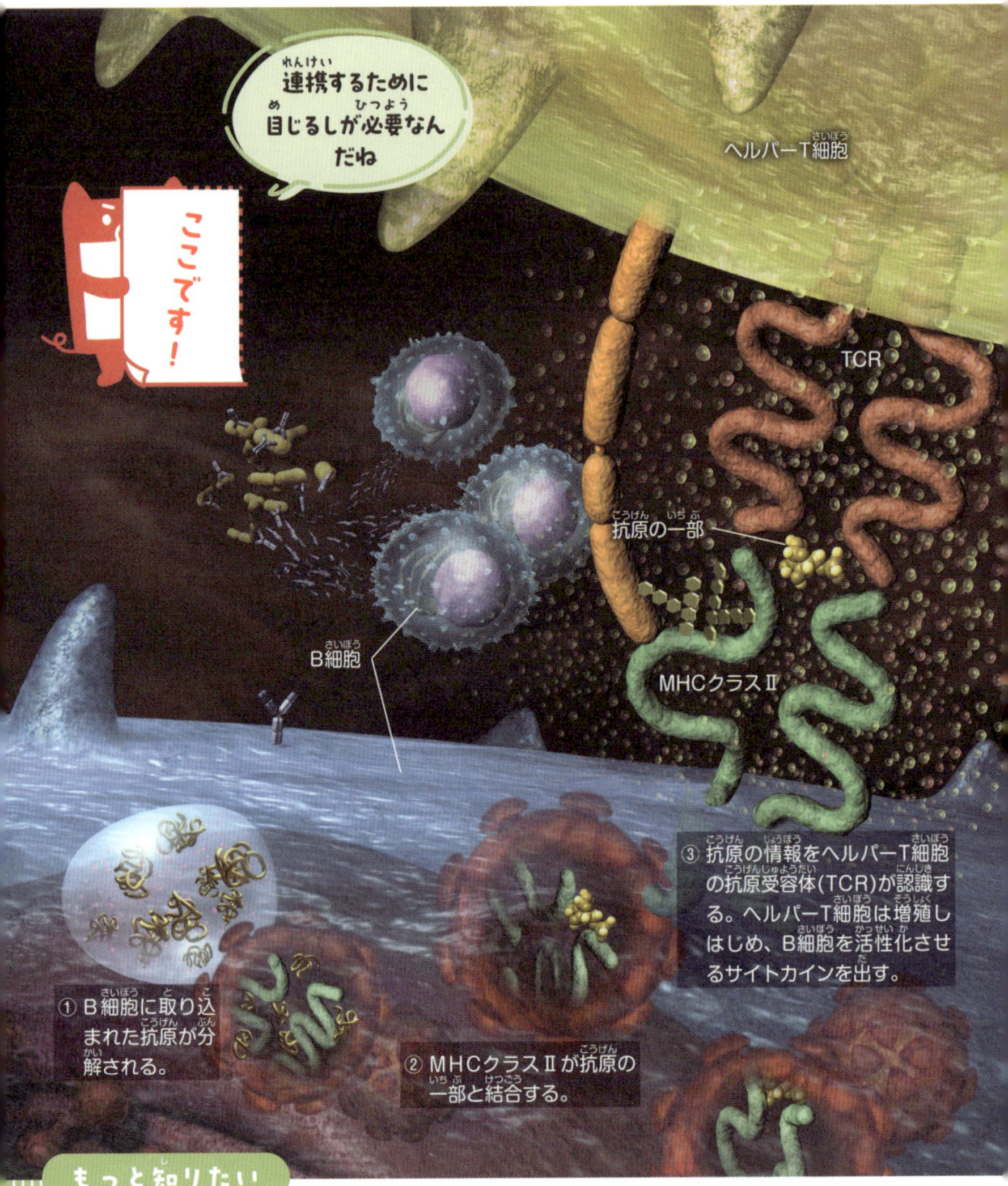
連携《れんけい》するために
目《め》じるしが必要《ひつよう》なん
だね
ここです！
ヘルパーT細胞《さいぼう》
TCR
抗原《こうげん》の一部《いちぶ》
MHCクラスⅡ
B細胞《さいぼう》
③ 抗原《こうげん》の情報《じょうほう》をヘルパーT細胞《さいぼう》の抗原受容体《こうげんじゅようたい》(TCR)が認識《にんしき》する。ヘルパーT細胞《さいぼう》は増殖《ぞうしょく》しはじめ、B細胞《さいぼう》を活性化《かっせいか》させるサイトカインを出《だ》す。
① B細胞《さいぼう》に取《と》り込《こ》まれた抗原《こうげん》が分《ぶん》解《かい》される。
② MHCクラスⅡが抗原《こうげん》の一部《いちぶ》と結合《けつごう》する。

もっと知《し》りたい

B細胞《さいぼう》や樹状細胞《じゅじょうさいぼう》のほか、マクロファージも抗原提示《こうげんていじ》を行《おこな》う。

11 臓器移植《ぞうきいしょく》の拒絶反応《きょぜつはんのう》はどうしておこるの？

146ページで紹介《しょうかい》したMHCクラスIは、ウイルスの増殖《ぞうしょく》をおさえて体《からだ》を病気《びょうき》から守《まも》るために必要《ひつよう》な物質《ぶっしつ》です。でも、困《こま》った方向《ほうこう》にはたらいてしまうことがあります。

たとえば、臓器移植《ぞうきいしょく》の場合《ばあい》です。ほかの人《ひと》の健康《けんこう》な臓器《ぞうき》や組織《そしき》を移植《いしょく》することで病気《びょうき》を治療《ちりょう》する方法《ほうほう》ですが、「拒絶反応《きょぜつはんのう》」といって、移植《いしょく》された部分《ぶぶん》が短《みじか》い期間《きかん》しか生《い》きられず、失敗《しっぱい》してしまうことがあります。

拒絶反応《きょぜつはんのう》の原因《げんいん》は、T細胞《さいぼう》です。MHCクラスIは、人《ひと》によって構造《こうぞう》がちがうので、移植《いしょく》された細胞《さいぼう》のMHCクラスIを認識《にんしき》したT細胞《さいぼう》は、その細胞《さいぼう》が自分《じぶん》のものではない、つまり「敵《てき》だ」と認識《にんしき》して攻撃《こうげき》してしまうのです。

そのため、臓器移植《ぞうきいしょく》を成功《せいこう》させるには、MHCクラスIの構造《こうぞう》が患者《かんじゃ》とよく似《に》た人《ひと》から臓器《ぞうき》や組織《そしき》をもらったり、免疫抑制剤《めんえきよくせいざい》などの薬《くすり》を使《つか》ったりする必要《ひつよう》があります。

拒絶反応《きょぜつはんのう》がおきるしくみ

キラーT細胞《さいぼう》やナチュラルキラー細胞《さいぼう》（NK細胞《さいぼう》）は、自分《じぶん》の体《からだ》のものではない（非自己《ひじこ》）細胞《さいぼう》を排除《はいじょ》する役割《やくわり》をもつ。また、非自己《ひじこ》を認識《にんしき》するB細胞《さいぼう》も、抗体《こうたい》をつくり攻撃《こうげき》する。これにより、拒絶反応《きょぜつはんのう》がはげしくおきるようになる。

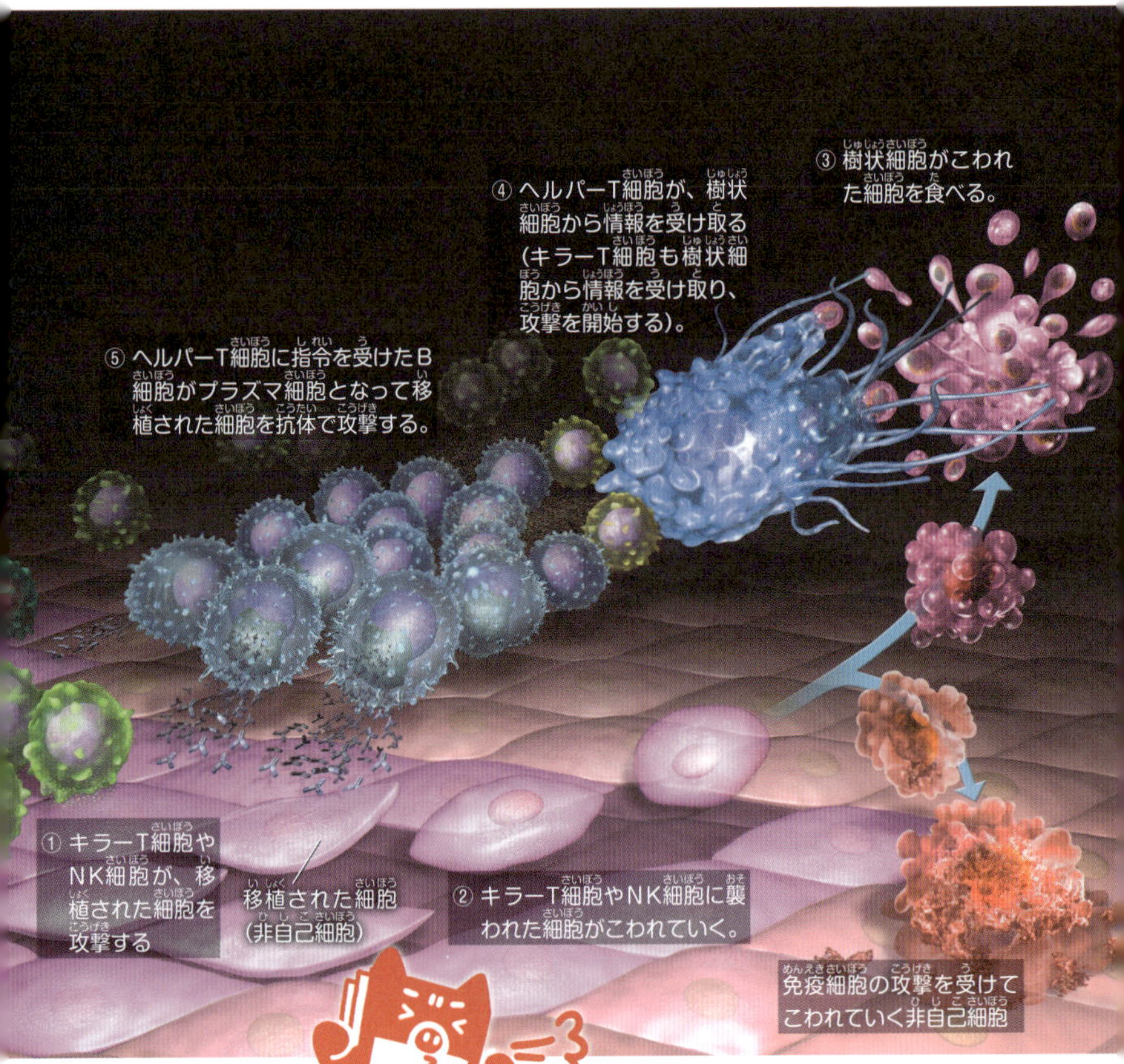

① キラーT細胞《さいぼう》やNK細胞《さいぼう》が、移《い》植《しょく》された細胞《さいぼう》を攻撃《こうげき》する
移植《いしょく》された細胞《さいぼう》（非自己細胞《ひじこさいぼう》）
② キラーT細胞《さいぼう》やNK細胞《さいぼう》に襲《おそ》われた細胞《さいぼう》がこわれていく。
免疫細胞《めんえきさいぼう》の攻撃《こうげき》を受《う》けてこわれていく非自己細胞《ひじこさいぼう》
③ 樹状細胞《じゅじょうさいぼう》がこわれた細胞《さいぼう》を食《た》べる。
④ ヘルパーT細胞《さいぼう》が、樹状《じゅじょう》細胞《さいぼう》から情報《じょうほう》を受《う》け取《と》る（キラーT細胞《さいぼう》も樹状細胞《じゅじょうさいぼう》から情報《じょうほう》を受《う》け取《と》り、攻撃《こうげき》を開始《かいし》する）。
⑤ ヘルパーT細胞《さいぼう》に指令《しれい》を受《う》けたB細胞《さいぼう》がプラズマ細胞《さいぼう》となって移植《いしょく》された細胞《さいぼう》を抗体《こうたい》で攻撃《こうげき》する。

体《からだ》を守《まも》るしくみが裏目《うらめ》に出《で》ちゃうなんて！

もっと知《し》りたい

赤血球《せっけっきゅう》はMHCクラスⅠをもたないため、血液型《けつえきがた》が合《あ》っていれば他人《たにん》に輸血《ゆけつ》できる。

12 花粉《かふん》と免疫《めんえき》が戦《たたか》って花粉症《かふんしょう》になる

世《よ》の中《なか》には、さまざまなアレルギーがあります。花粉《かふん》、ダニ、食《た》べ物《もの》など、特定《とくてい》の物質《ぶっしつ》に接《せっ》すると、くしゃみや鼻《はな》水《みず》が出《で》たり、目《め》や皮膚《ひふ》がかゆくなったり、時《とき》には呼吸《こきゅう》が苦《くる》しくなって命《いのち》の危《き》機《き》におちいることもある、やっかいな病気《びょうき》です。

アレルギーを引《ひ》きおこす特定《とくてい》の物質《ぶっしつ》を「アレルゲン」といいます。本来《ほんらい》は体《からだ》に害《がい》をおよぼさない物質《ぶっしつ》でも、人《ひと》によってはアレルゲンとなり、免疫細胞《めんえきさいぼう》が「敵《てき》だ」と認識《にんしき》してしまうことがあるのです。

たとえば免疫細胞《めんえきさいぼう》がスギの花粉《かふん》を「敵《てき》」と認識《にんしき》した場合《ばあい》、体内《たいない》では花粉《かふん》成分《せいぶん》にくっつくIgEという抗体《こうたい》（↓138ページ）が大量《たいりょう》につくられます。

この抗体《こうたい》は、毎年《まいとし》スギの花粉《かふん》のシーズンになると少《すこ》しずつふえていき、あるときに限界《げんかい》をこえて、花粉症《かふんしょう》を発症《はっしょう》します。「急《きゅう》に花粉症《かふんしょう》になってしまった」という人《ひと》がいるのはこのためです。

花粉症《かふんしょう》は
困《こま》るぜ

花粉《かふん》と免疫系《めんえきけい》の戦《たたか》い

体《からだ》は、花粉《かふん》の一度《いちど》目《め》の侵入《しんにゅう》で防御《ぼうぎょ》の態勢《たいせい》を整《ととの》え、二度《にど》目《め》の侵入《しんにゅう》でアレルギー反応《はんのう》をおこす。アレルギー反応《はんのう》には、マスト細胞《さいぼう》という粘膜《ねんまく》や皮膚《ひふ》の下《した》にたくさんある免疫細胞《めんえきさいぼう》が関係《かんけい》している。

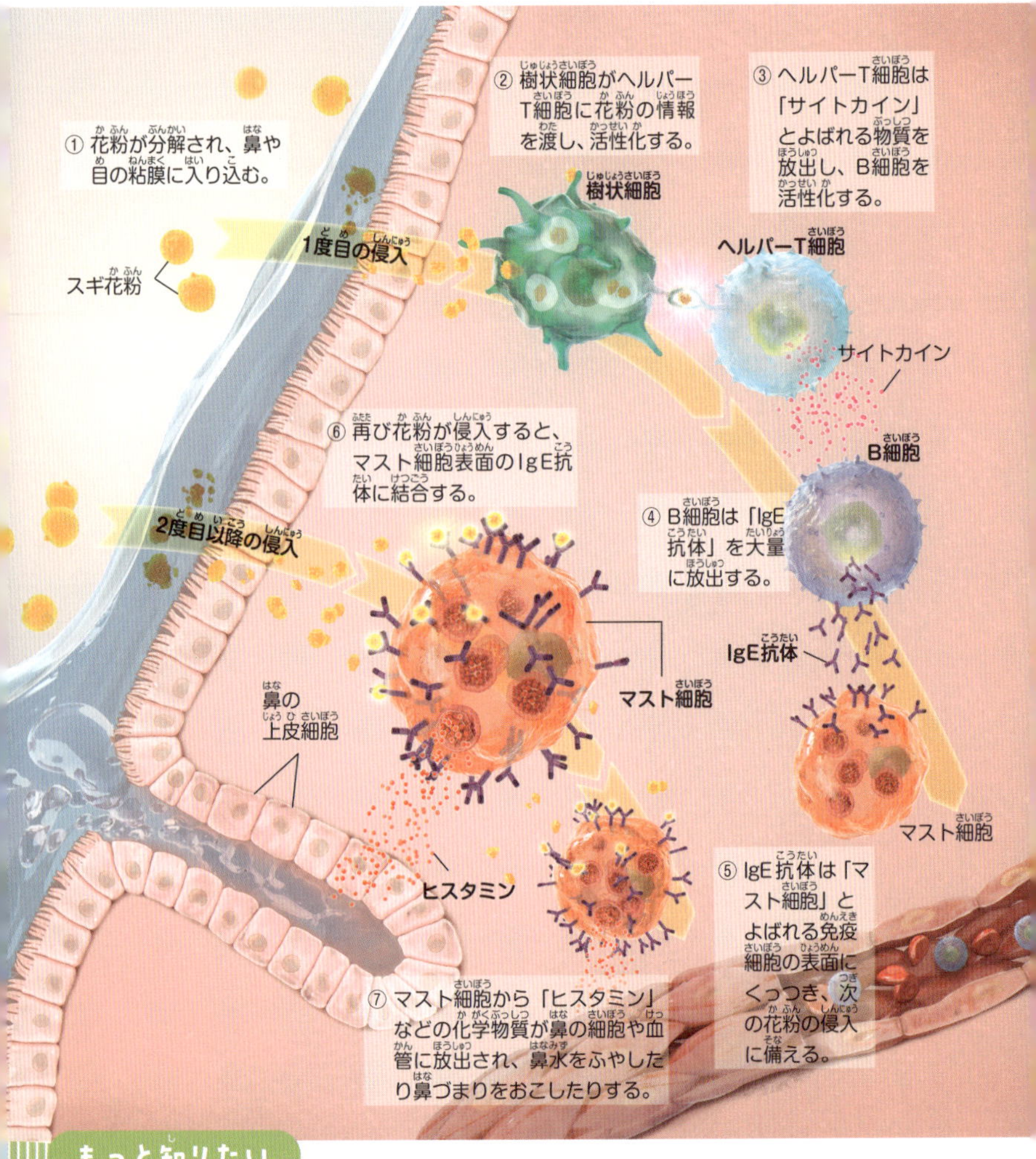
① 花粉《かふん》が分解《ぶんかい》され、鼻《はな》や目《め》の粘膜《ねんまく》に入《はい》り込《こ》む。
② 樹状細胞《じゅじょうさいぼう》がヘルパーT細胞《さいぼう》に花粉《かふん》の情報《じょうほう》を渡《わた》し、活性化《かっせいか》する。
③ ヘルパーT細胞《さいぼう》は「サイトカイン」とよばれる物質《ぶっしつ》を放出《ほうしゅつ》し、B細胞《さいぼう》を活性化《かっせいか》する。
樹状細胞《じゅじょうさいぼう》
1度《ど》目《め》の侵入《しんにゅう》
ヘルパーT細胞《さいぼう》
スギ花粉《かふん》
サイトカイン
B細胞《さいぼう》
⑥ 再《ふたた》び花粉《かふん》が侵入《しんにゅう》すると、マスト細胞表面《さいぼうひょうめん》のIgE抗《こう》体《たい》に結合《けつごう》する。
2度《ど》目《め》以降《いこう》の侵入《しんにゅう》
④ B細胞《さいぼう》は「IgE抗体《こうたい》」を大量《たいりょう》に放出《ほうしゅつ》する。
IgE抗体《こうたい》
鼻《はな》の上皮細胞《じょうひさいぼう》
マスト細胞《さいぼう》
マスト細胞《さいぼう》
ヒスタミン
⑤ IgE抗体《こうたい》は「マスト細胞《さいぼう》」とよばれる免疫《めんえき》細胞《さいぼう》の表面《ひょうめん》にくっつき、次《つぎ》の花粉《かふん》の侵入《しんにゅう》に備《そな》える。
⑦ マスト細胞《さいぼう》から「ヒスタミン」などの化学物質《かがくぶっしつ》が鼻《はな》の細胞《さいぼう》や血《けっ》管《かん》に放出《ほうしゅつ》され、鼻水《はなみず》をふやしたり鼻《はな》づまりをおこしたりする。

もっと知《し》りたい

食《た》べ物《もの》では、牛乳《ぎゅうにゅう》や小麦粉《こむぎこ》、そば粉《こ》などがアレルゲンになりやすい。

やすみじかん

1種類《しゅるい》の細胞《さいぼう》から
すべての免疫細胞《めんえきさいぼう》ができる

すべての免疫細胞《めんえきさいぼう》は、「造血幹細胞《ぞうけつかんさいぼう》」というたった1種類《しゅるい》の細胞《さいぼう》から分化《ぶんか》（→80ページ）していきます。胸《むね》のあたりにある臓器《ぞうき》「胸腺《きょうせん》」では、リンパ芽球《がきゅう》が成熟《せいじゅく》してT細胞《さいぼう》となり、“自分《じぶん》”と“敵《てき》”を見分《みわ》けられるものだけが巣立《すだ》っていきます。まるで学校《がっこう》みたいですね。

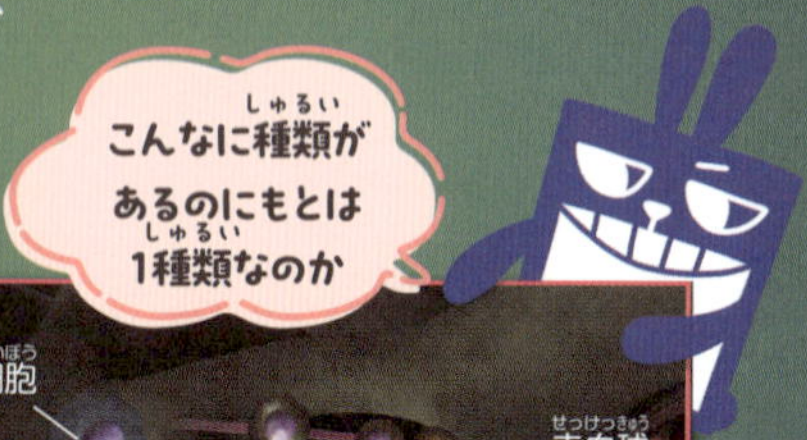
こんなに種類《しゅるい》が
あるのにもとは
1種類《しゅるい》なのか

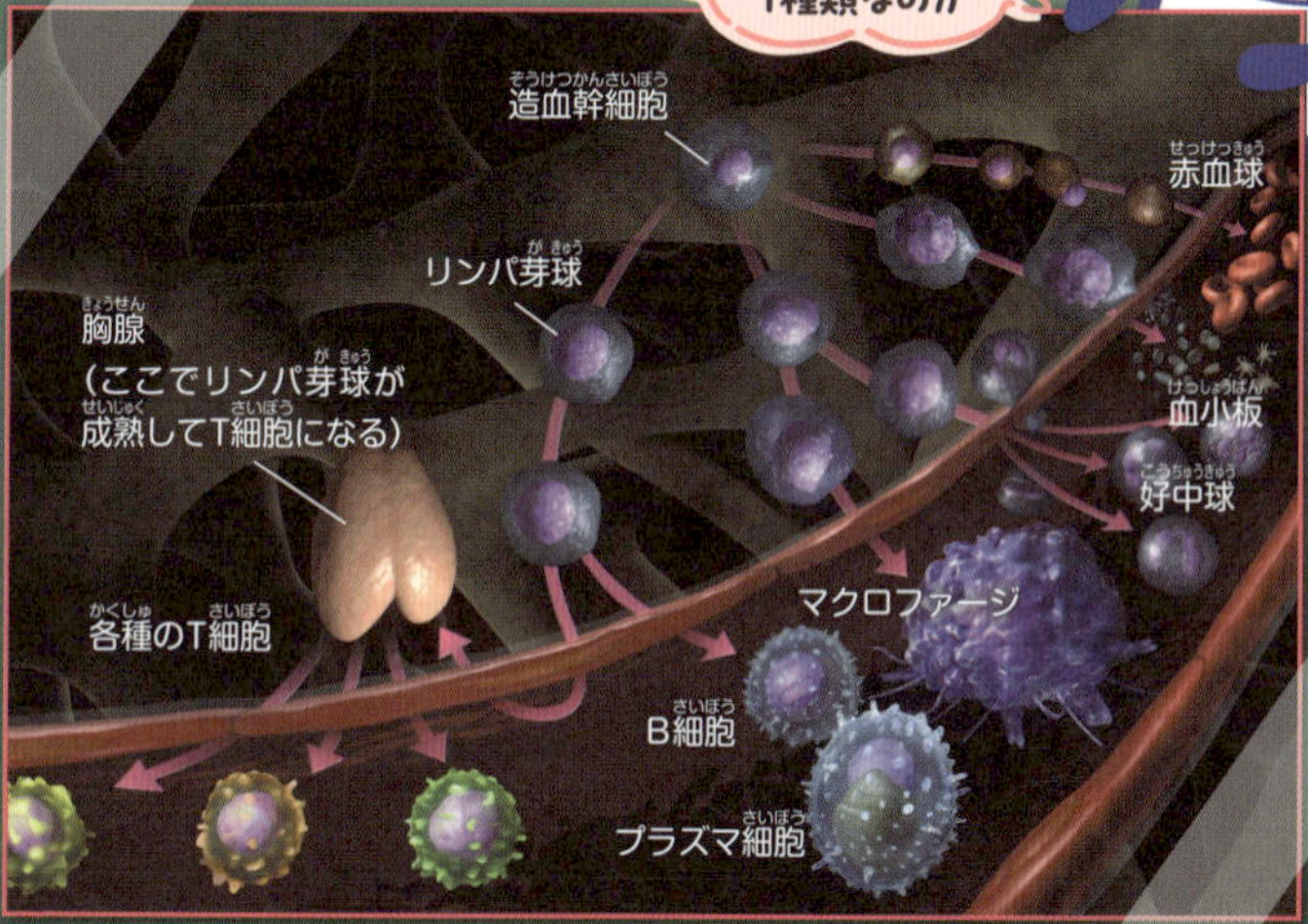
造血幹細胞《ぞうけつかんさいぼう》
赤血球《せっけっきゅう》
リンパ芽球《がきゅう》
胸腺《きょうせん》
(ここでリンパ芽球《がきゅう》が成熟《せいじゅく》してT細胞《さいぼう》になる)
血小板《けっしょうばん》
好中球《こうちゅうきゅう》
マクロファージ
各種《かくしゅ》のT細胞《さいぼう》
B細胞《さいぼう》
プラズマ細胞《さいぼう》

造血幹細胞《ぞうけつかんさいぼう》がさまざまな細胞《さいぼう》に分化《ぶんか》するようす。

5 じかんめ

「何《なん》にでもなれる細胞《さいぼう》」で病気《びょうき》を治《なお》す

ここでは、細胞《さいぼう》の力《ちから》を使《つか》った最先端《さいせんたん》の医学《いがく》の話《はなし》をします。病気《びょうき》やケガによって失《うしな》われてしまった体《からだ》の機能《きのう》を、「ほかの細胞《さいぼう》になれる細《さい》胞《ぼう》」で再生《さいせい》し、治療《ちりょう》する研究《けんきゅう》があります。これを「再生医療《さいせいいりょう》」といいます。細胞《さいぼう》にひめられたものすごいパワーをみてみましょう。

01 体《からだ》が切《き》れても再生《さいせい》する生《い》き物《もの》がいる!?

体《からだ》の一部《いちぶ》が切《き》れても再生《さいせい》する……マンガやアニメなどで目《め》にすることがあるシーンですね。現実《げんじつ》には考《かんが》えられないようなことですが、実《じつ》は自然界《しぜんかい》にも、生《う》まれつき「体《からだ》の再生《さいせい》」ができる生《い》き物《もの》がいます。

たとえば、トカゲのような姿《すがた》をした両生類《りょうせいるい》のイモリです。イモリは、脚《あし》やしっぽが切《き》れても、数《すう》か月《げつ》で元《もと》どおりに再生《さいせい》します。目《め》がなくなっても、ちゃんと元通《もとどお》りになるそうです。

しかも、幼生《ようせい》のイモリは、脳《のう》の一部《いちぶ》が失《うしな》われても再生《さいせい》できるそうです。

プラナリアという生《い》き物《もの》には、もっとすごい力《ちから》があります。なんと全身《ぜんしん》を細《こま》かく切《き》り分《わ》けても、それぞれが１匹《ぴき》のプラナリアとして再生《さいせい》します。

プラナリアは、一定《いってい》の大《おお》きさになると、みずから2つにちぎれて2匹《ひき》のプラナリアになります。つまりプラナリアにとって、再生《さいせい》することは仲間《なかま》をふやすために必要《ひつよう》なことなのです。

全身《ぜんしん》を再生《さいせい》できるプラナリア

プラナリアは、川《かわ》にある石《いし》の裏《うら》などにくっついているヒルのような生《い》き物《もの》だ。体《からだ》のあちこちに、決《き》まったはたらきをもたない小《ちい》さな細《さい》胞《ぼう》が散《ち》らばっている。プラナリアの体《からだ》を3つに切《き》ると、この細胞《さいぼう》がそれぞれの切断面《せつだんめん》に集《あつ》まって体《からだ》が再構《さいこう》成《せい》され、最終的《さいしゅうてき》には3匹《びき》のプラナリアに再生《さいせい》する。

あんまり切《き》ったらかわいそうだぜ

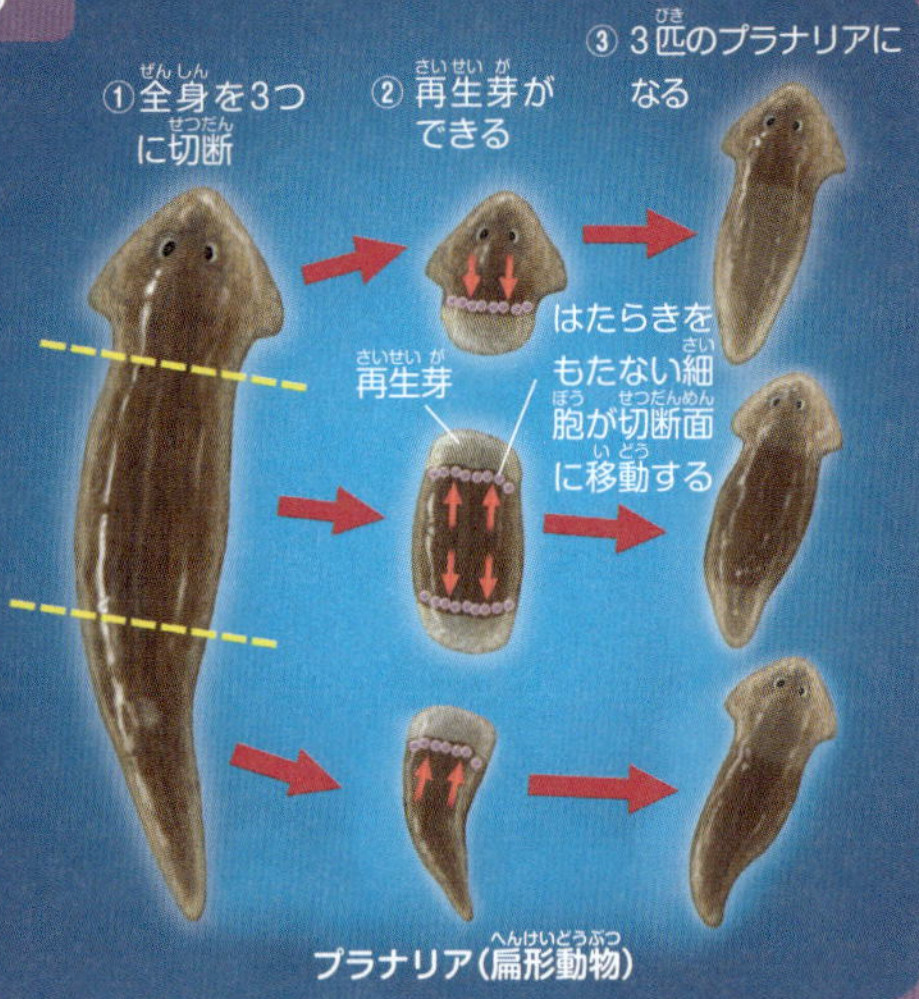
①全身《ぜんしん》を3つに切断《せつだん》
②再生芽《さいせいが》ができる
③3匹《びき》のプラナリアになる
再生芽《さいせいが》
はたらきをもたない細《さい》胞《ぼう》が切断面《せつだんめん》に移動《いどう》する
プラナリア（扁形動物《へんけいどうぶつ》）

再生《さいせい》する植物《しょくぶつ》

煙草《たばこ》の原料《げんりょう》となる植物《しょくぶつ》のタバコの葉《は》から、プロトプラストという細胞《さいぼう》を取《と》り出《だ》して育《そだ》てると、決《き》まったはたらきをもたない細胞《さいぼう》のかたまり（カルス）ができ、やがて幼植物体《ようしょくぶつたい》（子《こ》どもの植物《しょくぶつ》）になります。これを土《つち》にもどせば、完全《かんぜん》なタバコに成長《せいちょう》します。基本的《きほんてき》に、植物《しょくぶつ》はたった1個《こ》の細胞《さいぼう》から完全《かんぜん》に再生《さいせい》できる能力《のうりょく》をもっているのです。

タバコの葉《は》
細胞壁《さいぼうへき》を除去《じょきょ》
プロトプラスト
（細胞壁《さいぼうへき》をもたない
1個《こ》の細胞《さいぼう》）
培養《ばいよう》
カルス
培養《ばいよう》
幼植物体《ようしょくぶつたい》
土《つち》に植《う》える
完全《かんぜん》なタバコ

もっと知《し》りたい

トカゲも切《き》れた尾《お》が再生《さいせい》することで知《し》られるが、手足《てあし》は再生《さいせい》しない。

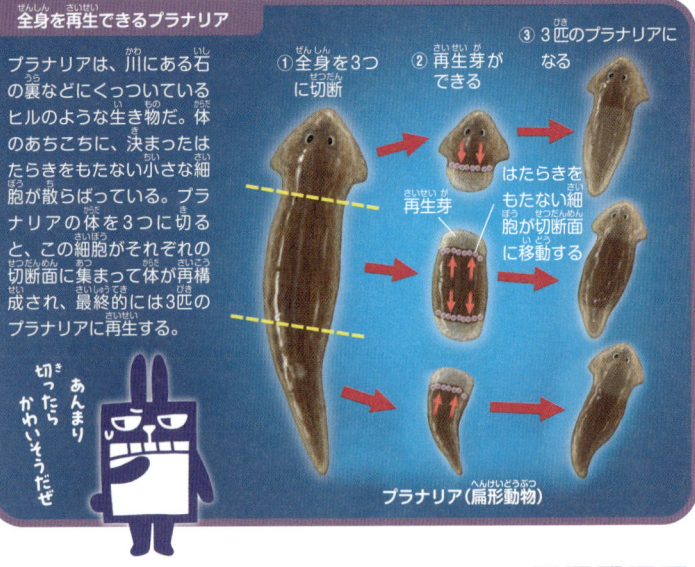

02 木《き》の幹《みき》のような「ほかの細胞《さいぼう》になれる細胞《さいぼう》」

前《まえ》のページで紹介《しょうかい》したプラナリアは、なぜバラバラになっても体《からだ》を再生《さいせい》できるのでしょうか。それは、「決《き》まったはたらきをもたない小《ちい》さな細胞《さいぼう》」を体《からだ》のあちこちにもつからです。

この細胞《さいぼう》は「幹細胞《かんさいぼう》」とよばれます。木《き》の幹《みき》から枝《えだ》や葉《は》がのびるように、幹細胞《かんさいぼう》からはさまざまな種類《しゅるい》の細胞《さいぼう》ができます。つまり、幹細胞《かんさいぼう》は「ほかの細胞《さいぼう》になれる細《さい》

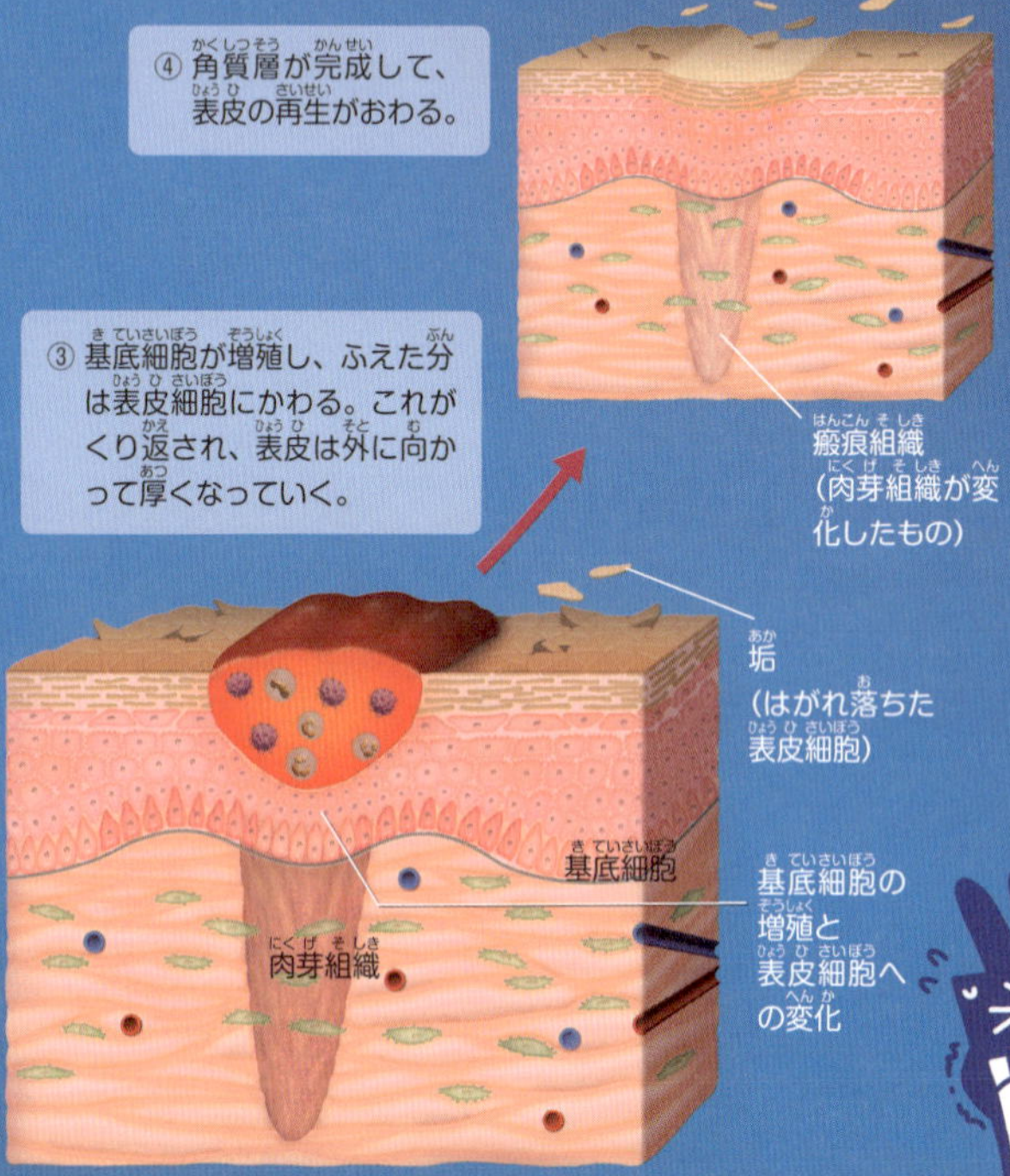
④ 角質層《かくしつそう》が完成《かんせい》して、表皮《ひょうひ》の再生《さいせい》がおわる。
③ 基底細胞《きていさいぼう》が増殖《ぞうしょく》し、ふえた分《ぶん》は表皮細胞《ひょうひさいぼう》にかわる。これがくり返《かえ》され、表皮《ひょうひ》は外《そと》に向《む》かって厚《あつ》くなっていく。
瘢痕組織《はんこんそしき》（肉芽組織《にくげそしき》が変《へん》化《か》したもの）
垢《あか》（はがれ落《お》ちた表皮細胞《ひょうひさいぼう》）
基底細胞《きていさいぼう》
肉芽組織《にくげそしき》
基底細胞《きていさいぼう》の増殖《ぞうしょく》と表皮細胞《ひょうひさいぼう》への変化《へんか》

こうやって傷《きず》は治《なお》るんだな
イテテ…

胞《ぼう》」なのです。

実《じつ》は、私《わたし》たちヒトにも幹細胞《かんさいぼう》があります。

たとえば骨《ほね》の内部《ないぶ》（骨髄《こつずい》）には、これから赤血球《せっけっきゅう》や白血球《はっけっきゅう》などに分《ぶん》化《か》する「造血幹細胞《ぞうけつかんさいぼう》」があります。皮膚《ひふ》には「基底細胞《きていさいぼう》」があり、ケガをした皮膚《ひふ》を再生《さいせい》して治《なお》します。

残念《ざんねん》ながら、こうした幹細胞《かんさいぼう》は、プラナリアのように「どんな細胞《さいぼう》にもなれる」わけではありません。皮膚《ひふ》の幹細胞《かんさいぼう》は皮膚《ひふ》の細胞《さいぼう》にはなれますが、筋肉《きんにく》や神経《しんけい》の細《さい》胞《ぼう》にはなれないのです。

皮膚《ひふ》の再生《さいせい》

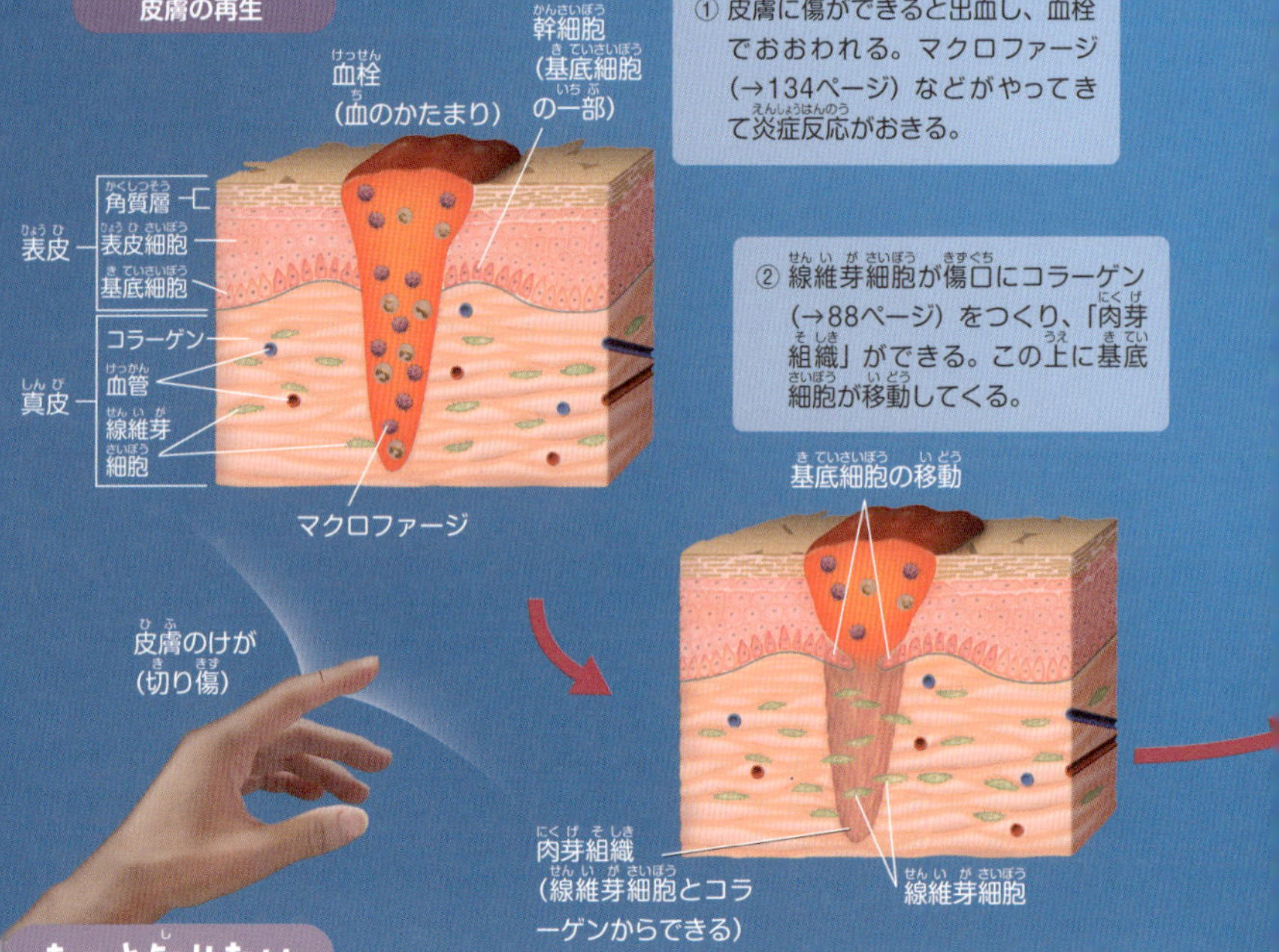

① 皮膚《ひふ》に傷《きず》ができると出血《しゅっけつ》し、血栓《けっせん》でおおわれる。マクロファージ（→134ページ）などがやってきて炎症反応《えんしょうはんのう》がおきる。
② 線維芽細胞《せんいがさいぼう》が傷口《きずぐち》にコラーゲン（→88ページ）をつくり、「肉芽《にくげ》組織《そしき》」ができる。この上《うえ》に基底《きてい》細胞《さいぼう》が移動《いどう》してくる。
幹細胞《かんさいぼう》（基底細胞《きていさいぼう》の一部《いちぶ》）
血栓《けっせん》（血《ち》のかたまり）
表皮《ひょうひ》
角質層《かくしつそう》
表皮細胞《ひょうひさいぼう》
基底細胞《きていさいぼう》
真皮《しんぴ》
コラーゲン
血管《けっかん》
線維芽《せんいが》細胞《さいぼう》
マクロファージ
皮膚《ひふ》のけが（切《き》り傷《きず》）
基底細胞《きていさいぼう》の移動《いどう》
肉芽組織《にくげそしき》（線維芽細胞《せんいがさいぼう》とコラーゲンからできる）
線維芽細胞《せんいがさいぼう》

もっと知《し》りたい

傷《きず》のあった部分《ぶぶん》には、肉芽組織《にくげそしき》が変化《へんか》した「瘢痕組織《はんこんそしき》」が“傷跡《きずあと》”として残《のこ》る。

03 さまざまな細胞《さいぼう》に変身《へんしん》して無限《むげん》に増殖《ぞうしょく》できる細胞《さいぼう》をつくれ！

もし、ヒトに「何《なに》にでもなれる幹細胞《かんさいぼう》」があったら、どうなるでしょう。どんなケガも元通《もとどお》りに治《なお》せるかもしれません。こわれてしまった臓器《ぞうき》も新《あたら》しくつくれるのなら、臓器移植《ぞうきいしょく》のドナーをさがす必要《ひつよう》もありません。救《すく》われる人《ひと》がたくさんいるはずです。

そんな夢《ゆめ》のような細胞《さいぼう》として期待《きたい》されているのが「ES細胞《さいぼう》（胚性幹細胞《はいせいかんさいぼう》）」です。

1981年《ねん》、イギリスの生物学者《せいぶつがくしゃ》エバンス博士《はかせ》たちは、マウスの胚《はい》（赤《あか》ちゃんになる前《まえ》の細胞《さいぼう》のかたまり）から細胞《さいぼう》を取《と》り出《だ》し、試験管《しけんかん》の中《なか》でふやしました。この細胞《さいぼう》は無限《むげん》に増殖《ぞうしょく》して、しかも胎盤《たいばん》（おなかの赤《あか》ちゃんが母親《ははおや》から栄養《えいよう》をもらうための臓器《ぞうき》）以外《いがい》のあらゆる細胞《さいぼう》になることができました。これがES細胞《さいぼう》です。

そして1998年《ねん》、アメリカのトムソン教授《きょうじゅ》が、ついにヒトの胚《はい》からES細胞《さいぼう》をつくることに成功《せいこう》しました。

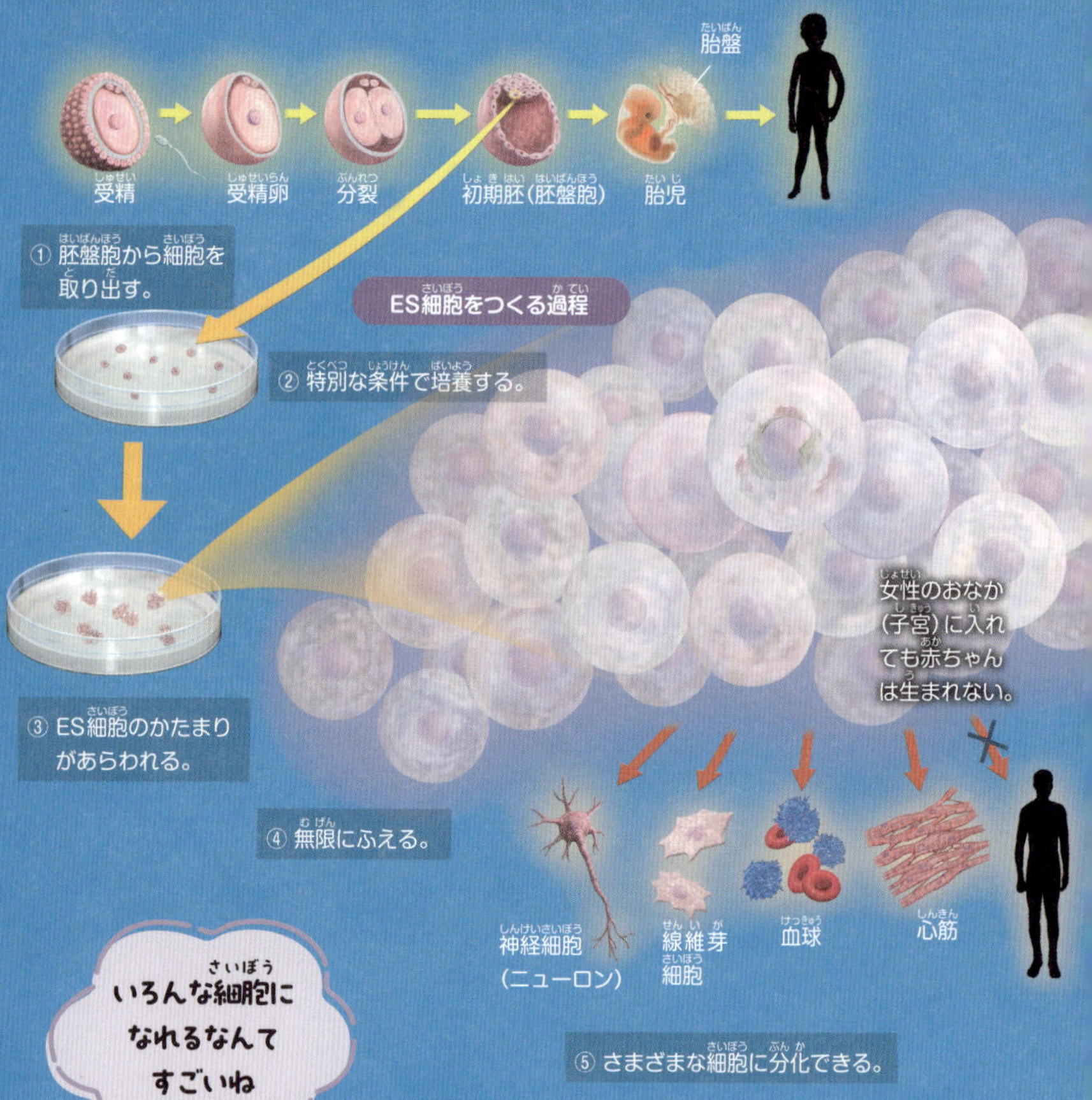
胎盤《たいばん》
受精《じゅせい》
受精卵《じゅせいらん》
分裂《ぶんれつ》
初期胚《しょきはい》(胚盤胞《はいばんほう》)
胎児《たいじ》
① 胚盤胞《はいばんほう》から細胞《さいぼう》を取《と》り出《だ》す。
ES細胞《さいぼう》をつくる過程《かてい》
② 特別《とくべつ》な条件《じょうけん》で培養《ばいよう》する。
③ ES細胞《さいぼう》のかたまりがあらわれる。
④ 無限《むげん》にふえる。
女性《じょせい》のおなか(子宮《しきゅう》)に入《い》れても赤《あか》ちゃんは生《う》まれない。
神経細胞《しんけいさいぼう》(ニューロン)
線維芽《せんいが》細胞《さいぼう》
血球《けっきゅう》
心筋《しんきん》
⑤ さまざまな細胞《さいぼう》に分化《ぶんか》できる。

いろんな細胞《さいぼう》になれるなんてすごいね
ぼくみたい!

ES細胞《さいぼう》

多細胞生物《たさいぼうせいぶつ》の一生《いっしょう》は、メス由来《ゆらい》の「卵子《らんし》」に、オス由来《ゆらい》の「精子《せいし》」という細胞《さいぼう》が結《むす》びつき（受精《じゅせい》）、「胚《はい》」という細胞《さいぼう》のかたまりができることではじまる。初期《しょき》の胚《はい》（胚盤胞《はいばんほう》）をほぐし、「内部細胞塊《ないぶさいぼうかい》」の細胞《さいぼう》を取《と》り出《だ》してふやしたものがES細胞《さいぼう》である。ES細胞《さいぼう》はどの細胞《さいぼう》にでも分化《ぶんか》することができるが、胎盤《たいばん》にだけはなれない。

もっと知《し》りたい

ES細胞《さいぼう》は2日《か》に1回《かい》ほどのペースで、無限《むげん》に増殖《ぞうしょく》させつづけることができる。

04 夢《ゆめ》のような細胞《さいぼう》だけど問題《もんだい》もいっぱい

ＥＳ細胞《さいぼう》は、さまざまなケガや病気《びょうき》を治《なお》すことができる夢《ゆめ》のような細胞《さいぼう》ですが、実用化《じつようか》するには大《おお》きな2つの壁《かべ》が立《た》ちはだかっています。

1つ目《め》は、道徳《どうとく》についての問題《もんだい》です。ＥＳ細胞《さいぼう》をつくるには、ヒトの胚《はい》をバラバラにほぐす必要《ひつよう》があります。この「胚《はい》」は、そのまま女性《じょせい》のおなかにもどせば、赤《あか》ちゃんとして育《そだ》つ可能性《かのうせい》がある細胞《さいぼう》です。医療《いりょう》のためだからといって、そんな胚《はい》をこわしてしまうのはいけないことではないか、という考《かんが》えもあります。

2つ目《め》は「拒絶反応《きょぜつはんのう》」の問題《もんだい》です。拒絶反応《きょぜつはんのう》については、150ページでくわしく紹介《しょうかい》しています。患者《かんじゃ》と、ＥＳ細胞《さいぼう》のもとになる胚《はい》はちがうＤＮＡをもちます。たとえばＥＳ細胞《さいぼう》でつくった臓器《ぞうき》や細胞《さいぼう》をそのまま移植《いしょく》しても、患者《かんじゃ》の免疫細胞《めんえきさいぼう》がＥＳ細胞《さいぼう》を〝敵《てき》〟とみなして攻撃《こうげき》してしまう心配《しんぱい》があります。

そもそも
「命《いのち》」って何《なん》だろう

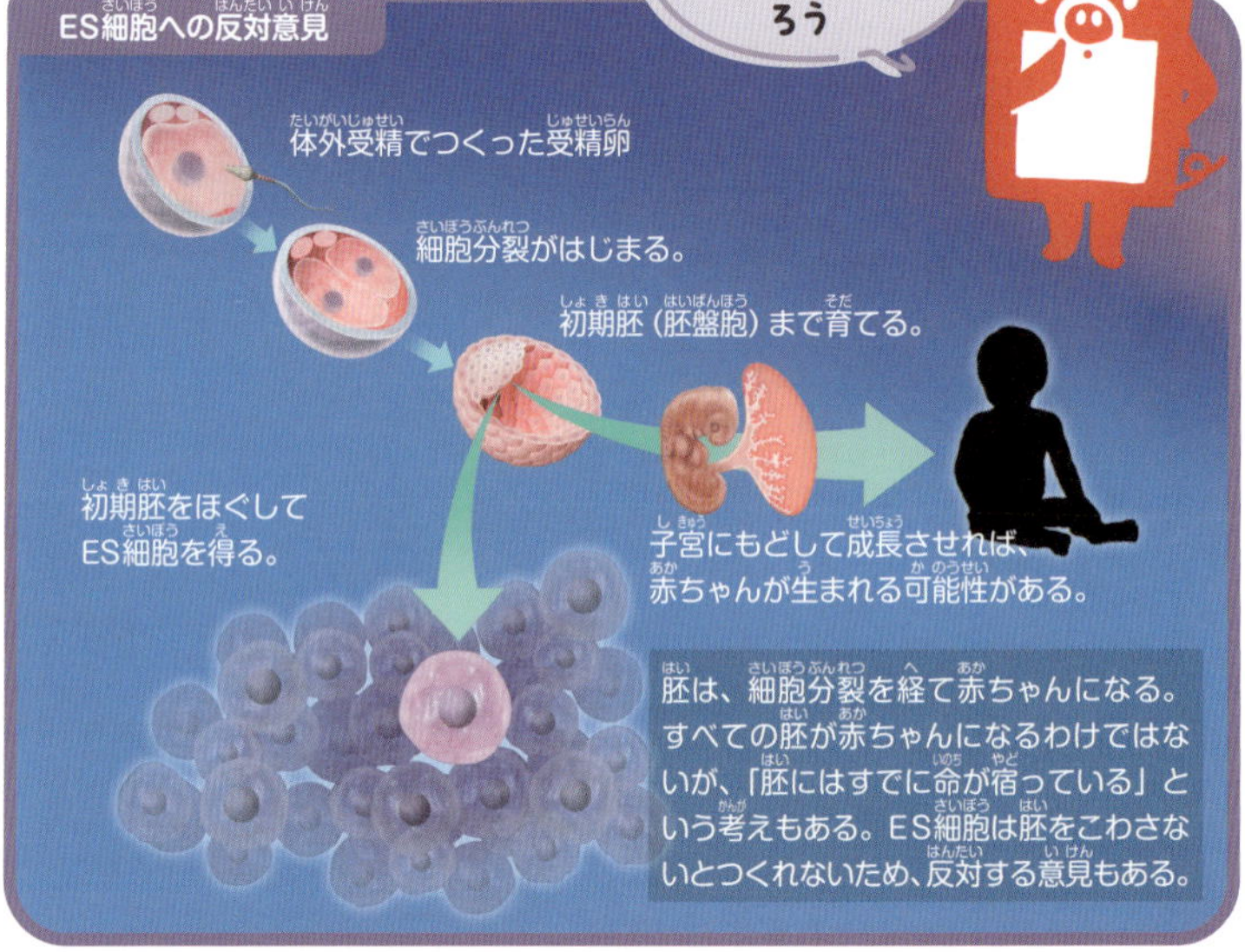
ES細胞《さいぼう》への反対意見《はんたいいけん》
体外受精《たいがいじゅせい》でつくった受精卵《じゅせいらん》
細胞分裂《さいぼうぶんれつ》がはじまる。
初期胚《しょきはい》（胚盤胞《はいばんほう》）まで育《そだ》てる。
初期胚《しょきはい》をほぐして
ES細胞《さいぼう》を得《え》る。
子宮《しきゅう》にもどして成長《せいちょう》させれば、
赤《あか》ちゃんが生《う》まれる可能性《かのうせい》がある。
胚《はい》は、細胞分裂《さいぼうぶんれつ》を経《へ》て赤《あか》ちゃんになる。すべての胚《はい》が赤《あか》ちゃんになるわけではないが、「胚《はい》にはすでに命《いのち》が宿《やど》っている」という考《かんが》えもある。ES細胞《さいぼう》は胚《はい》をこわさないとつくれないため、反対《はんたい》する意見《いけん》もある。

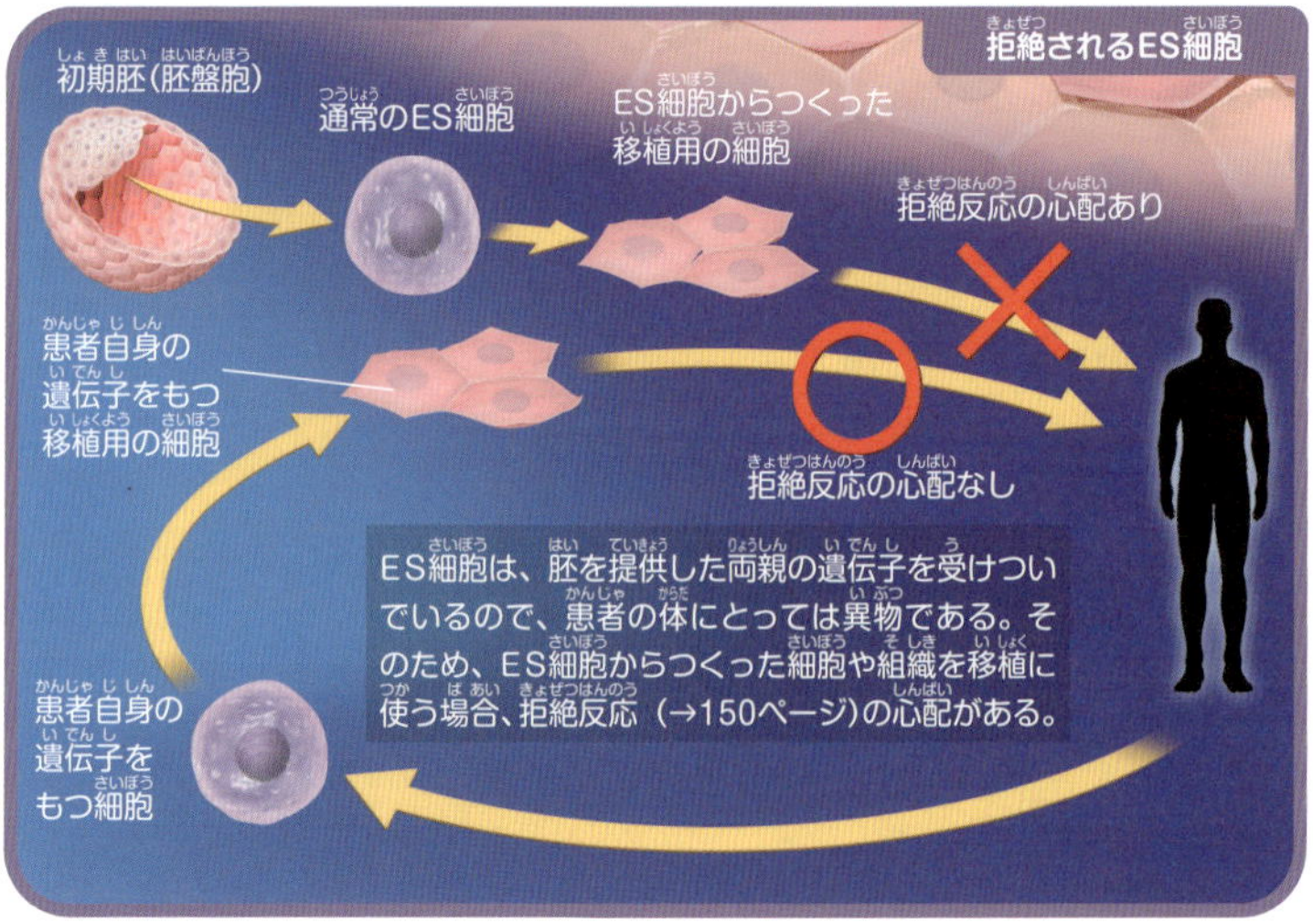
拒絶《きょぜつ》されるES細胞《さいぼう》
初期胚《しょきはい》（胚盤胞《はいばんほう》）
通常《つうじょう》のES細胞《さいぼう》
ES細胞《さいぼう》からつくった
移植用《いしょくよう》の細胞《さいぼう》
拒絶反応《きょぜつはんのう》の心配《しんぱい》あり
患者自身《かんじゃじしん》の
遺伝子《いでんし》をもつ
移植用《いしょくよう》の細胞《さいぼう》
拒絶反応《きょぜつはんのう》の心配《しんぱい》なし
ES細胞《さいぼう》は、胚《はい》を提供《ていきょう》した両親《りょうしん》の遺伝子《いでんし》を受《う》けついでいるので、患者《かんじゃ》の体《からだ》にとっては異物《いぶつ》である。そのため、ES細胞《さいぼう》からつくった細胞《さいぼう》や組織《そしき》を移植《いしょく》に使《つか》う場合《ばあい》、拒絶反応《きょぜつはんのう》（→150ページ）の心配《しんぱい》がある。
患者自身《かんじゃじしん》の
遺伝子《いでんし》を
もつ細胞《さいぼう》

もっと知《し》りたい

ES細胞《さいぼう》は無限《むげん》に増殖《ぞうしょく》するため、がん細胞《さいぼう》のようにならないかという心配《しんぱい》もある。

05 細胞《さいぼう》の時間《じかん》を巻《ま》きもどして生《う》まれたクローン羊《ひつじ》

前《まえ》のページで紹介《しょうかい》したとおり、ES細胞《さいぼう》には拒絶反応《きょぜつはんのう》の問題《もんだい》がありますが、実《じつ》は解決《かいけつ》する方法《ほうほう》が1つあります。

それは、患者自身《かんじゃじしん》の細胞《さいぼう》を使《つか》ってES細胞《さいぼう》をつくることです。そのためには、患者《かんじゃ》の細胞《さいぼう》を取《と》り出《だ》して、胚《はい》の状態《じょうたい》へともどす必要《ひつよう》があります。いわば、細胞《さいぼう》の時間《じかん》を〝巻《ま》きもどす〟技術《ぎじゅつ》です。

これを可能《かのう》にするのが、「クローン」をつくる技術《ぎじゅつ》です。クローンとは、「まったく同《おな》じ遺伝情報《いでんじょうほう》をもつ別《べつ》の個体《こたい》」のことです。

1997年《ねん》に、イギリスのイアン・ウィルマット博士《はかせ》が、世界初《せかいはつ》のクローン羊《ひつじ》「ドリー」を誕生《たんじょう》させました。

この実験《じっけん》では、大人《おとな》のヒツジから細胞《さいぼう》を取《と》り出《だ》して胚《はい》をつくり、別《べつ》のメスのヒツジのおなかの中《なか》で育《そだ》て、ドリーが生《う》まれました。これは、すでに分化《ぶんか》（↓80ページ）した細胞《さいぼう》が、胚《はい》の状態《じょうたい》へ〝巻《ま》きもどった〟ことを意味《いみ》します。

細胞《さいぼう》の時間《じかん》が巻《ま》きもどった!?

大人《おとな》のヒツジAの乳腺《にゅうせん》の細胞《さいぼう》の核《かく》を、あらかじめ核《かく》を取《と》り除《のぞ》いたヒツジBの卵子《らんし》に入《い》れたところ、無事《ぶじ》に細胞分《さいぼうぶん》裂《れつ》をくり返《かえ》して胚《はい》となり、クローン羊《ひつじ》が生《う》まれた。本来《ほんらい》なら、いったん乳腺《にゅうせん》の細胞《さいぼう》へ分化《ぶんか》（→80ページ）したなら、胚《はい》の細胞《さいぼう》にはもどらないはずだ。ところが、卵子《らんし》に核《かく》を入《い》れたことで、核《かく》の時間《じかん》が巻《ま》きもどったようだ。

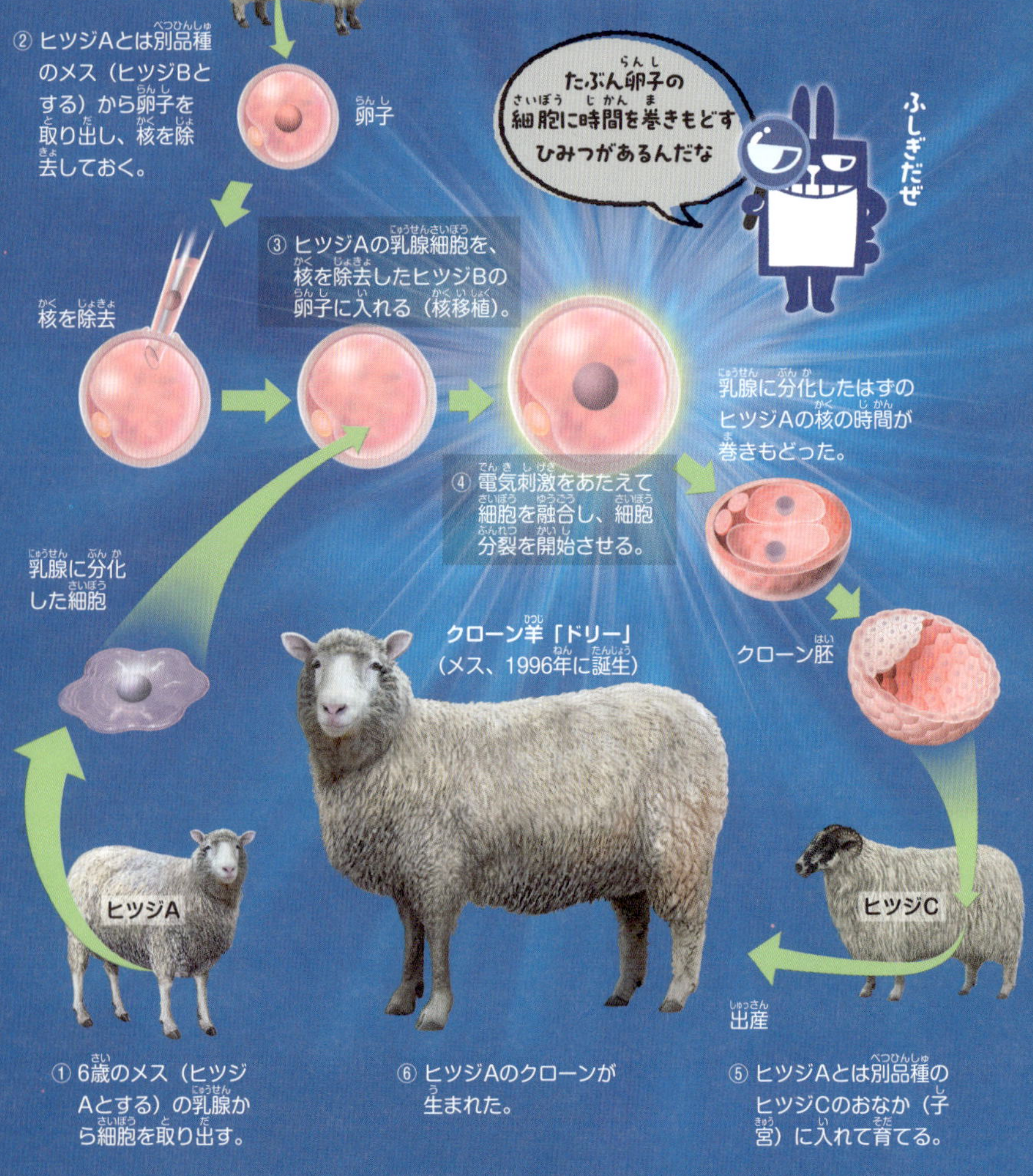

ヒツジB
② ヒツジAとは別品種《べつひんしゅ》のメス（ヒツジBとする）から卵子《らんし》を取《と》り出《だ》し、核《かく》を除《じょ》去《きょ》しておく。
卵子《らんし》
たぶん卵子《らんし》の細胞《さいぼう》に時間《じかん》を巻《ま》きもどすひみつがあるんだな
ふしぎだぜ
③ ヒツジAの乳腺細胞《にゅうせんさいぼう》を、核《かく》を除去《じょきょ》したヒツジBの卵子《らんし》に入《い》れる（核移植《かくいしょく》）。
核《かく》を除去《じょきょ》
乳腺《にゅうせん》に分化《ぶんか》したはずのヒツジAの核《かく》の時間《じかん》が巻《ま》きもどった。
④ 電気刺激《でんきしげき》をあたえて細胞《さいぼう》を融合《ゆうごう》し、細胞《さいぼう》分裂《ぶんれつ》を開始《かいし》させる。
乳腺《にゅうせん》に分化《ぶんか》した細胞《さいぼう》
クローン羊《ひつじ》「ドリー」（メス、1996年《ねん》に誕生《たんじょう》）
クローン胚《はい》
ヒツジA
ヒツジC
出産《しゅっさん》
① 6歳《さい》のメス（ヒツジAとする）の乳腺《にゅうせん》から細胞《さいぼう》を取《と》り出《だ》す。
⑥ ヒツジAのクローンが生《う》まれた。
⑤ ヒツジAとは別品種《べつひんしゅ》のヒツジCのおなか（子宮《しきゅう》）に入《い》れて育《そだ》てる。

もっと知《し》りたい

冷凍《れいとう》マンモスの細胞《さいぼう》でマンモスのクローンをつくろうという研究《けんきゅう》もある。

06 クローンの細胞《さいぼう》なら拒絶反応《きょぜつはんのう》はおこらない

前《まえ》のページで紹介《しょうかい》したクローン技術《ぎじゅつ》を使《つか》えば、患者自身《かんじゃじしん》の細胞《さいぼう》を使《つか》って胚《はい》をつくることができるので、拒絶反応《きょぜつはんのう》（↓150ページ）をおこさないES細胞《さいぼう》ができます。これを「クローンES細胞《さいぼう》」といいます。

実際、2013年《ねん》に、アメリカのシユークラト・ミタリポフ博士《はかせ》が、ヒトのクローンES細胞《さいぼう》をつくることに成功《せいこう》しています。

ただし、クローンES細胞《さいぼう》も、結局《けっきょく》は「赤《あか》ちゃんになる可能性《かのうせい》がある胚《はい》をこわしてしまっていいのか」という問《もん》題《だい》の解決《かいけつ》にはなっていません。

しかも、その胚《はい》がもしそのまま育《そだ》って赤《あか》ちゃんが生《う》まれたら、それは患者《かんじゃ》のクローン人間《にんげん》ができてしまった、ということになります。

いくら病気《びょうき》やケガを治《なお》すためでも、自分《じぶん》とまったく同《おな》じ遺伝情報《いでんじょうほう》をもったクローンをつくるなんて……よく考《かんが》えてみると怖《こわ》い気《き》がしませんか？

それもある意味《いみ》クローンだな
分身《ぶんしん》してみたよ

クローンES細胞《さいぼう》

前《ぜん》ページのクローン羊《ひつじ》をつくったときのように、患者《かんじゃ》の細胞《さいぼう》の核《かく》を卵子《らんし》に入《い》れて胚《はい》にすることで、患者《かんじゃ》とまったく同《おな》じ遺伝情報《いでんじょうほう》をもったES細胞《さいぼう》をつくることができる。ただし、この胚《はい》をもし女性《じょせい》のおなか（子宮《しきゅう》）に入《い》れた場合《ばあい》、患者《かんじゃ》のクローン人間《にんげん》が赤《あか》ちゃんとして生《う》まれる可能性《かのうせい》がある。

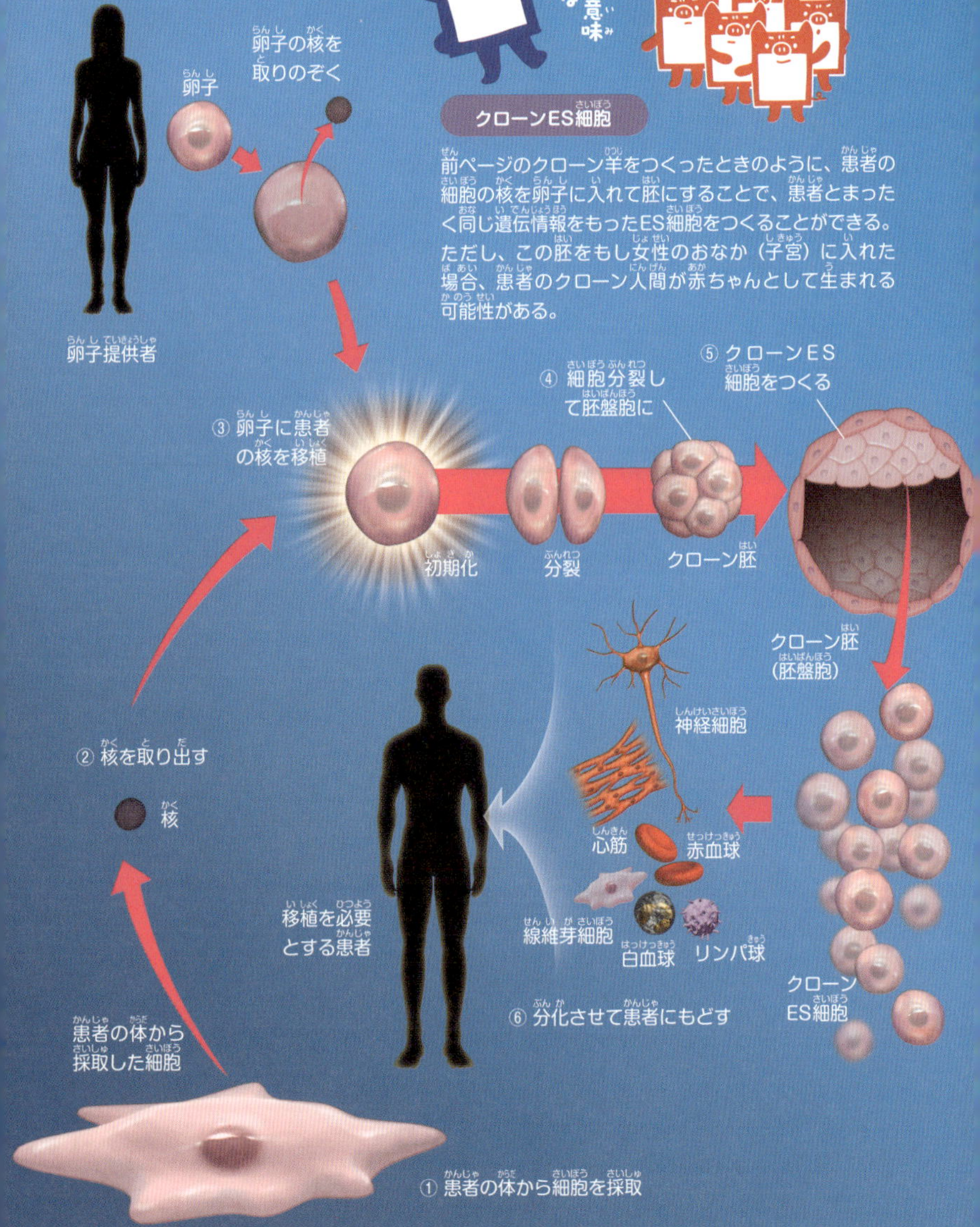
卵子提供者《らんしていきょうしゃ》
卵子《らんし》
卵子《らんし》の核《かく》を取《と》りのぞく
① 患者《かんじゃ》の体《からだ》から細胞《さいぼう》を採取《さいしゅ》
患者《かんじゃ》の体《からだ》から採取《さいしゅ》した細胞《さいぼう》
② 核《かく》を取《と》り出《だ》す
核《かく》
③ 卵子《らんし》に患者《かんじゃ》の核《かく》を移植《いしょく》
初期化《しょきか》
分裂《ぶんれつ》
クローン胚《はい》
④ 細胞分裂《さいぼうぶんれつ》して胚盤胞《はいばんほう》に
⑤ クローンES細胞《さいぼう》をつくる
クローン胚《はい》（胚盤胞《はいばんほう》）
クローンES細胞《さいぼう》
神経細胞《しんけいさいぼう》
心筋《しんきん》
赤血球《せっけっきゅう》
線維芽細胞《せんいがさいぼう》
白血球《はっけっきゅう》
リンパ球《きゅう》
移植《いしょく》を必要《ひつよう》とする患者《かんじゃ》
⑥ 分化《ぶんか》させて患者《かんじゃ》にもどす

もっと知《し》りたい

世界初《せかいはつ》のクローンES細胞《さいぼう》は、2001年《ねん》に日本《にほん》の若山照彦《わかやまてるひこ》さんがマウスでつくった。

07 皮膚《ひふ》からつくれる「何《なに》にでもなれる細胞《さいぼう》」

ES細胞《さいぼう》は、大《おお》きな可能性《かのうせい》をひめてはいるものの、問題《もんだい》も多《おお》い技術《ぎじゅつ》です。そこで、ES細胞《さいぼう》にかわる究極《きゅうきょく》の幹細《かんさい》胞《ぼう》づくりに挑《いど》んだのが、京都大学《きょうとだいがく》の山《やま》中伸弥《なかしんや》さんです。

山中《やまなか》さんが目指《めざ》したのは、ES細胞《さいぼう》において問題《もんだい》となっている「胚《はい》」も「クローン技術《ぎじゅつ》」も使《つか》わずに、大人《おとな》の皮膚《ひふ》の細胞《さいぼう》をES細胞《さいぼう》のような幹細胞《かんさいぼう》につくりかえることでした。

皮膚《ひふ》の細胞《さいぼう》とES細胞《さいぼう》は、姿《すがた》も能力《のうりょく》もまったくちがいます。これは、それぞれの細胞《さいぼう》の中《なか》で活発《かっぱつ》にはたらくタンパク質《しつ》の組《く》み合《あ》わせが大《おお》きくことなるためでした。

山中《やまなか》さんは、ES細胞《さいぼう》で活発《かっぱつ》にはたらくタンパク質《しつ》をつくる遺伝子《いでんし》をつきとめました。そして、その遺伝子《いでんし》をマウスの皮膚細胞《ひふさいぼう》に入《い》れて、さまざまな細胞《さいぼう》になれる幹細胞《かんさいぼう》「iPS細胞《さいぼう》（人《じん》工《こう》多能性幹細胞《たのうせいかんさいぼう》）」をつくることに成《せい》功《こう》しました。

ES細胞《さいぼう》とiPS細胞《さいぼう》

iPS細胞《さいぼう》は、胚《はい》をこわすことがない点《てん》と、拒絶反応《きょぜつはんのう》の心配《しんぱい》がないという点《てん》で、ES細胞《さいぼう》よりもすぐれている。ただし、がん化《か》しやすい可能性《かのうせい》も指摘《してき》されている。

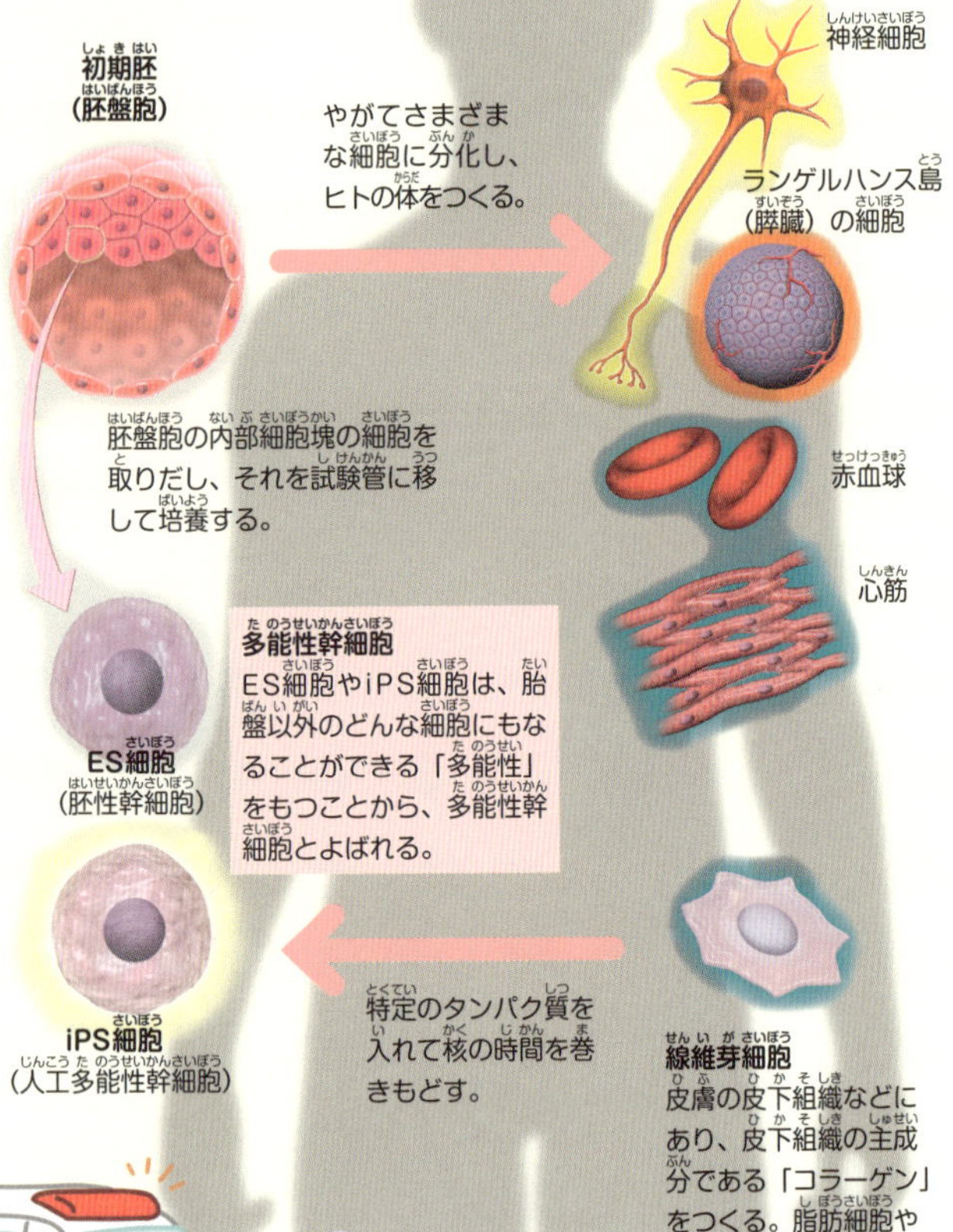

成人《せいじん》の体《からだ》をつくる
さまざまな細胞《さいぼう》
初期胚《しょきはい》
(胚盤胞《はいばんほう》)
やがてさまざまな細胞《さいぼう》に分化《ぶんか》し、ヒトの体《からだ》をつくる。
神経細胞《しんけいさいぼう》
ランゲルハンス島《とう》(膵臓《すいぞう》)の細胞《さいぼう》
胚盤胞《はいばんほう》の内部細胞塊《ないぶさいぼうかい》の細胞《さいぼう》を取《と》りだし、それを試験管《しけんかん》に移《うつ》して培養《ばいよう》する。
赤血球《せっけっきゅう》
心筋《しんきん》
多能性幹細胞《たのうせいかんさいぼう》
ES細胞《さいぼう》やiPS細胞《さいぼう》は、胎盤《たいばん》以外《いがい》のどんな細胞《さいぼう》にもなることができる「多能性《たのうせい》」をもつことから、多能性幹《たのうせいかん》細胞《さいぼう》とよばれる。
ES細胞《さいぼう》
(胚性幹細胞《はいせいかんさいぼう》)
iPS細胞《さいぼう》
(人工多能性幹細胞《じんこうたのうせいかんさいぼう》)
特定《とくてい》のタンパク質《しつ》を入《い》れて核《かく》の時間《じかん》を巻《ま》きもどす。
線維芽細胞《せんいがさいぼう》
皮膚《ひふ》の皮下組織《ひかそしき》などにあり、皮下組織《ひかそしき》の主成分《しゅせいぶん》である「コラーゲン」をつくる。脂肪細胞《しぼうさいぼう》や平滑筋細胞《へいかつきんさいぼう》になることもできる。

医療《いりょう》の進歩《しんぽ》ってすごいね!
iPS細胞《さいぼう》のがん化《か》のリスクを下《さ》げる研究《けんきゅう》も進《すす》められているよ

もっと知《し》りたい

iPS細胞《さいぼう》は、どんな年齢《ねんれい》の人《ひと》の皮膚細胞《ひふさいぼう》からもつくることができる。

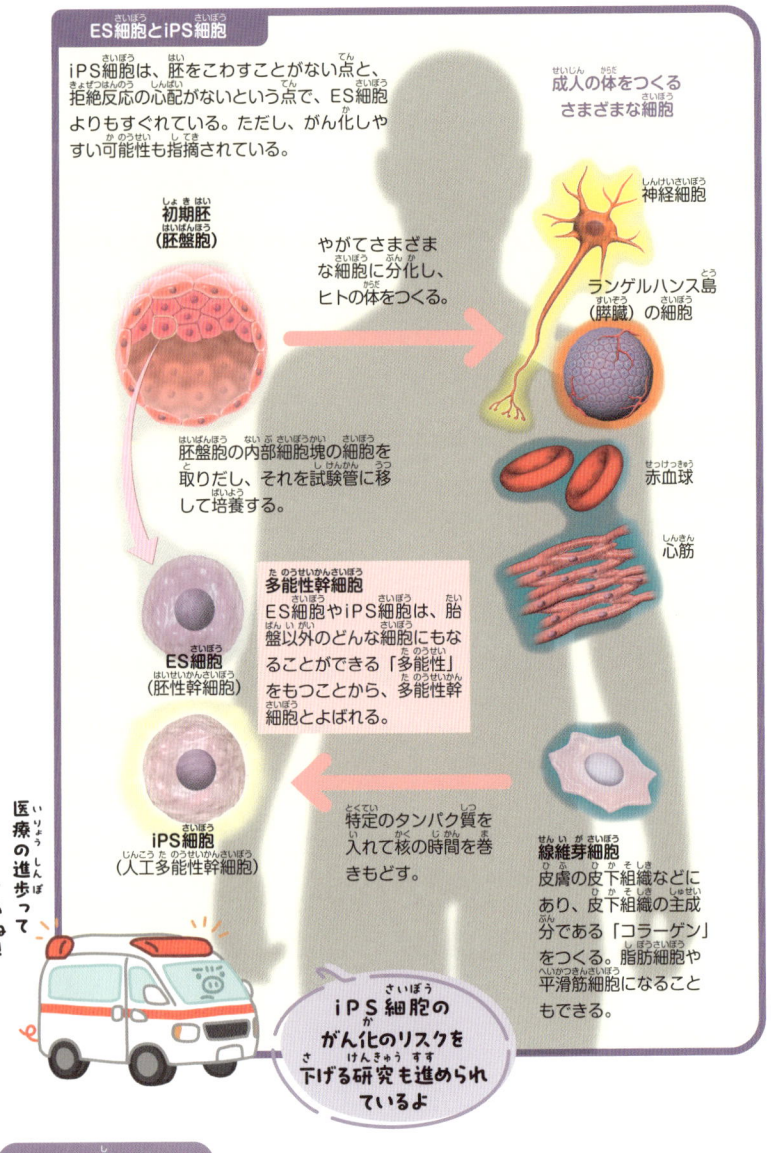

やすみじかん

「何《なに》にでもなれる細胞《さいぼう》」の使《つか》いかた

数々《かずかず》の問題《もんだい》はありますが、ＥＳ細胞《さいぼう》が医療《いりょう》の役《やく》に立《た》つことはまちがいありません。

２０１０年《ねん》に、アメリカでES細胞《さいぼう》がはじめて実験的《じっけんてき》に使《つか》われました。そのケースでは、脊髄《せきずい》の神経伝達《しんけいでんたつ》を助《たす》ける細胞《さいぼう》をＥＳ細胞《さいぼう》でつくり、脊髄《せきずい》を損傷《そんしょう》して体《からだ》が麻痺《まひ》している患者《かんじゃ》に移植《いしょく》しました。その後《ご》も、ＥＳ細胞《さいぼう》を使《つか》った実験的《じっけんてき》な医療《いりょう》は何度《なんど》も行《おこな》われています。

前《まえ》のページで紹介《しょうかい》したiPS細胞《さいぼう》については、２０１４年《ねん》にはじめてヒトの目《め》の網膜《もうまく》に使《つか》われました。

iPS細胞《さいぼう》の使《つか》い道《みち》は、病気《びょうき》を治《なお》すことだけではありません。ある病気《びょうき》をもつ患者《かんじゃ》の体《からだ》の細《さい》胞《ぼう》からiPS細胞《さいぼう》をつくり、調《しら》べることで、病気《びょうき》の原因《げんいん》を探《さぐ》ったり、薬《くすり》の効果《こうか》を試《ため》したりすることができるのです。

ES細胞《さいぼう》やiPS細胞《さいぼう》が実用化《じつようか》される日《ひ》が待《ま》ち遠《どお》しいですね！

ES細胞《さいぼう》の応用例《おうようれい》

ES細胞《さいぼう》を、それぞれの患者《かんじゃ》に必要《ひつよう》な細胞《さいぼう》や、その前段階《まえだんかい》にあたる細胞《さいぼう》に変化《へんか》させてから移植《いしょく》する。すると、患者《かんじゃ》の失《うしな》われた体《からだ》の機能《きのう》を取《と》りもどせる可能性《かのうせい》がある。とくに、目《め》の網膜《もうまく》の病気《びょうき》の治療《ちりょう》に役立《やくだ》てられている。

いろんな体《からだ》の障《しょう》がいや病気《びょうき》が治《なお》せるかもしれないんだね！

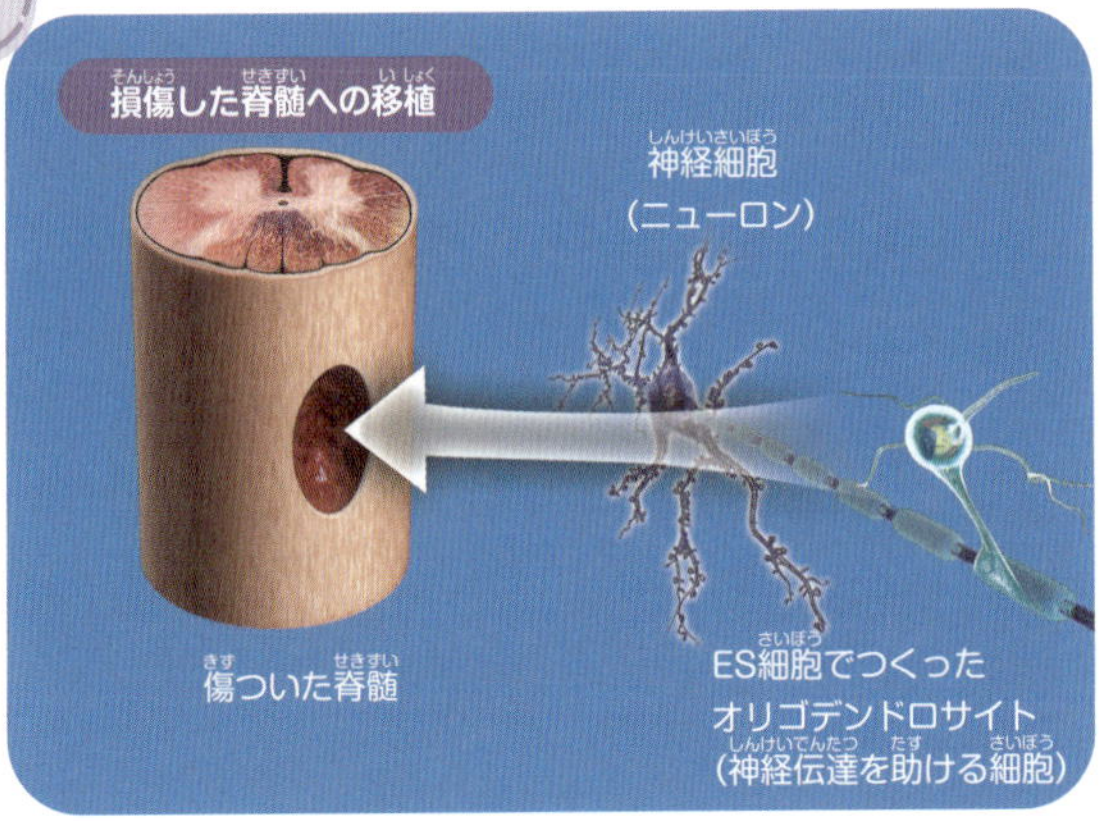
損傷《そんしょう》した脊髄《せきずい》への移植《いしょく》
神経細胞《しんけいさいぼう》
（ニューロン）
傷《きず》ついた脊髄《せきずい》
ES細胞《さいぼう》でつくった
オリゴデンドロサイト
（神経伝達《しんけいでんたつ》を助《たす》ける細胞《さいぼう》）

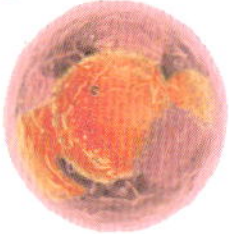

ES細胞《さいぼう》
ほぼ無限《むげん》にふやすことができ、体中《からだじゅう》の細胞《さいぼう》へ変化《へんか》させることができる。

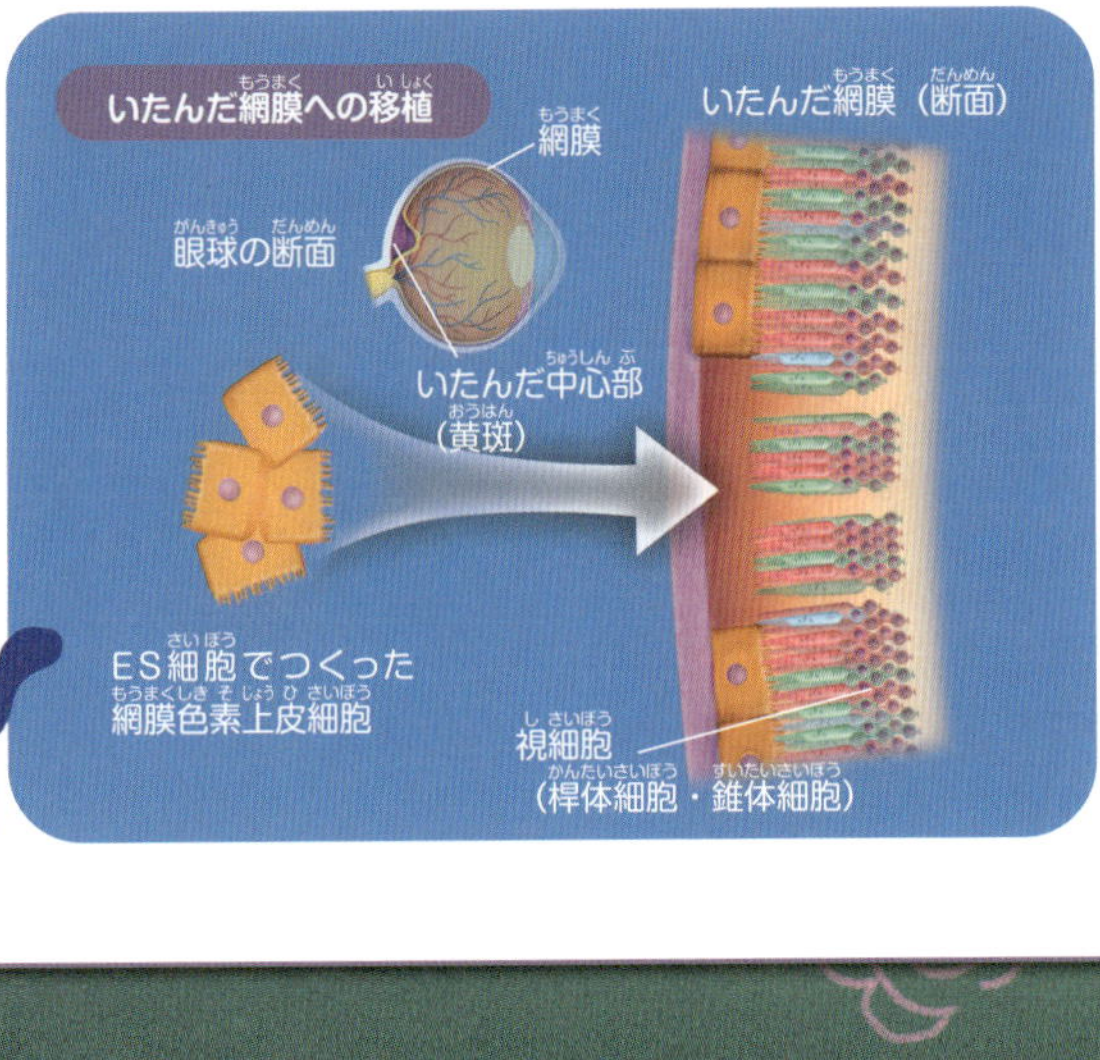
いたんだ網膜《もうまく》への移植《いしょく》
網膜《もうまく》
眼球《がんきゅう》の断面《だんめん》
いたんだ中心部《ちゅうしんぶ》
（黄斑《おうはん》）
いたんだ網膜《もうまく》（断面《だんめん》）
ES細胞《さいぼう》でつくった
網膜色素上皮細胞《もうまくしきそじょうひさいぼう》
視細胞《しさいぼう》
（桿体細胞《かんたいさいぼう》・錐体細胞《すいたいさいぼう》）

今後《こんご》も再生医療《さいせいいりょう》の発展《はってん》に注目《ちゅうもく》だな

用語解説《ようごかいせつ》

【RNA（リボ核酸《かくさん》）】DNAと似《に》た物質《ぶっしつ》だが、2本鎖《ほんさ》であるDNAに対《たい》し、RNAは1本鎖《ほんさ》などのちがいがある。メッセンジャーRNA（mRNA）は、DNAの情報《じょうほう》をコピーする役割《やくわり》をもつ。

【iPS細胞《さいぼう》】胚《はい》を使《つか》わずに体細胞《たいさいぼう》からつくられた多能性《たのうせい》（ほぼ何《なん》にでもなれる）幹細胞《かんさいぼう》。胎盤《たいばん》以外《いがい》の、どの細胞《さいぼう》にでも分化《ぶんか》することができる能力《のうりょく》をもつ。

【ES細胞《さいぼう》】胚《はい》から取《と》り出《だ》した細胞《さいぼう》を、特別《とくべつ》な条件《じょうけん》のもとで培養《ばいよう》して得《え》た多能性《たのうせい》（ほぼ何《なん》にでもなれる）幹細胞《かんさいぼう》。胎盤《たいばん》以外《いがい》のどの細胞《さいぼう》にでも分化《ぶんか》することができる。

【遺伝子《いでんし》】DNA上《じょう》で、タンパク質《しつ》のつくりかたや、つくられるタイミングを指示《しじ》している場所《ばしょ》。

【オートファジー】細胞内《さいぼうない》の細胞《さいぼう》小器官《しょうきかん》やタンパク質《しつ》などを分解《ぶんかい》するしくみ。細胞《さいぼう》が何《なん》らかの理由《りゆう》で外《そと》から栄養《えいよう》をとれないとき、自分《じぶん》自身《じしん》（細胞《さいぼう》）を分解《ぶんかい》して、栄養物《えいようぶつ》を自給自足《じきゅうじそく》する役割《やくわり》ももつと考《かんが》えられている。

【核《かく》】細胞《さいぼう》にある器官《きかん》（細胞小器官《さいぼうしょうきかん》）で、DNAが収納《しゅうのう》されている。

【幹細胞《かんさいぼう》】ほかの細胞《さいぼう》になれる細胞《さいぼう》。樹木《じゅもく》の幹《みき》から枝《えだ》や葉《は》が派生《はせい》するように、幹細胞《かんさいぼう》からさまざまな細胞《さいぼう》が派生《はせい》する。

【がん細胞《さいぼう》】何《なに》かの原因《げんいん》で遺伝子《いでんし》に変異《へんい》がおこり、勝手《かって》に細胞分裂《さいぼうぶんれつ》をつづける細胞《さいぼう》。これにより、組織《そしき》や器官《きかん》が破壊《はかい》される。

【ゲノム】生物《せいぶつ》にとって必要《ひつよう》な〝ひとそろい（1セット）〟の遺伝子《いでんし》の情報《じょうほう》のこと。ヒトの場合《ばあい》、生殖細胞《せいしょくさいぼう》がもつ23本《ぼん》の染色体《せんしょくたい》にふくまれる約《やく》30億《おく》文字分《もじぶん》の情報《じょうほう》がそれにあたる。

【減数分裂《げんすうぶんれつ》】オス・メスといった性《せい》のある生《い》き物《もの》において、生殖細胞《せいしょくさいぼう》が行《おこな》う分裂《ぶんれつ》。2度《ど》の分裂《ぶんれつ》を経《へ》て、分裂前《ぶんれつまえ》の半分《はんぶん》の本数《ほんすう》の染色体《せんしょくたい》が分配《ぶんぱい》された細胞《さいぼう》ができる。

【抗体《こうたい》】免疫細胞《めんえきさいぼう》の1つであるB細胞《さいぼう》（リンパ球《きゅう》）がプラズマ細胞《さいぼう》となり分泌《ぶんぴつ》するタンパク質《しつ》で、体《たい》内《ない》に入《はい》ってきた病原体《びょうげんたい》などの異物《いぶつ》(抗原《こうげん》)に結合《けつごう》して攻撃《こうげき》する。

【好中球《こうちゅうきゅう》】白血球《はっけっきゅう》の一種《いっしゅ》で、体内《たいない》に侵入《しんにゅう》した細菌《さいきん》などの有害物《ゆうがいぶつ》を食《た》べて破壊《はかい》する食細胞《しょくさいぼう》の1つ。大《おお》きさは100分《ぶん》の1ミリメートル。

【ゴルジ体《たい》】層状《そうじょう》の膜構造《まくこうぞう》からなる細胞小器官《さいぼうしょうきかん》。細胞《さいぼう》の中《なか》で合成《ごうせい》された物質《ぶっしつ》を細胞《さいぼう》の外《そと》に運《はこ》び出《だ》す役割《やくわり》をもつ。

【細胞質《さいぼうしつ》】細胞膜《さいぼうまく》に囲《かこ》まれた細胞《さいぼう》の内部《ないぶ》で、核以外《かくいがい》の部分《ぶぶん》を指《さ》す。

【細胞内共生説《さいぼうないきょうせいせつ》】ミトコンドリアや葉緑体《ようりょくたい》はもともと別《べつ》の原核生物《げんかくせいぶつ》であり、真核生物《しんかくせいぶつ》の祖先《そせん》がこれを飲《の》み込《こ》んだことで、細胞内《さいぼうない》で〝共生生活《きょうせいせいかつ》〟がはじまったとする説《せつ》。

【細胞膜《さいぼうまく》】細胞《さいぼう》の内《うち》と外《そと》を分《わ》ける膜《まく》。さまざまな物質《ぶっしつ》の出入《でい》りを管理《かんり》する。

【樹状細胞《じゅじょうさいぼう》】免疫細胞《めんえきさいぼう》の一種《いっしゅ》で、病原体《びょうげんたい》の一部《いちぶ》を取《と》り込《こ》み、ヘルパーT細胞《さいぼう》にその情報《じょうほう》を伝《つた》える(抗原提示《こうげんていじ》する)。

【小胞体《しょうほうたい》】核《かく》のまわりを取《と》り巻《ま》くようにおおう層状《そうじょう》の構造《こうぞう》。表面《ひょうめん》にリボソームがついた「粗面小胞体《そめんしょうほうたい》」は、細胞《さいぼう》の中《なか》で合成《ごうせい》された物質《ぶっしつ》の輸送《ゆそう》にかかわる。

【赤血球《せっけっきゅう》】真《ま》ん中《なか》がへこんだ円板形《えんばんがた》をした核《かく》のない細胞《さいぼう》。酸素《さんそ》を体《からだ》のすみずみまで運《はこ》ぶ。

【染色体《せんしょくたい》】細胞分裂《さいぼうぶんれつ》のときにあらわれるDNAのかたまり。1個《こ》のヒトの体細胞《たいさいぼう》は、46本《ほん》(23本《ぼん》×2セット)の染色体《せんしょくたい》をもつ。染色体《せんしょくたい》は、1~22番《ばん》の番号《ばんごう》でよばれる「常染色体《じょうせんしょくたい》」と、XとYの2種類《しゅるい》の「性染色体《せいせんしょくたい》」に分《わ》けられる。性《せい》染色体《せんしょくたい》は、XとYを受《う》けつぐと男性《だんせい》、Xを2本《ほん》受《う》けつぐと女性《じょせい》になる。

【体細胞分裂《たいさいぼうぶんれつ》】生物《せいぶつ》の体《からだ》をつくる細胞《さいぼう》でおきる、日常的《にちじょうてき》な細胞分裂《さいぼうぶんれつ》。たとえば、私《わたし》たちのつめや髪《かみ》がのびるのは体細胞分裂《たいさいぼうぶんれつ》による。細胞《さいぼう》は周囲《しゅうい》の状況《じょうきょう》を察知《さっち》し、必要《ひつよう》なときに分裂《ぶんれつ》をはじめる。

【多細胞生物《たさいぼうせいぶつ》】ヒトのように、多数《たすう》の細胞《さいぼう》が集《あつ》まって1つの個体《こたい》をつくっているもの。

【単細胞生物《たんさいぼうせいぶつ》】細菌《さいきん》のように、1

つの細胞《さいぼう》が1つの個体《こたい》として生《い》きているもの。

【T細胞《さいぼう》】リンパ球《きゅう》の一種《いっしゅ》。胸腺《きょうせん》（Thymus）で成熟《せいじゅく》することから「T細胞《さいぼう》」とよばれる。司令塔《しれいとう》のようにはたらくヘルパーT細胞《さいぼう》、異物《いぶつ》への攻撃《こうげき》を行《おこな》うキラーT細胞《さいぼう》などがある。

【DNA】遺伝情報《いでんじょうほう》をもつ、2本《ほん》のひも（鎖《くさり》）状《じょう》の物質《ぶっしつ》。細胞《さいぼう》が分裂《ぶんれつ》する際《さい》には折《お》りたたまれて、染色体《せんしょくたい》となる。

【テロメア】染色体《せんしょくたい》をつくるDNAの端《はし》にある構造《こうぞう》。テロメアは、細胞《さいぼう》が分裂《ぶんれつ》するたびに短《みじか》くなっていく。

【白血球《はっけっきゅう》】血球《けっきゅう》のうち、病原体《びょうげんたい》などの外敵《がいてき》の侵入《しんにゅう》にそなえる細胞《さいぼう》。好中球《こうちゅうきゅう》や単球《たんきゅう》、リンパ球《きゅう》などがある。

【B細胞《さいぼう》】リンパ球《きゅう》の一種《いっしゅ》。骨髄《こつずい》（Bone-marrow）で成熟《せいじゅく》するため「B細胞《さいぼう》」とよばれる。病原体《びょうげんたい》に合《あ》わせた抗体《こうたい》をつくり、攻撃《こうげき》する。

【分化《ぶんか》】1つ1つの細胞《さいぼう》が、それぞれの機能《きのう》（役割《やくわり》）をもった特定《とくてい》の細胞《さいぼう》になっていくこと。

【マクロファージ】白血球《はっけっきゅう》の一種《いっしゅ》である単球《たんきゅう》が、血管《けっかん》から出《で》て組織《そしき》内《ない》で成熟《せいじゅく》したもの。病原体《びょうげんたい》や細《さい》胞《ぼう》の死骸《しがい》などを食《た》べる食細胞《しょくさいぼう》の1つ。

【ミトコンドリア】カプセルのような形《かたち》をした細胞小器官《さいぼうしょうきかん》。細胞内《さいぼうない》のあちこちにある。二重《にじゅう》の膜《まく》でできたひだのような構造《こうぞう》（クリステ）をもち、細胞《さいぼう》が活動《かつどう》するためのエネルギー源《げん》（ATP）をつくっている。

【免疫《めんえき》システム】体内《たいない》に入《はい》ってきたウイルスや細菌《さいきん》などの異物《いぶつ》や病《びょう》原体《げんたい》を排除《はいじょ》するしくみ。自然免疫《しぜんめんえき》と獲得免疫《かくとくめんえき》の2段階《だんかい》で成《な》り立《た》っている。自然免疫《しぜんめんえき》では、まずマクロファージや好中球《こうちゅうきゅう》、樹状細胞《じゅじょうさいぼう》などが異物《いぶつ》を食《た》べることで攻撃《こうげき》を行《おこな》う。獲得免疫《かくとくめんえき》では、樹状細胞《じゅじょうさいぼう》が異物《いぶつ》の情報《じょうほう》をリンパ球《きゅう》に伝《つた》え、抗体《こうたい》をつくって攻撃《こうげき》する。獲得免疫《かくとくめんえき》は、動《うご》き出《だ》すのに時間《じかん》がかかるが、異物《いぶつ》を効率《こうりつ》よく破壊《はかい》することができ、再《ふたた》び同《おな》じ異物《いぶつ》が侵入《しんにゅう》した際《さい》に効果的《こうかてき》に排除《はいじょ》することができる。

【リソソーム】細胞内《さいぼうない》の小《ちい》さな袋《ふくろ》状《じょう》の構造《こうぞう》。中《なか》にある酵素《こうそ》で、細胞《さいぼう》内《ない》の不要《ふよう》なものを分解《ぶんかい》するはたらきをもつ。

【リボソーム】タンパク質《しつ》を合成《ごうせい》する装置《そうち》。

【リンパ節《せつ》】体中《からだじゅう》を流《なが》れるリンパ液《えき》をろ過《か》する、小豆《あずき》ほどの大《おお》きさの装置《そうち》。わきの下《した》などに多《おお》い。マクロファージやリンパ球《きゅう》などの免《めん》疫細胞《えきさいぼう》が侵入者《しんにゅうしゃ》と戦《たたか》う場所《ばしょ》でもある。

Photograph

69	株式会社Gakken/アフロ
78	Eric Isselée/stock.adobe.com
83	旭川医科大学 甲賀大輔
84~105	新潟大学 牛木辰男
107	旭川医科大学 甲賀大輔
109~124	新潟大学 牛木辰男
131	アフロ
133	Paylessimages/stock.adobe.com

Illustration

◇キャラクターデザイン　宮川愛理

10~18	Newton Press
20~23	Newton Press・荻野瑶海
25~39	Newton Press
40-41	Newton Press・荻野瑶海
43~59	Newton Press
60-61	Newton Press・佐藤蘭名
63	Newton Press・荻野瑶海
65	Newton Press(PDB ID: 1ATNの一部，1B7T，1Y64を元にePMV(Johnson, G.T. and Autin, L., Goodsell, D.S., Sanner, M.F., Olson, A.J. (2011). ePMV Embeds Molecular Modeling into Professional Animation Software Environments. Structure 19, 293-303)とMSMS molecular surface(Sanner, M.F., Spehner, J.-C., and Olson, A.J. (1996) Reduced surface: an efficient way to compute molecular surfaces. Biopolymers, Vol. 38, (3),305-320)を使用して作成)
67	Newton Press
71	(染色体の整列) Newton Press(PDB ID: 3J2Uと3VHXを元にePMV(Johnson, G.T. and Autin, L., Goodsell, D.S., Sanner, M.F., Olson, A.J. (2011). ePMV Embeds Molecular Modeling into Professional Animation Software Environments. Structure 19, 293-303)とMSMS molecular surface(Sanner, M.F., Spehner, J.-C., and Olson, A.J. (1996) Reduced surface: an efficient way to compute molecular surfaces. Biopolymers, Vol.38, (3),305-320)を使用して作成), (染色体の分離のしくみ) Newton Press(PDB ID: 3J2Uと5TD8を元にePMV(Johnson, G.T. and Autin, L., Goodsell, D.S., Sanner, M.F., Olson, A.J. (2011). ePMV Embeds Molecular Modeling into Professional Animation Software Environments. Structure 19, 293-303)とMSMS molecular surface(Sanner, M.F., Spehner, J.-C., and Olson, A.J. (1996) Reduced surface: an efficient way to compute molecular surfaces. Biopolymers, Vol. 38, (3),305-320)を使用して作成)
72-73	Newton Press(PDB ID: 3DU6を元にePMV(Johnson, G.T. and Autin, L., Goodsell, D.S., Sanner, M.F., Olson, A.J. (2011). ePMV Embeds Molecular Modeling into Professional Animation Software Environments. Structure 19, 293-303)とMSMS molecular surface(Sanner, M.F., Spehner, J.-C., and Olson, A.J. (1996) Reduced surface: an efficient way to compute molecular surfaces. Biopolymers, Vol. 38, (3),305-320)を使用して作成)
75~95	Newton Press
97	門馬朝久
99~131	Newton Press
133	osamuraisan/stock.adobe.com
135	月本事務所
137~149	月本事務所(AD:月本佳代美, 3D監修:田内かほり)
151	月本事務所(AD:月本佳代美，3D:今村香代)
153	Newton Press
154	月本事務所(AD:月本佳代美, 3D監修:田内かほり)
157~169	Newton Press
171	Newton Press・木下真一郎

Staff

Editorial Management　中村真哉
Editorial Staff　伊藤あずさ
DTP Operation　真志田桐子
Design Format　宮川愛理
Cover Design　宮川愛理

Profile 監修者略歴

牛木　辰男 / うしき・たつお

新潟大学長。1957年、新潟県生まれ。新潟大学医学部卒業。専門は解剖学。研究テーマは、顕微鏡を用いた細胞・組織学。著書に『入門組織学』、『ずかんヒトの細胞』、『細胞紳士録』(共著)、『ミクロにひそむ不思議』(共著)、指導・執筆に小学館の図鑑NEO『[新版]人間 ヒトのからだ』など。

ニュートン
科学《かがく》の学校《がっこう》シリーズ

細胞《さいぼう》の学校《がっこう》

2024年12月20日発行

発行人　松田洋太郎
編集人　中村真哉

発行所　株式会社ニュートンプレス
〒112-0012 東京都文京区大塚3-11-6
https://www.newtonpress.co.jp
電話 03-5940-2451

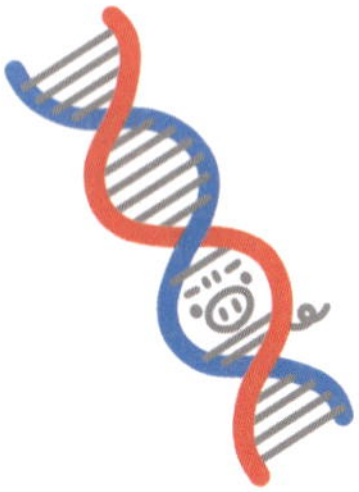

ISBN 978-4-315-52873-2